本书系教育部人文社会科学研究青年基金项目"中国孝德教育传统与当代养老问题研究"（项目批准号：11YJC71033）的最终成果

养老视阈下
中国孝德教育传统研究

卢明霞 著

中国社会科学出版社

图书在版编目(CIP)数据

养老视阈下中国孝德教育传统研究／卢明霞著. —北京：中国社会
科学出版社，2016.4
ISBN 978-7-5161-7730-3

Ⅰ.①养… Ⅱ.①卢… Ⅲ.①孝—品德教育—研究—中国
Ⅳ.①B823

中国版本图书馆 CIP 数据核字(2016)第 045893 号

出 版 人	赵剑英
责任编辑	韩国茹
责任校对	石春梅
责任印制	张雪娇

出　　版	中国社会科学出版社
社　　址	北京鼓楼西大街甲 158 号
邮　　编	100720
网　　址	http：//www.csspw.cn
发 行 部	010 - 84083685
门 市 部	010 - 84029450
经　　销	新华书店及其他书店

印　　刷	北京君升印刷有限公司
装　　订	廊坊市广阳区广增装订厂
版　　次	2016 年 4 月第 1 版
印　　次	2016 年 4 月第 1 次印刷

开　　本	710×1000　1/16
印　　张	15.5
插　　页	2
字　　数	254 千字
定　　价	58.00 元

凡购买中国社会科学出版社图书，如有质量问题请与本社营销中心联系调换
电话：010 - 84083683

孝·养老

王立仁

孝，是中国传统社会的核心概念；孝德，是协调中国传统社会家庭人伦关系的基本规范；孝德教育是"经国家，定社稷，序民人，立后嗣"的重要手段。

在中国的传统社会，孝有三重功能：其一是政治功能。传统社会之所以非常重视孝德及其教育，是因为孝与政治统治相关联。在家庭中要孝亲，在国家生活中就要忠于君主，这是孝德和孝德教育得以推崇的根本原因。其二是道德功能。维系社会运转需要道德规范。孝作为一种道德规范，不仅调节着家庭内部人与人之间的关系，也调节着社会生活中人与人的关系。由孝亲到亲社会，所谓"老吾老以及人之老"就是这样的道理。其三是社会功能。社会要运转，也要延续，而社会延续就需要传承和养老，因而孝就成为维系社会延续的核心规范。孝所以在中国传统社会得以传承，一方面是中国传统社会的政治需要，另一方面是根植于中国农业文明，同时也是道德文明的积淀。重孝德，必然重孝德教育。汉朝以后《孝经》成为"公共政治课"就是最好的说明。

卢明霞在读博期间就研究孝德教育，发表过一些这方面的研究成果，这些成果对于认识孝德教育有重要的价值。工作后拓展研究视野，联系社会背景和生活实际，在孝德教育的基础上研究养老问题，并把孝德教育与养老问题结合起来，形成了现在的模样。这既是科学研究成果的呈现，也是对社会养老问题给出的一种答案，实现着传统与现代的有机结合。

该著作对中国传统孝德教育的历史进行了追溯，对西周、春秋、两汉、魏晋、隋唐，到宋元明清的孝德教育，做了较为系统详细的论述。通过她的笔触，我们能够了解到孝德教育传统中的教育图景。这为我们全面认识中国孝德教育，提供了简便的路径。作者不仅对孝德教育史实进行了梳理，而且对这些孝德教育史实的作用价值进行了概括分析，让我们看到了孝德教育的意义。传统孝德教育的价值，以其特有的方式提醒我们，孝德教育在现代社会依然有其特有的价值。

把孝德教育和养老问题联系起来，把传统和现实联系起来，是该书的一大特点。传统的以孝养老的内容包括养体、养志、送终，它在现代社会受到了严峻的挑战。现代社会的养老问题，不是靠孝德教育包打天下的。因为养老问题是一个具有现代性的问题，也是一个社会性的问题，它与现代的生活样式息息相关。但是孝德教育也并非不能有所作为——它可以成为现代社会解决养老问题的精神元素，并且这种精神元素会转换成物质力量。中国步入老龄化社会，养老问题是一个较为突出的社会问题，不仅农村养老问题突出，而且城市居民养老问题也非常突出。最近媒体报道了北大某教授卖房住进养老院的消息，引起社会各界的高度关注，足见养老问题已经成为全社会热议的话题。如何实现"老有所养"，是关系民生的大问题，是社会建设的重要内容，关系着千家万户的生活和幸福。能为有效解决现实的养老问题献计献策，体现了学者的一份责任。作者分析了孝德教育传统在现代社会的现状和困境，提出了养老视阈下继承和创新孝德教育传统的思路，这对于现代社会的道德教育，对于解决现实的养老问题，都具有重要的参考价值。社会养老问题需要社会解决，它需要物质财富的不断丰富。可就现实的角度看，在社会物质财富还不能尽如人意的情况下，加强孝德教育必然有助于推进养老问题的解决。

卢明霞属于愿意研究问题且做事认真的人，其做事认真的态度，体现在此研究成果上。从整体上看，该成果基本实现了预期研究目标。但从完美的角度看，该书还有不足。诸如在论述孝德教育的继承与创新过程中，较少将其与西方现代教育理论相结合以寻求完全不同于传统的创新点，即在西方现代教育理论的引入和运用方面稍显不足；在对孝德教育现状的考察中，侧重于孝德教育制度、内容和方法等方面，而对孝德教育的目标、主体、途径等要素则着墨不多，有待于进行更深入的研究。

孝德教育·文化传承创新

刘惠洲

每个民族都有自己的文化，每个民族的文化又有自己的特征。这种特征是该民族与其他民族相互区分的标志，也是决定该民族能否昌盛的内在力量。因此，文化传承与创新作为高校的重要职能，不仅是增强国家文化软实力的现实需要，更是维系和强化中华民族精神命脉的必然选择。翻开这本《养老视阈下中国孝德教育传统研究》，我欣喜地看到，我校教师正以一名高校工作者的责任感和使命感，致力于孝德教育传统的继承与创新，致力于中华文化传统的继承与创新。

梁漱溟先生曾言："说中国文化是'孝'的文化，自是没错。"在古人看来，人之行，莫大于孝。"孝"之精神已经深深融入古人的血液，指导着古人的一言一行。详考孔子之学说，因其将孝作为百行之本，故其立教莫不以孝为起点。汉代以后，历朝历代的统治者均对孝德教育极为重视和提倡。他们大力推广《孝经》，设置以孝德为主要推选标准的"孝廉""三老""孝悌"及"博士"等官职，广泛树立孝行榜样，利用各种物质奖励与精神奖励，大力推行孝德教育。在中国传统社会的教育实践中，孝德教育一直占据着核心和首要地位。孝德教育实施范围之广、实践形式之丰富以及受教育对象之普遍，均证明了这一点。

对每个中国人来说，孝原本并不陌生。子曰："孝悌也者，其为仁之本欤。"孝德的本质是一种爱与敬的情感与行为，是人们实践道德的起点。然而，近百年的批判与疏离，却使当代人的孝德状况不容乐观。对于孝德，彻底摒弃者有之，歪曲误解者有之，为逃避养老责任而刻意漠视者有之，虽然认同却知之甚少者有之。在我国人口快速老龄化的今天，传承弘扬孝德已经成为一个越来越重要的课题。如何与时俱进地加强孝德教育，不仅是当前形势所迫，更是未来发展所需。

而将孝德教育与养老相结合，则不失为当代人继承与弘扬孝德的最佳着眼点。其一，养老内容是孝德教育传统中可资继承的重要合理成分；其二，当代中国的老龄化背景为继承与弘扬孝德提供了良好契机。怎样把握这一契机更好地继承和发扬孝德传统，这是值得人们详加思考和研究的问题。《养老视阈下中国孝德教育传统研究》一书系统梳理了传统孝德教育中的养老内容，阐明了孝德教育传统在历史上曾发挥的养老作用和在当代所具有的养老意义，并将继承与创新孝德教育传统置于养老视阈下加以思考，力求使其在当代社会中得以创造性转化和创新性发展，无疑具有重要的理论意义和应用价值。

子曰："夫孝，天之经也，地之义也，民之行也。"原本在国人心中天经地义的孝德，是中华文化中值得珍惜和发掘的无尽宝藏。希望在不久的将来，能有更多的有识之士愿意透过历史的迷雾，拂去岁月的尘埃，去寻找和发现这一宝藏。届时，中华民族博大精深的优秀文化，必将在一代又一代生生不息的传承与创新中，重新焕发出动人的活力与光彩。

目　录

引　言

根据世界人口大会的规定，一个国家 60 岁及以上人口占总人口的比重超过 10%，或者 65 岁及以上人口占总人口的比重超过 7%，这个国家就属于老龄化社会。而 2000 年的第五次人口普查数据显示：我国 65 岁及以上老年人口已达 8811 万，占总人口的 6.96%；60 岁及以上人口达 1.3 亿，占总人口的 10.2%——表明我国已经进入老龄化社会。2010 年的第六次人口普查数据显示：我国 60 岁及以上人口达到了 1.78 亿，占总人口的 13.26%；其中，65 岁及以上人口达到 1.19 亿，占总人口的 8.87%——表明我国人口老龄化程度进一步加剧。并且，中国老年人口的数量在未来 40 年间仍将持续快速增长，并预计在 2050—2055 年达到峰值。[①]

老龄化带来的问题是多方面的，其中最重要的就是养老问题。当前，我国老年人的养老状况并不尽如人意。有些老人在失能或失智之后，得不到妥善照护，境况堪忧；有些老人虽衣食无忧，却精神苦闷；有些老人子女在外，独守空巢；有些老人勉强糊口，辛苦度日……老年人在精神慰藉、生活照料、医疗照护、经济支持等方面均存在一定困境。上述困境的形成，与当前的社会环境、养老观念以及子女的孝德水平等诸多因素有关。其中，子女作为当今养老的重要支持力量，其孝德水平如何直接决定着养老质量。在这种情况下，继承中国孝德传统的合理内核，构建平等、共享、和谐的新型孝德，自然而然地成为从伦理角度应对养老问题的首要选择。

孝德传统的继承与创新，离不开孝德教育传统的继承与创新。而孝德教育传统之所以能够流传至今，其中一个重要原因就是，它曾在中国的养

---

① 杜鹏、翟振武、陈卫：《中国人口老龄化百年发展趋势》，《人口研究》2005 年第 6 期。

老实践活动中起着基石作用。同时，它完全有可能作为一种文化支撑力量，助益于当代养老困境的改善。那么，孝德教育传统应当如何变革方能适应当代养老的需要呢？这一问题成为本书所思考的首要问题，贯穿始终。

一　国内外研究状况

（一）关于孝

新中国成立以来，学术界对于孝的研究，可以分为三个阶段：

第一阶段，从新中国成立到 20 世纪 70 年代末。这一阶段，孝被定性为封建道德予以彻底否定，对孝的专门研究在大陆几乎无人涉及。不过在港台地区，唐君毅、谢幼伟等学者对孝的阐发弘扬做出了较大贡献。唐君毅认为，孝在中国人的道德生活中具有核心地位。[①] 谢幼伟则重视儒家孝的义理阐释，提倡孝治与民主结合。[②]

第二阶段，20 世纪 80 年代起到 90 年代末，孝的研究初步发展。研究的角度主要集中在：如何正确对待孝，孝的现代价值和进行现代转化的意义；孝的内涵、源流、发展和异化；历史上不同时代关于孝的各种思想。从总体来看，这一阶段的研究成果数量比较少，并且仅仅局限于基础性的含义解释、整理描述和价值判断，研究角度单一。

第三阶段，21 世纪初到现在，有关孝的研究日渐增多。研究角度在原有基础上大大扩展，涉及历史、政治、哲学、伦理、宗教、心理、德育等诸多学科。研究内容则更加细化、更加具体化，视野更广。肖群忠从文化、伦理、哲学、政治等不同角度对孝进行了立体式的综合研究和论述，其专著《孝与中国文化》及相关学术论文，均在学术界产生了重要影响[③]；郭齐勇对春秋时期的孝道做了专门研究[④]；康学伟对先秦时期的孝道及孝道的起源提出了独特见解[⑤]；葛荣晋从社会学的角度对孝进行了深

[①] 唐君毅：《中国文化之精神价值》，台湾正中书局 1969 年版，第 203 页。

[②] 谢幼伟：《孝与中国社会》，《孝治与民主》，引自罗义俊主编《理性与生命——当代新儒学文萃1》，上海书店 1994 年版。

[③] 肖群忠：《孝与中国文化》，人民出版社 2001 年版。

[④] 郭齐勇：《儒墨两家之"孝"、"丧"与"爱"的区别和争论》，《哲学研究》2010 年第 1 期；《关于"亲亲互隐"、"爱有差等"的争鸣》，《江苏社会科学》2005 年第 3 期。

[⑤] 康学伟：《论孝观念形成于父系氏族公社时代》，《松辽学刊》（社会科学版）1992 年第 2 期；《论孔子对西周传统孝道的继承和发展》，《东北师大学报》（哲学社会科学版）1994 年第 6 期。

人的剖析①；黄修明从政治学的角度深入研究了历史上的"孝治"理论和实践②；魏英敏阐述了孝作为家庭伦理的意义及其在现代家庭伦理建设中的应用③。上述研究，从不同的角度对孝进行了深刻的分析和阐述，具有重要参考价值。

（二）关于孝德与养老的关系

当前，国内外对于养老问题的研究，主要集中于三个方面：一是养老保险制度的建立与完善；二是养老保障体系的构建与实施；三是养老模式的基本状况、面临的挑战和应对策略。部分相关著作及论文当中，提出养老问题的解决离不开孝德的弘扬，但往往寥寥数语、一带而过，较少进行深入探讨。

就目前而言，探索中国孝德传统与当代养老之间内在联系的成果尚不多见。已有相关研究成果多是从思辨的角度得出基本结论。邬沧萍等主张用变化的"孝道"应对变化中的老龄化④；肖群忠指出，孝道养老的文化效力随着社会发展会逐渐递减，自助养老、社会养老与家庭养老将一并成为未来中国社会养老的主要方式⑤；林艳以"多元辅助家庭照料理论"为例，指出孝道并没有瓦解——政策的着眼点不在于重构新的社会养老服务体系，而在于整合各方面资源，为孝心能转化为现实养老支持力提供客观条件⑥。穆光宗认为，极有必要在全社会大力倡导以和文明同步的"孝德"为基础、为依托的新型赡养关系，即"以孝为本，孝养结合"；他强调，只有"孝养"才可能真正保障养老质量和老年人的精神健康，提升老年人的健康价值，而没有孝德作为基础的"赡养"则做不到这一点。⑦

从实证角度来看，陈功考察了老中青三代人对"什么是孝"的理解、

---

① 葛荣晋：《"孝"的二重性及其社会价值》，《孔子研究》1991年第2期。

② 黄修明：《中国古代"孝治天下"的历史反思》，《西南民族大学学报》（人文社科版）2006年第4期。

③ 魏英敏：《"孝"与家庭文明》，《北京大学学报》（哲学社会科学版）1993年第1期。

④ 邬沧萍、孙鹃娟：《孝文化的新时代涵义》，《群言》2004年第2期。

⑤ 肖群忠：《"孝道"养老的文化效力分析》，《理论视野》2009年第1期。

⑥ 转引自陈功《社会变迁中的养老和孝观念研究》，中国社会出版社2009年版，第104—105页。

⑦ 穆光宗：《"文化养老"之我见》，《社会科学论坛》（学术评论卷）2009年第6期。

对传统孝观念的看法和评价以及代际"孝和养老"观念的差异，并得出基本结论。[①] 王萍和李树苗利用 2001 年、2003 年和 2006 年"安徽省农村老年人生活状况"跟踪调查数据，结合农村实际状况，考察了代际支持对农村老年人生活满意度的影响。[②] 这些基于实证调查所得出的结论具有重要参考价值。台湾学者叶光辉、杨国枢系统考察了台湾民众之孝道观念的变迁情形以及年老父母居住安排所反映的孝道心理，数据翔实、分析深入，其使用的研究方法、模型和工具可资借鉴。[③]

（三）关于孝德教育

以孝德教育为研究对象的成果为数不多，通常散见于基础教育工作者所发表的一些论文当中。相关研究集中于以下三个方面。

第一，当代实施孝德教育的必要性。关于孝德教育的学术成果中，多数涉及"当代实施孝德教育的必要性"这个问题。无论是从高校教育角度出发，还是从基础教育角度出发，研究者都认为：孝德具有合理内容，有必要通过孝德教育加以提倡；由于孝德在道德教育中的基础和起点作用，实施孝德教育有助于培养学生的仁爱精神、责任意识、感恩意识和牺牲精神，能够促进学生树立正确的价值观和人生观，能够促进学生思想道德素质的提升。

第二，当代孝德教育的实践探索。从家庭孝德教育来看，其实践探索个性化较强，其成果主要包括实施孝德教育的个人体会或者经验总结，一般见于报纸、通俗杂志和互联网。内容主要是家庭中如何进行孝德教育，如家长要以身作则，孝德教育要从小抓起，要让孩子了解父母为他们和家庭所付出的辛苦，要从小事入手训练培养孩子孝敬父母的行为习惯等。

从社会孝德教育来看，有的学者提出：孝德孝风建设是一项社会系统工程，需要全社会共同参与。近些年来，有些地方开始将孝德建设落实到具体实践中去。例如，从 2006 年起，山东省莱州市开始实施"孝德、诚德、爱德"工程，其中的"孝德工程"就是以"孝"为家庭美德建设的

① 陈功：《社会变迁中的养老和孝观念研究》，中国社会出版社 2009 年版。

② 王萍、李树苗：《农村家庭养老的变迁和老年人的健康》，社会科学文献出版社 2011 年版。

③ 叶光辉、杨国枢：《中国人的孝道：心理学的分析》，重庆大学出版社 2009 年版。

切入点，突出生活保障、精神慰藉、敬业回报的主题。① 尽管"孝德工程"还处在边探索边完善的阶段，但毕竟是社会孝德教育实践的有益尝试。

从学校孝德教育来看，研究者提出孝德教育应作为学校德育的一部分，并初步探讨了学校实施孝德教育的途径和方法。有些学校进行了一些实践探索，如浙江省东阳二中提出：开设"孝敬课"，增加知识性；设立"孝敬日"，发《孝敬笔记》，注重实践性；评"孝星"，明确导向性；抓"活动"，强化参与性；与家长签订协议书，增强辐射性；抓考评，体现激励性。② 吉林省吉林市49中提出"六个一工程"：每次上学前向父母告别；每天帮父母刷一次碗；每周给父母洗一次衣服；每月给父母洗一次脚；住宿生每年回家给父母买一次水果；每个假期，帮父母做一次农田劳动。③ 四川省广汉市实验小学采取了以课堂教学为主渠道、以学生活动为主载体、以家庭教育为主阵地，寓孝敬教育于具体实践体验中的活动策略。④

第三，关于古代孝德教育的研究。少数学者对古代孝德教育进行了研究：李建业指出"孝"是汉代家庭教育的主要内容⑤；余从荣、张运华共同撰文论述了汉代推行孝道教化的途径及启示⑥；肖群忠曾论述"孝在中国传统教育史中的根源与核心地位"，概括了传统社会的孝道教化阶段及其特征。⑦

综上所述，当前学术界关于孝德教育的研究成果数量不多，且研究的深度和系统性均有待提高。首先，相关研究往往只是提供一些孝德教育的具体做法，局限于实践经验的介绍，很少从中抽象出一般规律和科学结

---

① 林建宁：《实施"孝德、诚德、爱德"工程的实践与思考》，《理论前沿》2008年第1期。

② 孙侃：《让孩子怀有一颗孝敬之心》，《家庭教育（中小学家长）》2004年第10期。

③ 张颖、李华：《校园孝子评选 孝道说法不一》，《教育》2006年第8期。

④ 李国明、王道茂：《未成年人思想道德建设从"孝敬"入手》，《四川教育》2005年第9期。

⑤ 李建业：《孝与汉代家庭教育》，《东岳论丛》2007年第3期。

⑥ 余从荣、张运华：《汉代推行孝道教化的途径及启示》，《南昌大学学报》（人文社会科学版）2005年第1期。

⑦ 肖群忠：《孝与中国文化》，人民出版社2001年版，第185—195页。

论；其次，相关研究往往局限于现状分析和观点表达，缺乏历史的追溯和剖析，较少反思传统和进行理性建构；再次，相关研究往往将孝德教育的功能局限于其德育意义，而较少关注其养老意义。少数成果虽然关注到"孝德教育"与"养老"之间存在一定关系，却尚未对此进行深入系统的研究。曾经在古代养老中发挥了巨大作用的孝德教育传统，是否仍然适用于当代中国社会，是否能够成为解决老龄化问题的宝贵资源？在养老视阈下，继承和发扬孝德教育传统具有怎样的现实意义？在当代经济、政治和文化背景下，应当如何继承与创新孝德教育传统？对于这些问题的研究不仅必要，而且非常紧迫。

正是带着古为今用的热切愿望和对现实中养老问题的关注，笔者确定了"养老视阈下中国孝德教育传统研究"这个题目。本书将在养老视阈下，对中国孝德教育传统的发展历程做出系统梳理，探索不同社会背景和历史条件下孝德教育经历了怎样的变革；在认识和掌握历史的基础上，进一步梳理中国孝德教育传统中的养老内容和历史作用，挖掘中国孝德教育传统的现实意义；在总结和分析中国孝德教育传统的现状和困境之后，最终提出如何继承和创新中国孝德教育传统。

二　主要概念的界定

1. 养老

养老是一种随着人类的延续而产生的自然行为。所谓"养老"，主要包括两方面内容：一是如何度过晚年的生活；二是如何获得养老的支持。前者主要是指养老的内容以及使用何种方式安度晚年生活；后者则是指养老资源的来源或者说谁来提供养老支持力的主体问题。[①] 本书中的养老在概念上侧重于后者，即如何获得养老的支持。进一步来说，侧重于由子女来提供养老支持力时所涉及的养老状况。

2. 孝德

古往今来，孝德的核心内涵均可以概括为四个字，即"善事父母"，对父母要做到既"养"且"敬"，包括崇拜、敬仰祖宗和奉养、尊敬父母

---

① 穆光宗：《家庭养老制度的传统与变革：基于东亚和东南亚地区的一项比较研究》，华龄出版社 2002 年版，第 15 页。

两个主要方面。从这一核心内涵出发，传统孝德包含着以下基本内容：
（1）奉养父母（包括养体与养志）；（2）敬爱父母；（3）顺从父母；（4）
谏亲以理；（5）继承志业；（6）传宗接代；（7）葬之以礼；（8）尊祖敬
宗；（9）立身行道；（10）忠君爱国。

　　不同时期的孝德，其内涵不尽相同。西周时期的孝德虽然包含着奉
养、服从父母的含义，但是以"尊祖敬宗"（内在地包含着忠德）为其主
要内涵。"尊祖"是对祖先的崇拜与敬仰。生则敬养，死则敬享，事死如
事生。"敬宗"是指小宗对大宗的崇敬，是西周宗法制度在孝德观念上的
表现。到了春秋战国时期，鬼神观念、天命观念受到人们的怀疑，因而，
崇拜祖先的宗教观念、宗教仪式已不再是孝德的主要意义，代之而起的，
是对在世父母的"生孝"。这时，充满着世俗生活人情味的、体现着父母
和子女义务关系的"父慈子孝"的箴言十分流行，如"君义，臣行，父
慈，子孝，兄爱，弟敬，所谓六顺也"。① "父慈子孝……礼也。"② 在这
一时期，孝德更多体现着父子之间的人伦情感和道德义务。汉代以后，人
们有意识地强化了"孝"与"忠"的联系，逐渐形成了忠孝并论的意识。
所谓"出则忠，入则孝"，"忠于君，孝于亲"，于是孝德内涵中忠于君
王、忠于国家的部分逐渐被强化。

　　在当代中国，我们要提倡的是不同于传统的新型孝德。新型孝德以
"善事父母"为核心，以爱敬父母、感念亲恩和赡养父母为基本内涵。它
根源于人们对父母返本报恩的心理意识，体现着子女爱敬父母的道德感
情，表现为子女赡养照顾父母的道德行为。当代"善事父母之孝德"以
情感为纽带，以感恩等现代公民意识为依托，亲子双方在人格和地位上处
于平等地位。对子女来说，爱亲、敬亲、养亲是对父母生养、抚育之恩的
回报。这种回报超越庸俗的功利色彩，是所有为人子女者应尽的责任和义
务。

　　需要指出的是，"孝德"与"孝道""孝文化"是三个既有联系又有
区别的概念。

　　"道"即"理"，即"天理"，是一种不以人的意志为转移的必然规

---

① 陈戌国点校：《四书五经》，岳麓书社 2014 年版，第 686—687 页。
② 同上书，第 1150 页。

律。而"德"即"得",当人认识并掌握了"道",便具备了"德"。正如朱熹所说:"道者,古今共由之理,如父之慈,子之孝,君仁,臣忠,是一个公共底道理。德,便是得此道于身,则为君必仁,为臣必忠之类,皆是自有得于己,方解恁地。尧所以修此道而成尧之德,舜所以修此道而成舜之德。"① 按照古人的这一用法,孝道就是有关孝的必然规律,是内在于人的永恒的道德原则。当一个人心中体认到"孝道"并保持之而不丢失,并坚持身体力行,则具备了"孝德"。孝德是个体心中体认到的孝道,故孝德与孝道二者,实为一体。在日常生活中,人们常将二者混用。本书在使用孝德时,更强调其个体内化性;在使用孝道时,则更注重其规律性。

"孝文化是指中国文化与中国人的孝意识、孝行为的内容与方式,及其历史性过程,政治性归结和广泛的社会性衍伸的总和。"② 与孝德、孝道相比,孝文化是一个更为宽泛的概念。它不仅包含有关孝的观念(意识)和行为规范,而且包含有关孝的理论、制度、习俗等一切精神文化和物质文化(如衣、食、住等)。

3. 孝德教育

所谓孝德教育,是道德教育的一部分,是对受教育者有目的地施以影响、使其形成孝德的实践活动的总和。它不仅包括在学校进行的教育活动,也包括在家庭和社会中进行的宣传教育活动。

随着孝德内涵与基本内容的变化,不同时期的孝德教育有着不同的内容和侧重点。西周时期的孝德教育实践以尊祖敬宗教育为主要内容,其目的是"明人伦""申孝友之义",即维护"父子、君臣、长幼之道",从而起到维护等级秩序的作用。当然,在西周孝德教育的实践中也包含着奉养和服从父母等方面的教育,但是这些教育活动并不占主要地位。到了春秋战国时期,孝德教育更多地面向生活,体现着父子之间的人伦情感和道德义务。汉代以后,孝德教育的内容包括事亲、忠君和立身三大方面。当代孝德教育则以新型孝德为内容,以激发孝德情感和提高孝德判断力为核心。

---

① (宋)黎靖德编,王星贤点校:《朱子语类》(第一册),中华书局1986年版,第231页。
② 肖群忠:《孝与中国文化》,人民出版社2001年版,第4页。

4. 传统孝德教育与孝德教育传统

"孝德教育传统"是指：在长期的历史发展过程中，逐渐形成的关于孝德教育的思想观念形态和风俗习惯。它区别于"传统孝德教育"。"传统孝德教育"有其时代性，是某一时期的孝德教育所凝聚而成的"产品"，是"已成之物"。而"孝德教育传统"却是不断发展变化、不断生成更新的"将成之物"，反映了一种肇始于过去、融透于现在并直达未来的意识趋势。"活的文化传统不断在变，但决不是按照那种'肯定—否定'、'正确—错误'的模式在变，而是像一棵大树，不断吸取外在的阳光、空气和水；不断调整自己，以适应外部环境的变化。"①

如图0—1所示，孝德教育传统从传统孝德教育中生发并不断延续，发展至当代后融入时代内容而生成更新为当代孝德教育。换言之，存在于当代的孝德教育传统不同于传统孝德教育，它源于传统孝德教育又高于传统孝德教育，应该成为当代孝德教育的重要组成部分。

图0—1　孝德教育传统与传统孝德教育示意图

---

① 乐黛云：《文化冲突及其未来》，载于季羡林、张光璘编选《东西方文化议论集》（下），经济日报出版社1997年版，第528—529页。

第一章 中国孝德教育传统的历史追溯

自西周开始，孝德便成为协调家庭人伦关系的道德规范，孝德教育亦成为"经国家，定社稷，序民人，立后嗣"的重要手段。到了汉代，统治者充分利用已经比较完备的先秦孝德教育理论，使孝德教育得到全面实践。此后，各朝各代均对孝德教育极为重视和提倡。在中国传统社会的教育实践中，孝德教育一直占据着核心和首要地位。

第一节 西周时期——孝德教育的产生

一 孝德的源起

传统社会的孝德主要包括两层基本含义：一是奉养、服从父母，即"生孝"；二是崇拜、敬仰祖宗，即"死孝"。无论是生孝还是死孝，都不是凭空产生的，而是有其历史根源的，是在漫长的历史发展过程中逐渐产生并为人们的观念所明确的。归结起来，孝德源起于原始社会以血缘为基础的自然亲情、尊祖祭祖的宗教情怀和氏族养老尊老的古老传统。

孝德中的"生孝"最早可以追溯到原始社会的母系氏族社会。在母系氏族社会，人们"知其母不知其父"，妇女享有崇高的地位。从山顶洞人的遗址发现，年老妇女的安葬与众不同，有其生前使用过的装饰品随葬，这说明她们活着的时候就受到氏族成员的爱戴。这种基于血缘关系而对母亲的爱戴，可以说是"生孝"的最初萌芽。到了父系氏族社会，开始出现了家庭和婚姻关系。随着这种个体婚制的出现，人们由知其母过渡到兼知其父，父亲和母亲一样成为子女亲近和爱戴的对象。但在这时，以血缘为基础的自然亲情虽然孕育了孝的萌芽，却并未形成理性的认识。

孝德中的崇拜、敬畏祖先的含义最早亦可追溯到母系氏族社会。在母系氏族社会的图腾崇拜中，包含着人和动物同源的观念，这种图腾崇拜在某种程度上体现着祖宗崇拜的萌芽。正如肖群忠先生所说："图腾崇拜发展的必然逻辑即祖先崇拜。"① 到了父系氏族社会，随着人们对血缘关系的日益重视，随着父系家长权力的确立，祖宗崇拜的宗教观念得以确立。氏族或家族的成员为了使本族得到福佑和繁衍，十分重视供奉祖宗神灵、举行祭祖仪式。一直到夏、商时期，这种祖宗崇拜的宗教观念和仪式仍十分盛行。值得注意的是，西周之前的祖宗崇拜和西周人"追孝""享孝"祖先的孝德在形式上是一致的，但他们还没有自觉地把宗教上的祭祖和道德上的孝敬明确统一起来，即没有明确用孝德来规定祖宗崇拜。② 因此，这时的尊祖祭祖仅仅是一种宗教情怀，是一种自发的传统习俗而已。

除了"生孝"和"死孝"，从另一个维度来看，孝德中还包含有一个至关重要的因素，那就是尊老意识。这种尊老意识的对象不只包括个人的父母和长辈，还包括所有年长的人，是一种对年龄和经验的自然敬意。而这种尊老意识也是发端已久的。在氏族社会中，赡养老人是氏族全体成员的事情。《礼记·礼运》赞美当时"老有所终，壮有所用，幼有所长，矜寡、孤独、废疾者皆有所养"③。作为独立经济单位的个体家庭出现之后，对全族老人的奉养演化为子女对各自父母的奉养。因此，这种氏族群体的尊老意识和行为也是衍生出孝德的重要因素。

二 孝德教育的源起

同孝德一样，孝德教育也不是凭空产生的，而是有着漫长的发展过程。尽管最初的相关教育活动都是自发性的教育活动，并非出于理性的自觉，但是其中却内在地包含了孝德教育的因素，某些实践形式更是为后世的教育所延续。孝德教育中所包含的"尊祖祭祖教育"和"尊老养老教育"也可谓由来已久。

---

① 肖群忠：《孝与中国文化》，人民出版社2001年版，第22页。
② 朱汉民：《忠孝道德与臣民精神——中国传统臣民文化论析》，河南人民出版社1994年版，第37页。
③ 《礼记·礼运》，引自陈戍国点校《四书五经》，岳麓书社2014年版，第513页。以下引用此文献只随文标出篇章。

　　"尊祖祭祖教育"最早可以追溯到原始社会的祭祀活动。通过祭祀活动，原始社会的人们可以接受风俗习惯和原始礼仪的教育，因此祭祀与教民合一。母系氏族社会的图腾崇拜认为每个氏族都有自己的保护神，氏族成员均出于同一祖先。因此，以图腾崇拜为基本内容的祭祀活动，有利于加强氏族成员对祖先的尊敬与敬畏，具有一定的教育作用。《中国教育制度通史》一书根据古代文献和考古资料推断："远古之圣人治天下之具皆出于学校，发布政令，养老，恤孤，审讯俘虏，出征前誓师，集合众人共议狱讼，祭祀天地山川鬼神与祖先，均在所谓'学校'举行。"① 这种远古时代的所谓"学校"，虽不是专门意义上的学校，但是其中的一些活动，如养老和祭祀等，都和孝德有关，对氏族成员具有一定的教育作用。值得注意的是，这些祭祀活动虽然有一定的教育作用，但并非出于自觉，还不能看成真正的孝德教育。而且，据《礼记·祭法》的记载，有虞氏时祭祖以其功德，而不以血统。到了夏后氏以后，"效鲧而宗焉"才算真正对祖宗而祀。殷人则有"祖契而宗汤"，但在殷人眼中，祖宗神与天神是合一的，他们虽对孝德有某些零碎的、粗浅的认识，但孝德思想尚未从宗教意识中分离出来。直至周初，孝德思想真正形成之后，祭祖才真正具有孝德教育的意义。

　　"尊老养老教育"最早亦可追溯到原始社会。上文提到的山顶洞人，将年老妇女生前使用过的装饰品随葬，既表现了当时对年老妇女的尊重，也会对活着的人起到一定的教育作用。到了原始社会末期的虞舜时代，出现了"庠"这种教育机构。《礼记·王制》载："有虞氏养国老于上庠，养庶老于下庠。"②《礼记·礼运》云："大道之行也，天下为公，选贤与能，讲信修睦。故人不独亲其亲，不独子其子，使老有所终，壮有所用，幼有所长。"③ 从中不难看出，当时的人们共同赡养老人，共同抚养儿童。而虞庠正是氏族部落共同抚养儿童、赡养老人的场所。这说明，"庠"是一种带有教育作用的养老机构，其教育内容侧重于敬老慈幼。《尚书·舜

　　① 李国钧、王炳照主编：《中国教育制度通史（第一卷）》，山东教育出版社2000年版，第41页。

　　② 陈戍国点校：《四书五经》，岳麓书社2014年版，第483页。

　　③ 同上书，第513页。

典》曰："契，百姓不亲，五品不逊，汝作司徒，敬敷五教，在宽。"① 舜见到"百官不和睦、父母兄弟儿女之间关系不顺和"，于是让一位名为"契"的人作为司徒，专门传授父义、母慈、兄友、弟恭、子孝这五种伦理道德。可见，当时已有以敬老为目的的教育活动。

根据先秦文献的记载，夏朝起开始有学校，其教育内容主要是养老敬老教育。对此，《礼记·王制》记载较为详细："凡养老，有虞氏以燕礼，夏后氏以飨礼，殷人以食礼。周人修而兼用之。……有虞氏养国老于上庠，养庶老于下庠。夏后氏养国老于东序，养庶老于西序。殷人养国老于右学，养庶老于左学。周人养国老于东胶，养庶老于虞庠，虞庠在国之四郊。"② 到了商朝，除了"庠""序""学"等学校名称外，还出现了"瞽宗"这种学校形式。"庠"是从氏族社会继承下来的，但养老作用更加突出，养老教育的自觉性显著增强。"序"是从夏朝直接继承下来的，在进行军事训练的同时，更为强调品德培养，从而达到"明君臣之礼""明长幼之序"的目的。"瞽宗"是祭祀乐祖的神庙，殷人在瞽宗传授有关宗教祭奠方面的礼仪知识。通过祭奠礼仪的传授，能够强化顺从天命和先祖意旨的观念和行为。由此可见，夏商时期的学校以养老教育、"明长幼之序"、尊祖祭祖教育为主要教育内容，虽然不能说是真正的自觉的孝德教育，但已经包含着孝德教育的因素，为后世的孝德教育奠定了实践基础。

三 孝德教育的产生

孝德教育是以孝德为内容和目的的教育活动，孝德教育的产生必然以孝德的产生为其前提。与此同时，没有教育活动，也不可能产生孝德。因此，孝德教育应与孝德同时产生，二者是相互依存的。

那么，孝德是何时正式形成的呢？有些论者根据"孝"字在商代的甲骨文、金文中即已出现，认为孝德正式形成于商代。笔者不认同这一观点。实际上，"孝"字和孝德观念是既有联系又有区别的。最初的"孝"字本身可能并不包含孝德观念，而孝德意识也不是在有了孝字之后才出

---

① 李民、王健：《尚书译注》，上海古籍出版社2004年版，第18页。
② 陈戌国点校：《四书五经》，岳麓书社2014年版，第483—484页。

现。据考证，商代甲骨文、金文之中的"孝"字与"老""教"相通，而且仅仅用作地名或人名，还不是指后来道德观念上的孝德。而道德观念上的孝德虽然早已萌芽，却只是表现为一些零碎的、朦胧的意识，并不能等同于后世理性的孝德。

理性的孝德，其产生必须具备两个条件：一个是基于血缘而产生的"亲亲"关系，其成为维系"孝"的感情纽带；另一个条件是个体家庭经济的形成，以及与此相联系的家庭中权利与义务关系的出现。① 前一个条件在父系氏族社会即已具备，而后一个条件却晚得多。由于私有财产不发达，中国直到西周时期，才出现作为独立经济单位的个体家庭。在这样的个体家庭中，父母和子女在经济上相互依赖，父母有抚养子女的责任，子女有奉养父母的义务。只有当父母需要子女奉养时，才有可能出现《尚书·酒诰》中"用孝养厥父母"这种奉养父母的孝德。在西周，无论是文献典籍，还是铜器铭文，孝字都十分常见。《尚书·文侯之命》曰："汝肇刑文武，用会绍乃辟，追孝于前文人。"② 《尚书·酒诰》云："肇牵车牛，远服贾，用孝养厥父母。"③ 《诗经·大雅·卷阿》曰："有冯有翼，有孝有德。"④ 可见，西周所使用的"孝"字，包含着崇拜、敬仰祖宗和奉养、服从父母这两层基本含义，孝德在此时期才可以说真正形成。

孝德观念在西周形成并受到高度重视，没有孝德教育是不可能实现这一点的，由此可以推断，孝德教育必然同时形成于西周。而史料中的相关记载也证明了西周时期确实已经出现了孝德教育的实践。从西周学校的教育内容来看，很多内容都与孝德相关。西周学校的教学内容主要包括六礼、七教、八政、乡三物。"六礼"是指冠礼、婚礼、丧礼、祭礼、飨礼、相见礼；"七教"是指父子、兄弟、夫妇、君臣、长幼、朋友、宾客；"八政"是指饮食、衣服、事为、异别、度、量、数、制；乡三物即"六德"（知、仁、圣、义、忠、和）、"六行"（孝、友、睦、姻、任、

---

① 沈善洪、王凤贤：《中国伦理思想史》（上），人民出版社 2005 年版，第 54 页。
② 李民、王健：《尚书译注》，上海古籍出版社 2004 年版，第 412 页。
③ 同上书，第 270 页。
④ 程俊英：《诗经译注》，上海古籍出版社 2004 年版，第 454 页。

恤）、"六艺"（礼、乐、射、御、书、数）。① 如《礼记·王制》载："司徒修六礼以节民性，明七教以兴民德，齐八政以防淫，一道德以同俗，养耆老以致孝，恤孤独以逮不足……"② 据载，西周时的学校经常举行贵族成员集体行礼、聚餐、练武、奏乐等活动。乡饮酒礼、乡射礼、庆功典礼及祭奠先师的"释奠礼"等，也常在国学或乡学举行。③ 在这些活动中，往往贯穿着孝德教育的内容。《孟子·滕文公上》中说："夏曰校，殷曰序，周曰庠，学则三代共之，皆所以明人伦也。"④ "庠""序""校"的宗旨，都是为了"明人伦"。这里的"明人伦"，即明确包括家族与国家为一体的君臣父子、大宗小宗之间的伦常关系。由此可以肯定，西周的学校教育主要是通过六礼、七教、八政、乡三物等教学内容，向贵族子弟传播、灌输以孝德为核心的宗法道德，所以孝德教育不仅已经存在，而且备受重视。

除了学校教育，西周还通过祭祖仪式、乡饮酒礼、视学制度、释奠礼、朝廷训俗、采风易俗等诸多形式进行孝德教育。其中很多形式一直为后世所延续，尽管在实践中具体程序有所差别，但基本形式是相同的。因此，西周的孝德教育可以说是中国几千年孝德教育之源，对后世的孝德教育具有深远影响。但当时的孝德教育毕竟是我国古代文明形成时期的孝德教育，就其总体而言，尚处于比较低级的水平，在理论上还比较幼稚，几乎没有系统的孝德理论。

四　家国一体——孝德教育产生的社会基础

孝德教育在西周产生并且备受统治者的重视，这绝非偶然，而是由当时"家国一体"的社会结构所决定的。

中国古代从家族过渡到国家，是以一种合家族与国家为一体的形式，由于私有财产不发达，并没有很快出现作为独立经济单位的个体家庭。在

① 李国钧、王炳照主编：《中国教育制度通史》（第一卷），山东教育出版社2000年版，第62—79页。

② 陈戍国点校：《四书五经》，岳麓书社2014年版，第480页。

③ 李国钧、王炳照主编：《中国教育制度通史》（第一卷），山东教育出版社2000年版，第92页。

④ 金良年：《孟子译注》，上海古籍出版社2004年版，第104页。

殷商时代，家族"通常以一种多层次的亲属集团即宗族形式存在，并以之作为从事社会活动的基本单位"①。个体家庭虽已出现，但还不具有独立的经济功能，子女对父母并无特殊的责任和义务。所以，殷商时期很难看到奉养、尊崇父母的孝德观念。到了西周时期，出现了贵族家族与庶民家庭两种形态。庶民家庭作为独立经济单位，父母和子女在经济上相互依赖，父母有抚养子女的责任，子女有奉养父母的义务，于是奉养父母成为孝德不可缺少的内容。

而西周的贵族家族仍然是一种多层次的亲属集团，家族的父家长与家族成员既是一种血缘上的亲属关系，又是一种政治上的君臣关系。因此，与庶民家庭不同，贵族家庭更为重视孝德中"尊祖敬宗"方面的内容。"尊祖"是对祖先的崇拜与敬仰，生则敬养，死则敬享，事死如事生。无论大小宗族均具有浓厚的尊祖观念。"敬宗"是指小宗对大宗的崇敬，是西周宗法制度在孝德观念上的表现。西周的宗法等级制是以氏族血统为基础的嫡长子继承制度，这种制度规定：凡是有君位和爵位的必须由嫡长子世代继承，百世不迁，是为大宗。具体来说，天子之位由周王的嫡长子即正妻所生的第一个儿子继承，嫡长子是天下的"大宗"，而周王的兄弟和其余诸子则受封为诸侯，对天子来说是"小宗"，但在他们自己的封国或封地里却又是"大宗"；诸侯君位也由其嫡长子继承，嫡长子一脉为自己封国里的"大宗"，诸侯的其余诸子则受封为卿，是"小宗"；卿大夫的爵位同样由其嫡长子继承，其他诸子无爵位可以继承。严格的宗法制度决定了大宗与小宗之间具有一定的权利和义务关系，其中，小宗对大宗的崇敬便是"敬宗"。

西周的宗法等级制决定了天子、诸侯、卿大夫之间既是上下级的关系，又是亲缘关系。对于周天子来说，他既是天子，又是大家族的家长；对于各诸侯国国君来说，既是诸侯国的国君，又是小家家长。这样层层递推，自上而下，形成了一个血缘与权力相重叠的金字塔体系。而从另一个角度看，家就是国，国就是家，家国一体。当时，天子、诸侯、卿大夫、士等所统治的领地既可称为"国"，又可称为"家"。《春秋左传·桓公二

① 朱凤瀚：《商周家族形态研究》，天津古籍出版社1990年版，第218页。

年传》载："故天子建国，诸侯立家。"① 《礼记·礼运》载："诸侯有国以处其子孙。"② 这里的"家"和"国"都是指诸侯封地。卿大夫亦如此，他们往往也将其封地既称为"国"，又称为"家"，并不注重对二者的区分。在这种情况下，家族秩序就是国家秩序，君臣关系就是父子关系，治家的家族活动同时也就是治国的政治活动，作为家族道德的孝德本身就有了重要的政治意义。

对于贵族统治者而言，孝德的政治意义显然更为重要。在这种家国一体的社会结构下，对家长的孝顺，就是对上级的服从。周族祖先作为周氏家族之祖理应是全国共敬之祖，只要能够做到"尊祖敬宗"，家族成员就会紧密团结在一起，不会生异心。家族稳定，国家也就稳定了。孝德正是因为满足了维护宗法等级制的要求，而备受西周统治者重视，成为包括孝、义、敬、让、亲、和、安、中、恤、节等在内的宗法道德规范的核心，是"经国家，定社稷，序民人，利后嗣……"③ 的重要教化内容。这样一来，孝德教育顺理成章地成为西周社会教化的核心内容。周公在《尚书·康诰》中告诫康叔说："元恶大憝，矧惟不孝不友……天惟与我民彝大泯乱。曰：乃其速由文王作罚，刑兹无赦。"④ 他认为人之罪恶，莫大于不孝不友，凡人到了这种地步，就是天理泯灭之时，必须严加处置，不得姑息赦恶。《周礼·地官·师氏》说："以三德教国子：一曰至德，以为道本；二曰敏德，以为行本；三曰孝德，以知逆恶。"⑤ 可见，西周统治者进行孝德教育就是为了让臣民"知逆恶"，继而通过对这种等级秩序的强调来维护政权稳定，这是西周重视孝德教育的根本原因。

"家国一体"的社会结构不仅决定了西周统治者对孝德教育的重视，而且决定了西周时期的孝德教育实践以尊祖敬宗教育为主要内容。因此，祭祖成为西周孝德教育最主要的形式。祭祖的目的在于"教民反古复始，

---

① 陈戌国点校：《四书五经》，岳麓书社 2014 年版，第 703 页。

② 同上书，第 515 页。

③ 陈戌国点校：《四书五经》，岳麓书社 2014 年版，第 698 页。

④ 李民、王健：《尚书译注》，上海古籍出版社 2004 年版，第 264 页。

⑤ 杨天宇：《周礼译注》，上海古籍出版社 2004 年版，第 198 页。

不忘其所由生也"①，从而"加强周姓子孙的团结，以维持政权于不坠"②。《礼记·祭统》载："凡治人之道，莫急于礼。礼有五经，莫重于祭。"③ 祭祖本是原始社会祖先崇拜的遗俗，但到了西周，祭祖之礼吸收了孝亲道德的精神，突出了尊祖之义，从而将原本属于祖先崇拜的祭祖纳入宗法的范围。西周人明确地宣告，祭祖是他们对祖先孝的行为表现。《诗经·周颂·雝》说："相维辟公，天子穆穆。于荐广牡，相予肆祀。假哉皇考! 绥予孝子……既右烈考，亦右文母。"④ 这是周武王祭其父的诗文，他通过祭文表达了对父亲的孝敬。《诗经·小雅·天保》言："是用孝享……于公先王"、"神之吊矣，诒尔多福"。⑤ ——可见，周人尊祖既是为了得到福佑，也是为了敬宗，即《礼记·大传》中所谓的"尊祖故敬宗，敬宗，尊祖之义也"⑥。经常举行的宗庙祭祀活动，能够强化同宗人的归属感、认同感，加强宗族的凝聚力，提高族人对大宗的敬畏。作为礼仪活动的一种方式，祭祖以神圣的仪式和规范的程序张扬了孝德。

总之，西周时期的孝德教育实践以尊祖敬宗教育为主要内容，其目的是"明人伦""申孝友之义"，即维护"父子、君臣、长幼之道"，从而起到维护等级秩序的作用。当然，在西周孝德教育的实践中也包含着养老教育、奉养和服从父母等方面的教育，但是这些教育活动并不占主要地位。西周的孝德教育活动，在西周全盛时期，曾起过维护王权的尊严、巩固宗法分封制度的积极作用，堪称中国古代孝德教育之源，对后世的孝德教育产生了深远的影响。

第二节　春秋战国——孝德教育的理论化

春秋战国时期，诸子蜂起、百家争鸣，不同的学派对于孝德教育持有

---

①　陈戍国点校：《四书五经》，岳麓书社 2014 年版，第 606 页。

②　石文玉：《从个人德行到政治伦理——以贞、孝、忠为中心的考察》，《东北师大学报》（哲学社会科学版）2008 年第 5 期。

③　陈戍国点校：《四书五经》，岳麓书社 2014 年版，第 610 页。

④　程俊英：《诗经译注》，上海古籍出版社 2004 年版，第 528—529 页。

⑤　同上书，第 256—257 页。

⑥　陈戍国点校：《四书五经》，岳麓书社 2014 年版，第 557 页。

不同的观点。儒家认为孝是仁的核心和根本，也是教育的根本，因此主张大力推广孝德教育；法家贬低道德的作用，不重视孝德教育；道家认为"六亲不和，有孝慈""绝仁弃义，民复孝慈"，把孝德教育视作虚伪的欺世盗名的工具，反对进行孝德教育；墨家则主张"孝，利亲也"，把"兼相爱"和"交相利"作为孝德教育的基本原则，认为孝德教育应以利亲为内容和目的。在诸学派的争鸣与交流中，孝德教育的理论创造在这一时期已经基本完成，奠定了中国古代孝德教育的基本内容。在这四种观点中，儒家思想在后来的发展中占了主导地位。汉以后的孝德教育，多是对春秋战国时期儒家孝德理论的实践及在实践中根据时代要求加以解释，而较少有理论上的创新。因此，以孔子为代表的儒家孝德教育思想被多数最高统治者所采纳，成为中国几千年孝德教育的主流思想。下面对这些思想分而述之。

一　"夫孝，德之本也，教之所由生也"——儒家的孝德教育思想

"夫孝，德之本也，教之所由生也。"[①] 这句话充分说明了孝德在儒家道德体系中的地位，也充分说明了儒家学派对孝德教育的高度重视。以孔子为代表的儒家学者对孝德的含义与内容进行了大量论述，挖掘了孝德存在的哲学依据，并对孝德教育的重要性进行了论述，形成了系统的孝德教育思想体系，成为后世孝德教育的基本内容。

儒家孝德理论的创造始于孔子。孔子继承和发展了西周的孝德教育传统，并根据时代的变化，对孝德理论做了一系列新的创造发挥。在孝德的含义上，孔子将孝德由西周的以"尊祖敬宗"为主转化为以"善事父母"为主。在孔子看来，孝德是一种立足于人的心理情感的道德义务，而不再是祈求鬼神护佑的祖宗崇拜。同时，孔子发展了精神方面对父母的崇敬与尊重。他说："今之孝者是谓能养，至于犬马皆能有养，不敬，何以别乎？"[②] 可见，孔子认为，孝德不仅要做到"能养"，而且要做到"有敬"，而且"敬"比"养"更难。从"有敬"出发，孔子提出一系列行孝的要求，并对不同的人有不同的规范。归纳起来，主要包括以下几个方

---

① 汪受宽：《孝经译注》，上海古籍出版社 2004 年版，第 2 页。
② 金良年：《论语译注》，上海古籍出版社 2004 年版，第 11—12 页。

面：无违、色难、几谏、游必有方、无改于父之道、知父母之年。这也是孔子进行孝德教育的主要内容。

"无违"的原意是指无违于周礼，后人则将其加以发挥，主要包括两层要求：一是对父母的侍奉、安葬和祭祀都要按照礼制，不能有违于礼；二是子女对父母的话要言听计从，不能有所违抗。"色难"则强调一种发自内心的对父母的爱敬的心理情感。这种爱敬是一种常态，表现在行为上就是应对父母和颜悦色，不能给父母坏脸色看。"几谏"是针对父母有过错的特定情况提出来的。父母有了过错，一方面要坚持劝谏，另一方面则不能伤感情。"游必有方"的重点，并不在于不要远游，而在于不使父母过分思念和过分忧虑，是表示子女对父母感受的重视，是对父母的爱心的表现。"无改于父之道"要求子女能完成父亲的志向，使父亲立志的事业绵延不绝，这也是从精神层面提出的孝敬父母的要求。知父母之年也是孔子提出的重要孝德要求。为什么呢？因为时刻记着父母的年龄体现了子女的两种心理：一种是因为父母虽年增却健在而高兴；另一种是害怕，害怕与父母相处的时间日渐减少。这是对人的内心情感的描述，在孔子看来，这种矛盾的心理正是孝德的体现。

综上所述，在孔子的孝德教育思想中，他讲得更多的不是"什么是孝"的抽象概念，而是"如何是孝"的具体实践，讲的是生活中究竟哪些行为是孝的表现。在提到这些行为的时候，他往往并不是强调行为本身，而是强调该行为背后所隐藏的内心情感和心理态度。无论是"色难""几谏""游必有方"，还是"无改于父之道""知父母之年"，都强调的是人性情感的具体培育，强调孝行是由心中的忠爱之情而自然流露出的行为，并非源于外在的约束。孝亲之情存在于所有人的心灵当中，人人都有发出这种情感的可能，只是表达的方式可以多种多样而已。

在孔子眼里，孝德根源于血亲之情。孔子认为，孝乃人之最原初的、最真实的自然感情，他把这种真情实感的表现叫作"直"。《论语·子路》中记载了"父子相隐"的故事。父亲偷了人家的羊，儿子认为家丑不可外扬，便为父亲隐瞒下来，孔子认为这中间包含有"直"的道理；相反，如果儿子出来做证，那反而不是真实的自然感情。这段话说的就是顺应自然感情这个道理。从这个例子可以看到，孔子认为，人之自然感情必然讲孝悌，血亲之情是孝德产生的根源。孔子主张由近及远地"爱人"，父母兄弟是最亲近的人，所以"爱人"必始于尊亲。换句话说，将孝悌之情推己及人，从父母身上扩展到他人身上，也就实现了"仁"。"孝弟也者，其为仁之本与！"① 由此，他将孝德置于道德起点的地位，并以此为基础构建了他以"仁"为核心的伦理思想体系。但这里的"推己及人"的"推"和"及"有什么必然的根据和基础呢？孝悌源于血缘之情，以人生来而有的自然感情作为根据和基础，但这种感情必然能够推及他人吗？也就是说，有了孝德，就一定能推及仁德吗？可见，孔子对于孝德根源的说法不是很完善。

对此，孟子做了进一步的回答。孟子曰："恻隐之心，仁之端也……凡有四端于我者，知皆扩而充之矣，若火之始然、泉之始达。苟能充之，足以保四海；苟不充之，不足以事父母。"② 他又说："恻隐之心人皆有之……恻隐之心仁也。"③ 由此可以看到，孟子的"恻隐之心"，不只是孔子的"孝悌"亲情，它是比"孝悌"亲情更根本的"人皆有之"的"人性"。首先有了"恻隐之心"的发动，并进而充之，才能有"孝悌"亲情。如果没有恻隐之心，则没有"孝悌"亲情，则"不足以事父母"。在"孝悌"亲情之上，孟子加上了一层更高、更根本的"恻隐之心"，由此"恻隐之心""充之"而有"事父母"之亲情，以至于"仁民"，再至于"爱物"。这样一来，"孝悌""仁民""爱物"都根源于这种"恻隐之心"，即根源于一种具有先天意义的人性。那么，由"孝悌"推及他人，这种"推及"就有了保证。仁者爱他人之德，和孝德一样，都直接以人的"恻隐之心"这种本性、天性做保证，并且，由"恻隐之心"出发的"扩充"，遵循着由"亲亲"而"仁民"而"爱物"的自然感情之亲疏远近的次序。④ 这就为孔子的"孝为仁之本"找到了理论依据，既找到了孝德的根源和基础，也找到了仁德的根源和基础，并且进一步明确了孝德教育在整个儒家道德教育体系中的地位。

孔子特别重视孝德教育，除了"孝为仁之本"之外，还因为孝德教育具有一定的政治作用。孔子讲孝，一方面强调孝德是内心情感的要求和

---

① 金良年：《论语译注》，上海古籍出版社 2004 年版，第 2 页。

② 同上书，第 72 页。

③ 同上书，第 236 页。

④ 张世英：《境界与文化——成人之道》，人民出版社 2007 年版，第 177—179 页。

体现,另一方面又认为孝德应该受制于"礼",即所谓"生,事之以礼;死,葬之以礼,祭之以礼"。① 这里的"礼"是指周礼,遵循"礼"就是遵循宗法社会的等级规范。因为孝德的实现要"无违"于"礼",血缘关系与等级关系就联系在了一起,并且这种"温情脉脉"的心理情感关系掩盖了政治上的专制统治关系,对巩固专制统治极为有利。对此,孔子虽未明确提及,但他曾说过:"《书》云:'孝乎? 惟孝,友于兄弟,施于有政。'是亦为政,奚其为为政?"② 把孝顺父母、友爱兄弟的精神推广到政治上去,也就是参与政治了。可见,他认为孝德教育是有一定的政治作用的。曾子明确将孝德与忠君联系在一起。所谓"事君不忠,非孝也"③,在这里,"忠"成了孝德的表现,不忠君就是不孝。孝所施用的对象由父母变成了君主,在作为家庭伦理的孝德中注入了"忠"的政治因素。

孟子继承了孔子和曾子的思想,他说:"善政民畏之,善教民爱之;善政得民财,善教得民心。"④ 从民本主义的角度出发,孟子认为良好的政治比不上良好的教育能够获得民心。孟子所说的"善教"就是指道德教化,而且在他看来,"明人伦"是道德教化的首要任务。这里的"人伦"主要指父子有亲、君臣有义、夫妇有别、长幼有序、朋友有信"五伦"。在这"五伦"中,除"朋友有信"外,其他四伦都体现了宗法等级关系,因此,孟子的"人伦"实质上是对封建制度下的社会伦理关系的概括。在孟子看来,孝悌是五伦的核心。孟子曰:"事,孰为大? 事亲为大。"⑤ 又说:"孝子之至,莫大乎尊亲。"⑥ 事亲、尊亲,成了人最高的道德表现。在孟子这里,孝德教育是推行仁政的方法与根据。孟子在回答滕文公"问为国"时指出:"人伦明于上,小民亲于下,有王者起,必来取法,是为王者师也。"⑦ 明确地把"明人伦"作为"兴国"以至"王天下"的大法。他反复向梁惠王宣扬孝治,告诉他"谨庠序之教,申之以

---

① 金良年:《论语译注》,上海古籍出版社 2004 年版,第 11 页。
② 同上书,第 16 页。
③ 陈戌国点校:《四书五经》,岳麓书社 2014 年版,第 607 页。
④ 金良年:《孟子译注》,上海古籍出版社 2004 年版,第 277 页。
⑤ 同上书,第 161 页。
⑥ 同上书,第 200 页。
⑦ 同上书,第 106 页。

孝悌之义，颁白者不负戴于道路矣"。① 孝德教育的作用不仅体现在家庭中，而且能够使学生将这种亲情推及他人，使得素不相识的"颁白者"也能够"不负戴于道路"，从而真正实现"老吾老以及人之老，幼吾幼以及人之幼"② 的和谐美好的社会。

归结起来，儒家学者主要从三个方面强调了孝德教育的重要性：第一，从人伦关系的和谐方面看，父子关系是人伦关系中最核心的关系，而要实现父子关系的和谐，就必须实现"父慈"和"子孝"。因此，孝德教育是调节父子关系必不可少的手段。父子关系和谐，君臣、长幼、夫妇也就实现了和谐，整个社会关系就得到了维护。正所谓"人人亲其亲、长其长而天下平"③。第二，就道德主体而言，具备孝德是提高个体道德修养的必然要求。对个体来说，孝德是道德主体自身境界的提升、道德人格的完善，是对道德主体自身单方面的义务规范。个体要做一个有道德的人，就必须具备孝德。第三，孝德教育是维护封建秩序的重要方法。从曾子开始，儒者就不断强调孝德的政治作用。到了孟子，孝亲和忠君有了相当紧密的联系，他说："未有仁而遗其亲者也，未有义而后其君者也。"④《孝经》一书则将孝治天下描绘成一幅诱人的图景，谓："先王有至德要道，以顺天下，民用和睦，上下无怨。"⑤ 如果能以孝治天下，那么就能达到"天下和平，灾害不生，祸乱不作"⑥ 的效果。

二　"任力不任德""贵法不贵义"——法家的孝德教育思想

法家思想以商鞅和韩非为代表，他们主张"以法为教，以吏为师"⑦，推行"法治"教育。这里所说的"法"，包括社会统治者所颁布的有关政治、经济、文化教育各方面的政策、法令。法家并不重视孝德教育，只是把孝德教育作为维护法制的手段。首先，商鞅十分蔑视儒家的孝悌之教，

---

① 金良年：《孟子译注》，上海古籍出版社 2004 年版，第 5 页。
② 同上书，第 15 页。
③ 同上书，第 156 页。
④ 同上书，第 1 页。
⑤ 汪受宽：《孝经译注》，上海古籍出版社 2004 年版，第 1 页。
⑥ 同上书，第 36 页。
⑦ 郭齐勇等：《中华文化通志·学术典（6—052）诸子学志》，上海人民出版社 1998 年版，第 276 页。

主张任力不任德、贵法不贵义。他认为，耕战是实力的来源，如果民众不耕不战，国家贫弱、危乱，则为人臣者不能尽忠，为人子者也难以尽孝。因此，商鞅主张实行以鼓励耕战为基本内容的法治教育，仁义道德也以此为前提。商鞅说："圣人有必信之性，又有使天下不得不信之法。所谓义者，为人臣忠，为人子孝，少长有礼，男女有别。非其义也，饿不苟食，死不苟生。此乃有法之常也。圣王者，不贵义而贵法。法必明，令必行，则已矣。"① 可见，商鞅所说的"不贵义"，并非不要仁义道德，而是不以仁义道德说教为贵。所谓"贵法"，也不是只要法治，而是以法治作为实现仁义道德的前提。

韩非认为"孝子爱亲，百数之一"②，即真正能称得上孝子的人极少。从这种观点出发，韩非主张为善去恶要靠法制，不能靠道德感化。同时，韩非认为："天下皆以孝悌忠顺之道为是也，而莫知察孝悌忠顺之道而审行之，是以天下乱。"③ 对此观点，他举了两个例子来加以论证。例一：楚国有个品行正直的人，向官吏告发了自己的父亲偷羊，官吏认为他虽然忠君，却对父亲不孝，因此治了他的罪。从这件事来看，国君的忠臣，却是父亲的逆子。例二：鲁国有人随从国君去作战，三次战斗他都败走，败走的原因是其父年老，如果他战死，父亲就无人奉养了。孔子认为他很有孝心，举荐他当高官。从这件事来看，父亲的孝子，却是国君的叛臣。韩非以此二例论证忠孝难以两全，正因为重孝必然轻忠，因此对于孝德必须"审行之"。

由于忠与孝存在着内在矛盾，人们往往会因为照顾情面而妨碍法的实行。因此，韩非强调以"去私心行公义"④ 的原则来制约孝德，这样国家才能长治久安。在这一原则制约下，当孝德与忠德发生矛盾时，应当舍孝行忠。从君主本位的立场出发，韩非在强调臣对君绝对服从的同时，强调子对父的绝对服从。所谓："臣事君，子事父，妻事夫，三者顺则天下治，三者逆则天下乱。此天下之常道也，明王贤臣而弗易也。"⑤ 在父子

---

① 周晓露译注：《商君书译注》，上海三联书店 2014 年版，第 169 页。
② 田晓娜主编：《四库全书精编·子部》，国际文化出版公司 1996 年版，第 441 页。
③ （清）王先慎撰，钟哲点校：《韩非子集解》，中华书局 2013 年版，第 463 页。
④ 刘建生编译：《韩非子精解》，海潮出版社 2012 年版，第 143 页。
⑤ （清）王先慎撰，钟哲点校：《韩非子集解》，中华书局 2013 年版，第 464 页。

关系方面，他强调子对父的单方面的服从，抛弃了父对子的慈爱，从而使孝德能够更好地为专制统治服务。这一思想成为董仲舒"三纲"思想的来源，为后世统治者所广泛采用。

在孝德教育的实践上，韩非认为不能靠道德感化，而要靠法制来强制。他指出："父母之爱不足以教子，必待州部之严刑者，民固骄于爱听于威矣。"① 他还说："夫严家无悍虏，而慈母有败子，吾以此知威势之可以禁暴，而德厚之不足以止乱也。"② 韩非强调法制对形成孝德的作用，反对溺爱，主张严格要求，有一定的合理性。但是他忽视了自我道德教育的必要性，其结果可能导致惩罚主义，这是值得注意的。

由上述可见，法家虽然并不重视孝德教育，但也没有彻底摒弃孝德教育。他们也认为"臣事君，子事父，妻事夫"为"天下之常道"，孝德教育应该进行，但是要在国力昌盛、严刑峻法的前提下进行，并且要求孝德教育为专制统治服务。

三　"绝仁弃义，民复孝慈"——道家的孝德教育思想

道家的孝德教育思想以老子为代表，他否认孝德的作用，认为不应当进行孝德教育。老子云："大道废，有仁义。智慧出，有大伪。六亲不和，有孝慈。国家昏乱，有忠臣。"③ 他认为仁义忠孝并非人性所固有，而是大道荒废的产物，是由家庭不和与国家混乱造成的。只有"绝仁弃义"，才能"民复孝慈"。④ 老子的观点揭露了宗法社会孝德教育的虚伪性和不合理性，具有一定的进步意义。但是老子主张清心寡欲的处世态度，忽视父子亲情，忽视人的社会关系，这是不可取的。既然人生在世一定要事君养亲，就必须有一定的规范来调节各种关系，那么孝德教育就是必要的。

四　"孝，利亲也"——墨家的功利主义孝德教育思想

除了儒家、法家和道家之外，墨家的孝德教育思想也有一定的特色。

---

① （清）王先慎撰，钟哲点校：《韩非子集解》，中华书局 2013 年版，第 444 页。
② 同上书，第 458 页。
③ 孔以楷编：《老子·今读》，安徽大学出版社 2013 年版，第 23 页。
④ 同上书，第 24 页。

墨子认为，"父子不慈孝，兄弟不和调"是"天下之害"①，必须去除。但是，与儒家强调"爱有差等"不同，墨子强调"兼爱"。这种"兼爱"既包括父子之间的"兼相爱"，也包括像爱自己父母一样去爱他人的父母。他说："父子相爱则慈孝。"又说："若使天下兼相爱，爱人若爱其身，犹有不孝者乎？"② 如果能做到爱父亲像爱自己一样，怎么可能还有不孝的人呢？同时，墨子反对儒家的爱有差等，他认为，如果人人都只爱自己的亲人，而对别人不闻不问，那么必然会造成社会矛盾。因此，他主张："必吾先从事乎爱利人之亲，然后人报我以爱利吾亲也。"③ 作为一个孝子，爱别人的父母应像爱自己的父母一样，不应有分别。"若使天下兼相爱，国与国不相攻，家与家不相乱，盗贼无有，君臣父子皆能孝慈，若此则天下治。"④ 墨子这种观点，要求不分等级、无差别地爱一切人，实质上具有打破宗法等级观念的作用。这种观点虽然不容于当时，但是却反映了要求平等的愿望，有一定的合理性。

在强调"兼相爱"的同时，墨子强调"交相利"，认为孝德教育应以利亲为内容和目的。"孝，利亲也"。⑤ "孝，以亲为芬，而能能利亲，不必得。"⑥ 墨子认为孝应以爱亲利亲为己任，离开"利亲"而讲"孝"，就成了空洞的道德说教。正是从功利主义的角度出发，墨子反对儒家的某些礼教，如厚葬、久丧之礼，认为厚葬浪费人、财、物，无利于天下，而三年久丧则会使社会生产荒废。同时，墨子认为厚葬久丧并非真正实行孝道。因为厚葬久丧会使人们出则无衣，入则无食，其必然的结果是："为人子者求其亲而不得，不孝子必是怨其亲矣。"⑦ 对父母怀有怨恨之意，自然算不上孝了。这正是墨子所代表的小生产劳动者对宗法等级制的一种反对。爱亲要靠"利亲"来实现，墨子明确提出把"利"作为孝德准则，一定程度上揭露了统治者孝德说教的虚伪性，具有一定的先进性。

---

① 方勇译注：《墨子》，中华书局 2015 年版，第 124—125 页。
② 同上书，第 126、122 页。
③ 同上书，第 147 页。
④ 同上书，第 122 页。
⑤ 同上书，第 326 页。
⑥ 同上书，第 338 页。
⑦ 同上书，第 201 页。

以上几种孝德教育思想的对立和论争，说明了儒、法、道、墨各家对西周以来宗法等级制和孝德教育传统的不同立场和态度。道、法两家都对"传统"采取批判的态度；墨家在形式上似在张扬"传统"，但内容上却强调"利亲"，与"传统"的"仁""义"背道而驰；唯有儒家从形式和内容上都对"传统"持"因""革"的态度，更为适应宗法等级统治的需要。可以说，儒家孝德教育思想基本上反映了新兴地主阶级的利益，奠定了地主阶级孝德教育思想的基础，成为中国几千年孝德教育的主流思想。墨家的孝德教育思想提倡"兼相爱，交相利"，反对儒家的"爱有差等"说，以"利亲"为最高目的，其功利主义孝德教育观主要代表了小手工业者的利益。法家的孝德教育思想主张"不务德而务法"，提出"以法为教""以吏为师"，认为孝德教育的作用仅在政治驯化，反映了新兴地主阶级中激进派的政治需要。道家的孝德教育思想反对孝德的存在，主张自然"无为""绝仁弃义"，在理论上具有自然主义的特点。

第三节 两汉时期——孝德教育的实践化

汉代统治者肯定道德教化对于巩固政权的重要作用，非常重视以孝德教育为核心与基础的儒家道德教育。在"罢黜百家，独尊儒术"的文教政策保障之下，汉代充分利用比较完备的先秦孝德教育理论，全面展开孝德教育的实践，如大力推广《孝经》，设置以孝德为主要推选标准的"孝廉""三老""孝悌"等官职，广泛树立孝行榜样，甚至历代皇帝庙号率用孝谥……总之，汉代利用各种物质与精神奖励大力表彰和推行孝德教育。从汉代以后，在中国传统社会的教育实践中，孝德教育一直占据着重要地位。

一 汉代孝德教育实践化的历史背景

孝德教育之所以能在汉代受到重视并得到全面实践，这并不是出于偶然，而是由一定的历史条件和社会基础决定的。

（一）"家国同构"的社会结构是汉代孝德教育实践化的内在基础

汉代的"国"与"家"在组织结构方面的内在联系，使二者成为两个相互作用的"同构"体。这种"家国同构"的特点主要体现在两个方面：首先是家长制与君主制的同构。在家族和家庭中，父家长具有至高无上的权力，是家族和家庭中的决策人物；而在整个国家中，君主拥有至高无上的权力。其次，家庭关系和政治关系的同构。一方面，"父为子纲"和"君为臣纲"在本质上是同一的，父子、君臣之间都是一种统治与被统治的不平等关系，君父具有绝对的权力；另一方面，父慈子孝和君仁臣忠也是一种同构的对应关系，在家族的亲属关系和国家的政治关系方面，都包含着这种统治关系和伦常关系的混同。"国"的政治关系中包含着"家"的伦常关系，"家"的伦常关系中又体现着"国"的政治关系。可见，汉代的家与国，其组织系统和权力配置都是严格的父家长制。①

家国同构导致了家和国在控制手段方面的同构。众所周知，家庭关系的调节主要是借助于道德手段；在所有的家庭道德规范中，孝德作为维持父家长权威的道德规范，被赋予了首要的地位。汉代皇权对社会的控制手段同样倾向于道德手段；在所有的政治伦理规范中，忠德占据着首要地位。而由孝亲推及忠君，君主对国家和民众的统治便顺理成章。如此一来，孝德作为调节家庭中父子关系的道德规范，与国家中调节君臣关系的忠德相对应，便备受统治者的重视。同时，孝德作为日常生活中的家庭伦理，更为贴近老百姓的生活，更容易被老百姓接受。因此，通过培养孝德来培养忠君之德，便成为汉代统治者进行思想控制的重要途径。总之，"家国同构"的社会结构使得"忠"与"孝"具有了逻辑上的内在相通性，为汉代实行孝德教育提供了内在基础。反过来说，正是由于孝德适应了汉代"家国同构"的社会结构，有助于建立君主集权的等级制度，能够高度满足统治者的需要，孝德教育才随之受到非同一般的重视。

（二）"独尊儒术"的文教政策是汉代孝德教育实践化的外在保障

公元前134年，汉武帝推行了"罢黜百家，独尊儒术"的文教政策，这一政策对孝德教育产生了重大影响，可以说是汉代孝德教育的外在保障。一方面，它在客观上提高了孝德教育的地位。儒家德治论的核心是"以教为本"。道德教育被认为是"为政之首"。同时，儒家的道德教育以三纲五常为其主要内容，而孝德又是其中居于核心和首要地位的道德规

① 朱汉民：《忠孝道德与臣民精神——中国传统臣民文化论析》，河南人民出版社1994年版，第17—24页。

范，因为"夫孝，德之本也，教之所由生也"①。汉代既然选择了儒家思想作为治理国家的统治思想，那么孝德教育自然受到重视。"独尊儒术"的文教政策将儒家的德育思想提高到治国、平天下的根本地位，从而也就在客观上提高了孝德教育的地位。

另一方面，"罢黜百家，独尊儒术"为汉代孝德教育的全面实践提供了政策指引和保障。在"独尊儒术"政策的直接推动下，汉代推出了一系列兴太学、设学校、广育人才的重大变革，确立了我国官学制度，有效地促进了传统孝德教育的发展。独尊儒术后，儒学垄断了世俗教育，加上朝廷又通过选士制度录用经术之士为官，于是学儒之风盛行。士人读的是儒家经籍，立身处世的准则是儒家的伦理纲常，长期的耳濡目染，使他们完全习惯用儒家的思想观点和方法去看待事物和分析问题。从孔子提出"君君，臣臣，父父，子子"，到董仲舒概括出"三纲""五常"之道，儒家建立起严密的等级制度和道德规范体系。以"礼"为核心的等级制度就像一座巨大的金字塔，稳固地支撑着高居于塔顶的君权，同时也庇护着处于塔底的父权。

（三）浓郁的孝文化背景为汉代孝德教育实践化奠定了坚实的民众心理基础

大量文献证实，孝德在周初即已产生，并于春秋战国时期，经过儒家的阐释发挥而逐渐得以完善。在先秦儒家孝德理论的基础上，成书于汉代的《春秋繁露》又从形而上的哲理层面，对孝德进行了更为系统的论证。董仲舒说："为人子而不事父者，天下莫能以为可。今为天之子而不事天，何以异是？"②连皇帝也要对天尽孝，从而把忠孝之道神化成人皆需行之的高度。此外，董仲舒把以前的孝德发展成为包括"三纲五常"在内的孝德理论，完成了孝德由家庭人伦思想向社会政治思想的过渡。

通过由春秋到汉代的儒家学者对孝德的深入阐发和积极倡导，孝德的内涵越来越丰富，得到了越来越多人的认同，这使得汉代具有了浓郁的孝文化背景。作为一种家庭道德，孝德以仁爱之心为基础，符合人类的情

---

① 汪受宽：《孝经译注》，上海古籍出版社2004年版，第2页。

② 《春秋繁露·郊祀》，转引自张强《董仲舒的天人理论与君权神授》，《江西社会科学》2002年第2期。

感，得到了广大民众的心理认同。在被上升为政治伦理以后，它又与忠相通，能够发挥以"孝"劝"忠"的作用，因此受到统治者的青睐，被统治者奉为治理天下的至德要道。这种浓郁的孝文化背景不仅为汉代进行孝德教育提供了理论依据，并且为其奠定了坚实的民众心理基础，使汉代的孝德教育具有了较强的实践性。

二　汉代孝德教育的基本途径

汉代统治者采取了一系列措施来推广孝德教育，其中的很多途径一直为后世所沿用。归纳起来，汉代孝德教育的基本途径包括四个方面。

1. 通过《孝经》的推广传授孝德理论

汉代统治者十分重视在学校中以《孝经》为教学内容。《汉书·艺文志》已将《孝经》列入"六艺"类，作为当时基础教育的内容。汉武帝时增补《孝经》为第七经，并将其定为学校的教科书。从那时起，无论官学还是私学都将《孝经》作为必读教材。因此，《孝经》和《论语》一样被视为研习儒经的前提，汉人学习的起点便是研习《孝经》。王国维在《汉魏博士考》中言："汉人授书次第，首小学，习《孝经》、《论语》。"① 可见《孝经》在当时属于士人公共必修课业，是人人必须兼通的。这些都说明了汉代对普及《孝经》教学的重视。

2. 通过选官制度诱导人们崇尚孝德

为了推行孝德，汉代统治者将孝德与做官直接联系了起来。一个人具备了孝德，便有可能出仕为官，进而飞黄腾达。汉文帝时，开始以诏令的形式将"孝悌"置为乡村常设官吏，将孝德直接与政治地位挂钩。汉武帝元光元年，开始令地方察举孝敬廉洁者，正式揭开了"举孝廉"的序幕。所谓"举孝廉"就是察举孝子廉吏，即以儒家提倡的基本道德孝悌廉正为标准选拔人才，合乎标准者由朝廷任命为官。孝廉的任用，大多数都是授以郎官之职，任官前景是相当好的，因此对民众的行为产生强烈的引导作用。另外，"举孝廉"的制度，使原本仅具有伦理属性的孝德，增

---

① 　王国维：《观堂集林》卷四《汉魏博士考》，中华书局 1959 年版，第 181 页。

添了许多法律色彩，对孝德的推行具有强制作用和保障意义。① 可见，举孝廉不仅是为了选拔贤才，还有增进教化的意义。孝是立身之本，廉是为官之基。汉代通过举孝廉，在社会上形成了"在家为孝子，出仕做廉吏"的舆论和风尚，从而在民众中很好地宣传了孝德。

3. 树立孝行榜样，为人们践行孝德作出示范

在一定意义上，统治者的行为就是民众效仿的榜样。为此，汉代的大部分统治者都能身体力行地倡导孝德。刘邦首先以身作则，诏曰："人之至亲，莫大于父。……子有天下，尊归于父，……尊太公为太上皇。"② 惠帝被拥护的理由之一即"仁孝"。文帝更是深悟"孝"的精髓，对其母薄太后至敬至孝，甚至以一国之君的身份为母亲尝汤药，这一事迹被后人列入著名的《二十四孝》当中。除了从自身做起，率先垂范之外，汉朝还很重视树立民间的孝行榜样。汉文帝十二年曾诏令赐予三老、孝者每人帛五匹，并要求根据户口之数，按一定比例设置三老、孝悌，以保证每一乡里均能推举出孝德方面的先进分子，以作为民众的示范。③ 此后，皇帝不断表彰孝悌者，将其树立为民众的孝行典范。汉武帝时甚至"谕三老孝悌，以为民师"④，赋予"孝悌"一定的教育职责，将其作为民间掌教化和帅民为善的乡官加以任用。这种以表彰先进的方式来树立孝行榜样的做法，能够在地方上产生直接的影响，发挥显著的教化作用。

4. 加强民间教化，形成崇孝风俗

民间的孝德教化往往由地方官吏根据本地具体情况而有针对性地开展。例如，韩延寿任颖川太守时"好古教化"，通过表彰孝悌行为，使孝德逐渐深入人心。汉代曾经任南阳太守的刘宽以及曾任蒲亭长的仇览等，都十分重视孝德教育。汉代还在广大乡村专设"三老""孝悌"等乡官来对民众宣传孝德。"三老"的主要职责是围绕着"孝"来进行教化，在潜移默化中进行着孝德教育，具有孝悌的民师身份和教导作用。"孝悌"也承担着农村中有关孝行方面的很多职责，如教育、表彰、劝诫等。他们本

---

① 李国钧、王炳照主编：《中国教育制度通史》（第一卷），山东教育出版社2000年版，第471—476页。

② 骆明、王淑臣主编：《历代孝亲敬老诏令律例》，光明日报出版社2013年版，第15页。

③ 同上书，第4页。

④ 《汉书·武帝纪》，转引自黄今言《秦汉史丛考》，经济日报出版社2008年版，第69页。

身就是孝德的践行者，由他们来进行孝德教育，自然更容易让人信服，从而取得更好的教育效果。

三 "移孝作忠"——汉代孝德教育浓厚的政治性和官方色彩

汉代人在提及孝德时，往往将孝德与忠君相联系。比如"孝者，所以事君也"①，"忠臣以事其君，孝子以事其亲"② 等。将"孝"与"忠"有意识地联系在一起，逐渐形成了忠孝并论的现象。在这种情况下，孝德教育的潜在目标往往是为了以孝劝忠，这就使孝德教育具有较强的政治性。同时，从上面汉代孝德教育的途径中，我们可以看到，汉代孝德教育是由政府主导的，具有浓厚的官方色彩。无论是推广《孝经》、举孝廉、树立孝行榜样，还是加强民间教化、兴敬老养老之风，这些措施都离不开政府的推行与支持。在学校教育方面，官学由政府办学，由君主亲自掌握。私学虽然不由政府直接管理，但国家以儒家的德教方针和伦理纲常来统一思想，并通过选士制度广泛吸收具有孝德之人为官，从而对私学的孝德教育进行着有效的控制。因此，私学和官学一样，都以《孝经》为必读教材，以"学而优则仕"为主要出路。可以说，在中国孝德教育的历史上，没有哪个朝代对孝德教育的官方干预程度能够超过汉代。

汉代对孝德教育的官方干预程度如此之高，主要是基于以下两方面的原因：一是孝德教育的实践在汉代刚刚全面展开，相对于后面的朝代，需要政府更多的引导和强制；二是由"移孝作忠"的思想决定的。"移孝作忠"的思想最初起源于春秋战国时期。孔子在《论语·为政》中提道"孝慈则忠"③，指出以孝慈之道教化民众，可以使臣民忠顺于国君。曾子继承了这种以孝德服务于政治的思想，并将其进一步深化。他说："事君不忠，非孝也。莅官不敬，非孝也。"④ 在这里，"忠"成了孝德的表现，不忠君就是不孝，由此在孝德中注入了"忠"的政治因素。此后，《孝经·广扬名章》进一步提出："君子之事亲孝，故忠可移于君；事兄悌，

① 陈戍国点校：《四书五经》，岳麓书社2014年版，第663页。
② 同上书，第611页。
③ 金良年：《论语译注》，上海古籍出版社2004年版，第16页。
④ 陈戍国点校：《四书五经》，岳麓书社2014年版，第607页。

故顺可移于长；居家理，故治可移于官。"① 将对父母的孝移过来侍奉国君，也就必定能够忠于国君，这就是最初的"移孝作忠"思想，即以家族的孝德服务于国家的专制统治。到了汉代，"移孝作忠"的思想得到了统治者的认同，并被广泛运用于孝德教育的实践中。

在汉代，孝德和忠德既因为"家国分离"而分别在家族和国家中发挥着各自独立的作用，又因为"家国同构"而相互影响、相互制约。如前所述，"家国同构"的社会结构使得"忠"与"孝"具有了逻辑上的内在相通性。孝和忠都离不开"服从"二字。孝是对父家长权威的服从，忠是对君主权威的服从，尽孝和尽忠只是在不同的情况下去服从不同的权威。忠孝相通在观念上使君和父的权威连成一体，两种权威相互渗透，使君主带有更多的父家长色彩。而相对于抽象的忠德，具有人伦日用色彩的孝德显然更容易为人们所接受。因为孝德是调节家庭关系的道德范畴，其所调节的家庭关系具有普遍性和具体性，它和每个人的日常生活联系在一起。每一个人都不可能脱离家庭生活，故"自天子至于庶人，孝无终始，而患不及者，未之有也"②。而忠德对于一般百姓来说却是疏远而模糊的。因而，忠德需要借助于孝德的影响和渗透，才能使臣民们能像子女真诚地孝敬、顺从父母一样，心悦诚服地忠实、顺从君主。从这个角度说，孝德的养成对于忠德的养成具有不可估量的价值。于是孝德教育便总是和政治保持着不可分割的内在联系。

可以说，培养孝亲之民，这只是汉代孝德教育的基本目标，而其更深层次的目标，则是"移孝作忠"，培养忠君之民。正如汉代人所推崇的《孝经》所说："夫孝，始于事亲，中于事君，终于立身。"③ "事君"既然是孝亲不可或缺的内容，那么有了孝德这一"至德要道"，便能够培养出忠君之民，因而"以顺天下，民用和睦，上下无怨"④。进行孝德教育，就是为了培养出更多的孝亲、忠君之民，这使汉代孝德教育必然带有强烈的政治性和浓厚的官方色彩。

---

① 汪受宽：《孝经译注》，上海古籍出版社 2004 年版，第 68 页。
② 同上书，第 26 页。
③ 同上书，第 2 页。
④ 同上书，第 1 页。

四 纲常化与神秘化倾向在汉代孝德教育中初步显现

汉代的孝德教育初步显现出纲常化与神秘化的倾向。所谓"纲常化"是指，在进行孝德教育的过程中，将孝德用"父为子纲"的法则来加以统率和限制，并用"仁义礼智信"五常之道来加以补充和配合，使原本具有"父慈子孝"双向性的孝德逐渐出现片面化、绝对化的倾向，成为片面强调子孝的单向性孝德。所谓"神秘化"是指，汉代学者用"天人感应"及"阴阳五行"之说来论证孝德，从而使孝德神秘化，其突出表现是《孝经》学的谶纬化和民间孝感观念的出现。自汉代孝德教育出现纲常化与神秘化的倾向之后，后世愈演愈烈，直至清末，纲常化与绝对化的特点一直伴随着传统孝德教育。

孝德教育的纲常化是以"三纲五常"的确立为背景的。三纲五常是董仲舒提倡的道德教育的核心内容。他把儒家的伦理规范概括为"君为臣纲、父为子纲、夫为妻纲"的"三纲"和仁、义、礼、智、信的"五常"，并用"天命"神权加以论证，从而加强了君权、父权和夫权。一个人只要做到内外统一、言行一致地执行"三纲五常"，孝德就自然而然地形成了。这就将孝德与三纲直接联系起来，能够执行三纲便是具备了孝德，反过来说，具备了孝德便等于执行了三纲。可见，自从三纲五常确立之后，汉代孝德教育实际上是"三纲"的具体实施内容之一。三纲中与孝德联系最为紧密的无疑是"父为子纲"，实际上，汉代的孝德教育正是由"父为子纲"的法则来加以统率和限制的。"子事父以孝"由"父为子纲"来限制，体现了父子之间尊卑、主从的不平等关系。亲子间的主从关系要求子女必须严格遵从他的身份和角色，不能有所逾越。所谓"父父、子子""父慈、子孝"，均是严格按照长幼尊卑的等级名分去处理家庭人际关系。由于父为子纲片面强调父子之间的主从关系，强调二者是一种绝对的支配和服从的关系，体现在孝德上便是片面强调儿子对父亲的孝顺。由此，孝德教育体现出片面强调子孝的特点。

与这种片面化相关的是将孝德绝对化。因为孝德既然是子女对父母的单向义务，那么，要使这种义务具有约束性、强制性，就必须将其绝对化为一种永恒的法则。这种永恒的法则便是"五常"。在孝德教育中，"五常"起到了补充和配合三纲的作用。其中，"仁"为维护父子等级秩序提供了哲学根据，"义"从个体修养方面巩固了父为子纲，"礼"的作用在于促进父为子纲的实行，"智"是为了让人们知晓纲常之道，"信"则是为了让人们忠于纲常之道。用五常之道来补充和配合三纲，使孝德教育更加强调子孝的绝对化。

为了把三纲之道绝对化、神圣化，董仲舒以天意和阴阳虚妄之说作为理论根据，阐述天有阴阳而阳尊阴卑，从而宣称君、父、夫为阳，居于尊位；臣、子、妻为阴，居于卑位。并且申述"王道之三纲，可求于天"①，由此以天命迫使人们绝对服从三纲之道而各安其分。如有以阴灭阳、以卑胜尊的逆礼之行，概予诛讨。对此，他在《春秋繁露·立元神》中强调说："何谓本？曰：天、地、人，万物之本也，天生之，地养之，人成之。天生之以孝悌，地养之以衣食，人成之以礼乐……无孝悌则亡其所以生。"②《白虎通·三纲六纪》指出："三纲法天、地、人……父子法地，取象五行转相生也。"③ 从此将这一思想正式列为官方学说。

用"天人感应"及"阴阳五行"之说来解释孝德，增强了孝德的神圣性和制约性，同时掩盖了孝德教育为专制统治服务的本质，因此受到统治者的大力追捧。但由此也导致孝德教育出现了神秘化的倾向。其主要表现之一是《孝经》的谶纬化。"谶"是方士把一些自然界的偶然现象作为天命的征兆编造出来的隐语或预言；"纬"对"经"而言，是方士假托孔子用诡秘的语言解释经义的著作。据《通志·艺文略》称：谶纬之学，起于前汉。及王莽好符命，光武以图谶兴，遂盛行于世。④汉武帝以后出现了托名于经书的纬书，当时《易》《书》《诗》《礼》《乐》《春秋》六经和《孝经》都有纬书，总称为《七经纬》。汉代有关《孝经》谶纬的书包括《孝经勾命决》六卷、《孝经授神契》七卷、

---

① 王宏治等：《中华文化通志·学术典（6—058）法学志》，上海人民出版社1998年版，第54页。

② 陈谷嘉等：《中华文化通志·教化与礼仪典（5—041）社会理想志》，上海人民出版社1998年版，第246页。

③ 郭超主编：《四库全书精华·子部》（第2卷），中国文史出版社1998年版，第1166页。

④ 乔力主编：《中国文化经典要义全书》（上），光明日报出版社1996年版，第1134页。

《孝经纬》五卷、《孝经杂纬》十卷。其中，《孝经纬》的地位最为重要。①《孝经纬》在继承《孝经》对"孝"的传统理解的基础上，将其从伦理范畴中提升出来，发展为宇宙间无所不在的最高准则，从而神化了孝德。

孝德教育神秘化的另一主要表现是"孝感"观念的流行。从汉代开始，很多"孝感"故事不断被编造出来，广为流传。如西汉末年，刘向的《孝子图》记载了汉代的孝感故事：董永家贫至孝，为葬父而卖身，感动了仙女下凡助其还债；郭巨为了让母亲吃饱，打算活埋自己的儿子，于是孝感动天，挖坑时得到了很多黄金；姜诗事母至孝，因母亲爱饮江水和吃鱼脍，夫妻二人便每天去很远的地方挑江水和捉活鱼回来孝敬母亲，这样坚持了几年之后，家中屋子旁边居然涌出味如江水的泉水来，而且每天都有两条鲤鱼从泉水中跳出来。这些"孝感"故事认为：子女孝敬父母，可以感动天地鬼神、降福降佑；如果不孝，则会受到鬼神的严厉惩罚。因为孝感故事通俗易懂，引人入胜，能够对普通大众产生很大的影响，于是这类故事越来越多。魏晋以后，甚至正史当中都有专门的门类予以记载，进一步增强了孝德教育的神秘化特点。

五　孝德教育的基本模式在汉代得以确定

受客观条件所限，汉代的孝德教育活动不可能达到儒家理想和实践的目标，但毕竟基本上符合儒家构建的模式，其影响是极其深远的。尽管后世的孝德教育在教育方法及某些具体教育形式上有所创新，孝德教育的对象范围进一步扩大，但从教育模式上说并没有超出汉代确立的基本模式。汉代孝德教育的基本模式包括以下几个方面：其一，系统化的孝德教育内容。汉代孝德教育是以儒家孝德理论为理论基础的。儒家孝德理论以"善事父母"为核心，系统地阐述了孝德的含义、地位和具体的孝行规范，并且把孝亲与忠君联系起来，论证了孝亲与忠君的内在逻辑联系。在如何行孝上，概括了"始于事亲，中于事君，终于立身"三个不同阶段，每个阶段又各有不同的行孝要求。完善的儒家孝德理论，使汉代孝德教育

---

① 宁业龙、宁业高、宁业泉：《中国孝文化漫谈》，中央民族大学出版社 1995 年版，第 230 页。

的内容逻辑清晰，论证有力，具有系统性。其二，多元化的孝德教育主
体。汉代孝德教育的主体既包括各级各类学校中的教师，又包括家族或家
庭中的家长，还包括天子和部分官员。各种教育主体在孝德教育中有一定
的分工，担负着不同的任务。教师是传授以《孝经》为主的孝德理论；
家长主要是培养子女孝亲的情感和养成子女孝亲的习惯；而天子和官员则
主要是采取各种手段加强民众的孝德意识，并且坚定他们践行孝德的意
志。其三，多样化的孝德教育途径。学校授民以孝，家庭训子成孝，社会
导民以孝，学校、家庭、社会三方面的相互配合与相互促进，使孝德教育
更容易收到成效。

第四节　魏晋至隋唐——孝德教育的非官方化

魏晋南北朝和隋唐时期的孝德教育，有一个共同的特点，那就是非官
方化，即朝廷对孝德教育的控制相对弱化和间接化。虽然孝德教育都体现
出非官方化的特点，但这一特点在魏晋南北朝和隋唐时期又有不同的表
现，且产生的原因也是不同的。

一　孝德教育非官方化的主要表现

魏晋南北朝时期，孝德教育非官方化主要表现为：官方所进行的孝
德教育"时兴时废"，民间孝德教育却一直在持续并有所发展。魏晋南
北朝时期战争频仍，改朝换代乃家常便饭，形成多个政权各据一方的局
面。在这种社会背景下，某些统治者所进行的孝德教育往往只是一时一
地之功效，持续时间不久，教育范围也不广。与官方孝德教育的衰败相
对的是，民间孝德教育却不仅得以持续，甚至在某些方面有所发展。这
主要体现为，私学教育和家族教育成为魏晋南北朝时期孝德教育的主要
途径。

魏晋南北朝的私学可以用"生机勃勃"一词来描述，绵延不绝的私
人讲学之风劲吹于整个魏晋南北朝时期。在古代，办学是知识分子参与社
会，体现自我价值的重要手段，无论身处何境，总也丢不下聚徒授业。魏
晋南北朝的士大夫们也不例外。私学中的孝德教育在历经近400年的动荡
灾难中依然持续发展，完全得力于众多聚徒讲学的私学大师们的前赴后

继。而千千万万的莘莘学子学成之后还乡授业，也成为当时的一大文化景观。从魏晋南北朝私学的教学内容来看，由于不再受独尊儒术这一文教政策的羁绊，教学内容更加多样化，但孝德仍然是私学教学的重要内容。十六国时期的郭瑀"隐于临松薤谷，凿石窟而居，服柏实以轻身，作《春秋墨说》、《孝经错纬》，弟子著录千余人"①。在当时只要通《论语》《孝经》，即可成为教师，拥有生存的能力。可见当时《孝经》的教授十分普及，对教师的需求很大。同时也从一个侧面说明了私学中孝德教育的普及。

魏晋南北朝时期，家族中的孝德教育同样得到很大发展。这一时期的家族孝德教育，除了延续以往的读《孝经》、培养孝德行为习惯等形式之外，又出现了诫子书的新形式。魏晋南北朝时期，诫子书层出不穷，蓬勃发展。在这些诫子书中，往往包含着很多孝德教育方面的内容。圣贤的话虽然经典、完备，但要使它为一般人所接受，并普遍体现在人们的行动中，还需要家庭教育这一中间环节。一般来讲，人们更容易接受和践履自己在感情上所亲近和仰服的家中长辈讲述的做人之道和处世原则。诫子书由于是先人所著，子孙后代出于尊敬之心，以及对先人亲身经验的信服，往往会自觉遵守其谆谆教诲。可见，诫子书在家族孝德教育中的作用是不可忽视的。自魏晋南北朝开始，诫子书成为家庭孝德教育的新形式，并为后世提供了大量进行家庭孝德教育的参考资料，后来的家训、家诫、家法等家规族法都是由此演变而成的。

与魏晋南北朝时期不同，隋唐时期孝德教育的非官方化主要表现为，孝德教育中的政治色彩减弱，而多了些许天性亲情。在唐代，孝德教育不再像汉代那样"忠""孝"并提，也不像魏晋南北朝那样"孝"先于"忠"，而是以"善事父母，养老送终"为核心，较少强调忠君。隋唐时期的孝德教育特别强调对父母生前的赡养、照料。对于孝德卓著的典型，唐朝统治者也给予褒奖和宣扬，或由地方官府表彰，或由地方举荐，上奏朝廷，授官、赐物、旌表门闾、免其赋役，甚至载入史册，传于后世。但

---

① 转引自李国钧、王炳照主编《中国教育制度通史》（第一卷），山东教育出版社2000年版，第107页。

这些见于史册的孝行典型，多为闾巷刺草之民，其行为也多围绕着反哺的天性与亲情。例如，卢氏，婚后对公婆十分孝敬，生活上供应及时，关怀备至，远近闻名①；崔衍，因继母李氏喜爱高档衣物，便经常买给她，让她高兴②；支叔才，作为一名穷苦百姓，却以孝敬出名。隋朝末年，到处闹饥荒，支叔才带着母亲乞讨，住到野外，生活十分困苦，但奉母毫无怨言③……上述事例表明，唐代所鼓励的孝悌行为，十分贴近民众的日常生活，亲情因素的主导色彩十分浓郁。正如学者所论述的那样，唐代民间的孝悌卓行往往出于亲情的驱使，而非对礼文的真正认识。④ 此外，唐代出现了大量以弘扬对父母的孝养和敬爱之情为主要内容的孝亲诗和以说唱作品为主的通俗文艺作品，如话本、词文、变文、讲经文、俗赋等。在这些诗歌和通俗文艺作品中，人们或怀念父母之恩，或抒写爱亲情感，或赞扬尊敬父母的社会行为，或劝勉孝养父母的道德自觉。这些充满深情的作品，表达了人们对父母的挚爱和强烈的报恩心理，内容灵活而不刻板，感情真挚而不虚伪，同样体现了唐代孝德教育重视天性亲情、自由开放的特点。

二　孝德教育非官方化的原因分析

魏晋南北朝和隋唐时期，由于时代背景不同，孝德教育呈现非官方化特点的原因也不相同。魏晋南北朝时期，官方孝德教育时兴时废，民间孝德教育却得以延续。之所以出现这样的状况，主要是由三个方面的原因决定的。首先，魏晋南北朝时期仍然是家国同构的社会结构，孝忠同理，孝德对于统治者仍有重要的利用价值。同时，为了取得门阀士族的支持，王权势力在建立政权后，必然要通过各种手段强化门阀士族所重视的孝德，从而在全社会形成崇孝的风气。所以说，统治者提倡以孝治天下，极力推崇孝德，在很大程度上是对门阀势力作出的承认和退让。但社会局势的动

① 《新唐书》卷二〇五，转引自骆承烈主编《天经地义论孝道》，光明日报出版社2013年版，第310页。
② 《新唐书·崔衍传》，转引自骆承烈主编《天经地义论孝道》，光明日报出版社2013年版，第311页。
③ 同上书，第312页。
④ 任爽：《唐代礼制研究》，东北师范大学出版社1999年版，第208页。

荡，使得统治者往往有心无力，官方孝德教育无法持续有效地进行，只能由民间教育来进行补充。

其次，大盛于魏晋南北朝时期的门阀士族也要求加强孝德教育。魏晋南北朝是中国历史上唯一的门阀政治时期。所谓门阀政治即由门阀士族操纵国家政权，而皇权只是作为附庸存在，仅仅是士族实现其门阀统治的工具。司马氏创立西晋标志着门阀统治的正式建立。东晋立国江左，王、谢、庾、桓四大家族轮流执政，王室仅作为皇权的象征而存在，门阀统治至此达到鼎盛。南朝虽经朝代更迭，庶族掌权，然而门阀已成，地位不坠。直到隋末农民起义摧毁了门阀士族的庄园，唐代又实行了科举取士和其他措施，门阀士族的势力才逐渐衰微而至泯灭。对门阀统治来说，宗族是生存之本，而孝德则是保障宗族团结与稳定的有效手段。门阀士族内部的组织是靠血缘关系来维系的，为了维护其利益，必然着力于宗族的团结和稳定。这样，孝德就日益受到重视。因为孝是一种凝聚力和向心力，它包含着多方面的内容，如父慈、子孝、兄义、弟恭等。孝德的奉行，可以增进家族的和睦，使全族人的行为有统一的规范。倘若子女不孝，父母就没有了威信，家庭就会不团结，家道便会衰落。

对于门阀士族，提倡孝德，不仅能够稳定宗族内部团结，而且能够扩大家族势力。当时的高门大族通过专攻儒经，大收门徒，形成了门生、故吏遍天下的局面。这种门生、故吏与府主的关系便是一种泛化了的父子关系，自然也可以用孝德来规范和维系。这样一来，孝德的作用就更加显著了。宗族成员通过孝顺族长来保持自己的地位；门生、故吏通过孝顺府主（高门）来换取自己仕途的顺畅；而门阀士族的后代也可通过孝德来标榜继承前辈，以确保自己家族高门大户的地位。可见，孝德的提倡与认同，把各部分宗族成员紧密地联系在了一起，使他们共同维护着庞大的家族势力。另外，士族作为魏晋南北朝时期地主阶级中的最高阶层，往往通过标榜礼法来显示自己的高贵身份，以便保有特权。而孝德是礼法的重要组成部分，既然要标榜礼法，孝德便被提高到前所未有的高度。

最后，在汉代几百年的孝德教育过程中，孝德观念已经深入人心，不易动摇。尤其是儒家学者们，无论时局如何动荡，他们总是致力于儒家道德包括孝德的研究与教育。这是魏晋南北朝时期民间孝德教育得以延续的重要原因。

隋唐时期虽然实现了大一统，但与其他中央集权的朝代相比，隋唐时期的统治者不太重视孝德，因此孝德教育的官方控制程度亦相对弱化，呈现出非官方化的特点。究其原因，可以概括为以下几个方面：首先，唐代是一个自由开放、张扬个性的时代。唐代所采取的一系列政治、经济方面的改革，使唐代人的思想得到解放，富有破旧图新和开拓进取精神。而儒家所宣传的孝德包含着保守落后的因素，有老年本位主义和绝对服从的奴隶主义倾向。它要求子女服从父母，万事皆守祖宗成法，反对标新立异，反对社会变革，因此自然受到冷遇。其次，与唐代频繁的宫廷政变和政治斗争有关。按照宗法制度的规定，只有嫡长子才是父权的合法继承人。而唐代从得到皇权开始，皇位的继承权就很不稳定，最高统治者为了争夺皇位时常做出违背父训、不守孝德的事情。因此，对于孝德他们避之唯恐不及，自然不会去大力提倡、自我否定。再次，与佛教在唐代的兴盛有关。由于唐代对各种宗教采取兼容并蓄竭力扶持的态度，出现了三教鼎立、多教并存的情况，这种状况必对儒学中的孝德教育产生冲击。①

三　魏晋玄学对孝德自然本性的强调

魏晋南北朝时期，统一的国家分裂为众多政权并存的局面，形成了社会思想的多元化格局。玄学是魏晋南北朝时期流行的社会思潮，主要表现是用老、庄之说注释儒经及诸子之书。一般来讲，玄学家大多较推崇孔子，提倡玄儒融合，以玄学来改造儒学。但是，玄学在其发展过程中与儒家教育思想是有冲突的。玄学家要把儒道糅合起来，势必要遇到"名教"与"自然"的关系问题，因此引起不同派别之间的争论。"名教"，又叫礼教，是以"三纲五常"为核心的等级制度、伦常秩序和礼乐教化等的通称，它是传统社会的根本统治原则与工具，也是儒家的一贯主张。"自然"，就是道家老庄讲的自然无为，任其自然。对于"名教"与"自然"的关系，当时主要有三种观点：何晏、王弼认为"名教出于自然"，阮籍、嵇康主张"越名教而任自然"，向秀、郭象则认为"名教即自然"。

玄学家何晏、王弼提倡"贵无论"，把"无"视为天地万物的本体，把"有"视为"本"的末用。由此，王弼提出了自然是本，名教是末，

---

① 肖群忠：《孝与中国文化》，人民出版社 2001 年版，第 90—92 页。

名教出于自然的观点。一方面，他认为末是本的表现，因此，名教也就是宇宙本体"道"的必然产物；另一方面，他又强调不应舍"本"而逐"末"，如果执着于"名教"，必会走向它的反面，产生虚伪的"下德"。在这里，何晏、王弼并没有直接否定"名教"，而是认为"名教"出于"自然"，并应复归于"自然"。这里的"自然"是伦理学意义上的"自然"，指的是人类存在和发展的自然状态。何晏、王弼认为，人类是以"父子有亲，君臣有义，夫妇有别，长幼有序，朋友有信"这"五伦"作为永恒基础的。王弼称这"五伦"为"五教"，由于"五教之母"就是"道""自然"，所以"五教"是合乎"自然"本性的，是永恒不变的。由于"五教"是人的"自然"本性，所以"圣行五教，不言为化"①。可见，王弼和儒家一样，也把"五教"或"五伦"作为伦理道德的基础，区别仅在于儒家认为需要教化，王弼则认为人性自然如此，可以"不言为化"。既然孝爱本于自然，那么一切名节礼教的运作必须从自然的本性与无为的心灵出发，才算"得其本""守其母"。如果过分标榜忠孝之名、忠孝之行，而背离自然之本真，那就成了舍本逐末，则乱伪必生。因此，何晏、王弼所否定的是以"名教"为"本"，即反对以伦理道德作为约束人们行为的规范、准则。他们要求一种没有规范、不约束人的道德。这样一来，就和伦理道德的本性相冲突了，实际上是否定了传统及道德教育，同时也就否定了孝德及孝德教育。何晏、王弼对"名教"所做的批判，在相当程度上否定了传统孝德教育的神圣性和永恒性，强调孝德的自然本性，具有一定的积极作用。

阮籍、嵇康一派则认为，君主制和纲常都是违背"自然"的，是造成人间一切不幸的根源。因此，"顺自然"就是要无君而废仁义，要"返璞归真"，退到人类的原始状态去。向秀、郭象一派则相反，他们认为君主制和等级制都是"自然"的，正像络马首、穿牛鼻一样，虽寄之于人事却是合乎天理自然的。基于对"顺自然"的不同理解以及各自不同的政治立场，阮籍、嵇康提出"越名教而任自然"，向秀、郭象则认为"名教即自然"。"越名教"即对"名教"的批判与否定。阮籍认为，以"仁义"为内容的礼制，是维护尊卑上下的等级制的。嵇康也认为"名教"

---

① （魏）王弼注：《老子道德经注》，中华书局2010年版，第202页。

违背"自然"，他提出，要使人们因循自然而发展，必须打破"名教"的束缚。在嵇康看来，人性的要求是听任自己的愿望自然地发展，只有这样做方能保持人性的"全真"。而向人灌输"六经"，必会抑制人性的一些方面，这就违背了人性发展的自然趋势，损害了人性的纯真。

总之，魏晋玄学中关于"自然"与"名教"的争论，成为重视礼教的传统孝德教育中的一股清新之风。玄学家们对名教的批判与否定，表面上看似乎削弱了孝德教育，实际上只是削弱了孝德教育的政治功能，从而把衡量孝德的标准由外在转向内心，发展出尊重个别孝思孝行的道德评价。同时，玄学家们对孝德的自然本性的强调，把墨守名教的拘泥转化为因人自然的潇洒，使得孝德教育在一定程度上冲破了传统规范的束缚，从而返归于自然原初的本义，反而对民众的孝德实践产生了积极影响。

第五节　宋元明清——孝德教育的通俗化和大众化

宋元明清时期，我国封建社会已经发展到中后期，中央集权的专制主义制度达到完备之后逐步走向僵化。社会思潮方面，宋明理学始终占主导地位，孝德教育理论进一步完善。鉴于孝德对于维护专制统治的重要作用，宋、元、明、清各朝均对孝德教育极为重视和提倡，孝德教育得到了广泛实践。这一时期，孝德教育内容实现了通俗化，孝德教育对象实现了大众化，孝德教育形式极大丰富，可以说达到了登峰造极的程度。与此同时，孝德教育也因其虚伪性和专制性而逐步僵化。

一　孝德教育内容通俗化

宋代以前，孝德教育主要采用《孝经》《论语》《女孝经》等儒学经典作为教材，对普通百姓来说，因其内容艰涩难懂而很难接受。宋代以后，一些学者和文人开始以浅显易懂的语言，重新阐释儒家经典孝德理论，发展并创造了很多通俗化的文学形式及作品，如大量的劝孝诗文、乡规民约、劝善书（包括功过格）、《二十四孝图》等。这些作品逐渐成为孝德教育的隐性教材，使得孝德教育内容日益通俗化，从而扩大了孝德教育对普通民众的影响。这些通俗化的教材，其要旨甚至其思想逻辑顺序都与儒家的孝德规范相同，无非生事之以养敬、悦亲侍疾、顺亲谏亲，死事之以葬祭等。虽无太多的新意，却对儒家孝德的通俗化起到了重要的促进作用。

其中，劝孝诗文从魏晋时期便开始出现，并因其通俗性和较强的实践性而成为民众喜闻乐见的孝德教育通俗化教材。宋元明清历朝历代均有很多佳作出现，并且广为流传。如宋代邵雍的《邵康节先生孝父母三十二章暨其孝悌歌十章》、清代姚廷杰的《教孝编》、清代王家楫的《镂心曲劝孝歌》、清代王德森的《劝孝词百章》，佚名而又影响深远的《道情劝孝歌》《劝孝篇》《劝报亲恩篇》《劝妇女尽孝俗歌》等。[①] 劝孝诗文大多是韵文，或为诗、歌、词等，均有韵，有节奏感，加之语言通俗易懂，朗朗上口，便于流行。在孝德教育中，劝孝诗文通过将孝德理论通俗化、普及化，而在民众掌握孝德方面发挥了不可估量和不可替代的重要作用。尤其是劝孝诗文中对养亲之重视，对敬亲之提倡，对父母之恩、老来之难的叙述等，都极为符合民众的自然亲情，贴近老百姓的生活条件，因而很受百姓喜欢。乡规民约是群众自定的行为规条，同样是以通俗易懂的语言来宣扬孝德及有关孝德的日常规范。如王阳明的《南赣乡约》提出："孝尔父母，敬尔兄长，教训尔子孙，和顺尔乡里，死丧相助，患难相恤，恶相告戒，息讼罢争，讲信修睦，务为良善之民，共成仁厚之俗。"[②] 行文简练且易懂好记，特别适用于文化水平不高的广大底层民众。元代出现并广泛流传于民间的《二十四孝图》，选取了二十四个有关孝悌的经典故事，配上浅显解说，并附有图画（类似现在的连环画），使妇孺皆易于通晓。

劝善书则把行孝与果报思想联系在一起，宣扬只要积"敬重尊长"之德，子孙便会享"绵远而昌盛"之福。它十分巧妙地利用了中国民众讲求实用的宗教心理，比纯理性的道德宣教和恐吓威胁的宗教神力更容易为广大普通民众所接受。明末时，劝善书出现了一种特殊的形式——功过格，它通过列举善恶行为指导人们如何应对日常生活中的具体情景，做了该做的事便可得到数个"功德分"，做了不该做的事便会得到数个"罪过

---

① 向燕南、张越编注：《劝孝——仁者的回报 俗约——教化的基础》，中央民族大学出版社 1996 年版，第 35—152 页。

② （明）王守仁著，谢廷杰辑：《王阳明全集》，中央编译出版社 2014 年版，第 552 页。

分"。例如,"亲病,始终小心侍奉,获痊。三十功;亲病不小心医治,五十过"①。在此,功过格把孝与不孝的行为加以区分并量化,与其他教孝的教材相比,便有了更切实的指导意义。行孝便可积"功",不行便会获"罪",在"善恶之报,如影随形"的潜在制约下,民众便能够多行孝而避免不孝。经过通俗化的改造,使其成为可以实际操作的伦理道德体系,以之指导民众的生活,这是很难通过经典的孝德教育教材实现的。

二 孝德教育对象大众化

随着孝德教育内容的通俗化,从宋代至清代,孝德教育对象日益大众化。到了明清时期,几乎所有的普通百姓均能或多或少地受到孝德教育的影响。从学校教育来看,从宋代开始,便逐步形成了以中央太学、国子监为中心,诸多专科学校及地方学校成龙配套的全国性官学系统。官学与其他的教育形式,诸如私学、家学、书院等,互为补充,此消彼长,形成了多元纷呈的繁荣局面。学校教育的发展,使有机会在学校中接受孝德教育的人日益增多。从家庭教育来看,宋元明清时期家庭或家族中的孝德教育更加普及,并且更多地以书面形式记录了下来。这些书面形式包括家谱、家书、家规、家范、家训、家法以及族谱、族法等,为了表述方便,以下将其统称为家规族法。在这方面,历史上留下了相当多的资料,其中既有司马光、朱熹、袁采等名家撰写的规范,又有民间寻常百姓之家自己制定的家规族法。其中,宋代的家规族法局限于社会上层家庭和名门望族,在普通民众中还不是很普遍。而从明代开始,家规族法逐渐由名门望族进入普通的市井之家,其内容和形式也逐渐成熟,对普通民众的教化意义更加凸显出来。到了清代,家规族法的普及性进一步增强。② 家规族法从名门望族进入普通的市井之家,从一个侧面反映了孝德教育的大众化倾向。

以乡约、旌表等构成的社会教育网络,更是直接面对全社会的下层民众。乡规民约是群众自定的行为规条,"乡约"则是指执行乡规民约的组

---

① 《文昌帝君功过格·伦常第一》,转引自袁啸波《民间劝善书》,上海古籍出版社1995年版,第206页。

② 费成康主编:《中国的家法族规》,上海社会科学院出版社1998年版,第14—27页。

织。通过制定乡规民约，互立科条，以约定俗成的方式在一定的地域及家族范围内提倡和推广孝德，这是宋代和明清时期重要的孝德教育形式。到了清代，乡约干脆以直接宣讲皇帝颁行的"圣谕"为主，如"六谕""圣谕十六条"、《圣谕广训》等，其教化的权威性大大增强。为了保证圣谕能够传达乡村，顺治十六年（1659），朝廷规定"设立乡约"，由乡约负责向同乡的百姓宣讲"六谕"。此后的"上谕十六条"和《圣谕广训》均依托乡约而下达至乡村。雍正七年（1729），朝廷规定各地乡村均须设立讲约处所即乡约，由专人诵读讲解《圣谕广训》："每月朔望，咸集耆老人等，宣读圣谕广训及钦定律条，务令明白讲解，家喻户晓。该州县教官仍不时巡行宣导。如地方官奉行不力者由督抚查参。"① 可见，乡约的参加者往往是一乡之人，从而使孝德教育的范围覆盖到了包括乡村社会在内的整个社会，孝德教育对象扩大到了全体百姓。

三　孝德教育形式极大丰富

宋元明清时期，随着中央集权的加强和社会文化的发展，孝德教育形式极大丰富。从家庭教育来看，出现了家谱、家书、家规、家范、家训、家法以及族谱、族法等一系列以家规族法进行孝德教育的新形式。尤其是明清时期，家规族法呈现出越来越具体的特点，可执行性越来越强，所涵盖的范围也越来越广泛，语言更加通俗易懂，相应地，其对家族成员进行孝德教育的效果也越来越显著。宋元明清时期孝德教育形式的丰富性，更显著地体现于社会教化方面。除了延续原有的乡饮酒礼、祭礼、堂会、旌表等传统教化仪式和手段之外，宋元明清时期还创作出许多新的更加大众化的劝孝诗歌，并且出现了乡规民约、规诫劝谕文、劝善书以及包括戏剧、评书、鼓词、小说等在内的曲艺文学形式等新的教化方式。

其中，劝孝诗文、乡规民约、规诫劝谕文以及劝善书等多是用简洁浅近的文言写成的，内容通俗易懂，非常适合文化水平不高甚至不识字的普通百姓。而从深层影响机制来看，乡规民约是民众之间相互影响，规诫劝谕文是利用政治权力对民众施加影响，而劝善书则针对因果报应的民众心

① 李鹏年、刘子扬、陈锵仪编著：《清代六部成语词典》，天津人民出版社1990年版，第150页。

理加以因势利导，更多体现了宗教信仰对民众的影响。除此以外，众多生动感性的文学艺术形式，如戏剧、评书、鼓词、图解等形式也被应用到孝德教育中来，使得孝德教育的形式更加丰富化。戏剧、评书、鼓词等往往通过讲述各类故事以彰显孝德或者教人如何行孝。这些故事有的由流传已久的现成故事改编而成，如戏剧《目连救母》《二十四孝鼓词》、评书中常讲到的三国故事等；有的是作家专门创作，如元代以孝子为主要人物的戏曲作品《薛包认母》《降桑椹》《小张屠》等，元杂剧《琵琶记》在第一出中便写道："休论插科打诨，也不寻宫数调，只看子孝与妻贤。"① 剧中既贯穿着惟父母之命且从的礼教之孝，又包含着热爱父母、善事父母、勤劳奉养、自我牺牲的人道之孝，令人在唏嘘感叹之余，不由产生对于孝的认同与深入思考。在上述作品中，对父母亲的孝敬和赡养无疑是剧作家极力称赞的正面行为，既宣扬了孝德，又不给人枯燥说教之感。图解是指以图画的形式配以浅显解说，对一些经典劝孝作品进行注释和注解。这一类的作品有很多，如清代张之洞的《白话百孝图》、广泛流传于民间的《二十四孝图》等均属此类。戏剧、评书、鼓词、图解等艺术形式基本上都是这样，它们以感性的故事和通俗化、大众化的语言来教孝劝孝。它们不需要听者或看者识文断字即可领会，故而能够被那些读书少，甚至目不识丁的农夫、家庭妇女以及小市民所接受和喜爱。

四 愚孝行为大量出现——孝德教育走向僵化

宋元明清时期，孝德教育在走向顶峰的同时亦逐步走向僵化，最直接的表现便是愚孝行为大量出现，愚孝思想根深蒂固。有学者专门对这一时期的愚孝行为进行了梳理："有人为疗父母之疾而自残肢体；也有人为疗母疾，竟然杀子祀神；更有甚者，个别人为尽孝道，竟随父同死。"② 其中尤其以"自残肢体"者最多，割股、剖肝、探心、凿脑等诸多野蛮的骇人听闻的自残行为均屡见不鲜。如果说连这种怪诞、畸形的愚孝行为都已经屡见不鲜，那么，在日常生活中，对父母"不论曲直"都绝对顺从

---

① 黄仕忠：《〈琵琶记〉研究》，广东高等教育出版社 2011 年版，第 38 页。

② 张锡勤：《论宋元明清时代的愚忠、愚孝、愚贞、愚节》，《道德与文明》2006 年第 2 期。

的愚孝则更是成为常态。所谓"天下无不是的父母",对父母的无条件顺从已经成为这一时期判断孝与不孝的基本标准。

之所以出现这种现象,归根结底,是由于孝德教育被注入了过多的专制主义因素。自董仲舒提出"三纲"起,父子之间即已经变成片面的不平等的关系。但董仲舒所做的论证具有明显的神学色彩,理论上显得粗鄙。而宋明理学则弥补了这一不足,将孝道上升为天理,从而使三纲的神圣性获得了严密的理论论证。孝道既然上升为天理,其控制力自然更加强大。随着父权的绝对化,子势必成为父的"附属品",而再无独立自主的人格。于是出现了"君叫臣死,臣不敢不死,父叫子亡,子不敢不亡""天下无不是的父母""饿死事极小,失节事极大"等极端化的理论。

这种无条件顺从的孝本就具有愚孝的性质,而随着这种孝被普遍视为美德后,不少人又竞相以惊人之举相互攀比,显示自己的孝行超过他人,于是愚孝更愚,乃至于出现了种种野蛮以至残忍的行为。实际上,这类愚孝行为在当时即已受到有识之士的批判与否定。但宋至明初,朝廷却对不合正道的"割股""剖肝"等愚孝行为予以褒赏、表彰,显然有其维护封建家长制的潜在目的。此时,统治者对自残救亲行为的旌表已经不再是简单的嘉奖孝心,而是力图把这种"孝亲"的天性引入"忠君"的伦理体系中,为父权服务,为君主专制服务。当源于人类反哺天性的孝德被操控于专制君主,逐渐染上"虚假""愚昧"的色彩,孝德教育便必然因其工具属性而逐步走向僵化。

五 孝德教育通俗化和大众化的缘由探析

宋元明清时期孝德教育的通俗化和大众化,是由历史基础、经济发展和文人阶层的壮大等多种因素综合而成的。以上诸因素相互影响,相互作用,缺一不可,共同促进了孝德教育的通俗化和大众化。

(一)继承并发展了先秦以来的孝德教育成果,使孝德教育理论更加完善,这是宋元明清时期孝德教育通俗化和大众化的重要文化基础

文化发展的规律表明,任何时代的文化和历史都有或多或少的联系。就词这一文学形式来说,经过晚唐和五代的发展,宋代词人使其进一步成熟,方使宋词成为中国文学史上一颗光辉夺目的明珠。兵器中的"车弩"(用绞车拉弦的巨型弩)在唐代已经出现,宋代在此基础上不断将其完

善，于是以其七十多年的发展超过了以前几百年的发展。……这些事例充分说明，某一时期的文化取得较大成就，一般是与前代的发展密不可分的。史学大师陈寅恪曾说过："华夏民族之文化，历数千载之演进，造极于赵宋之世。"① 我国古代哲学、史学、文学艺术和科学技术等方面的发展，到宋代建立时，都经历了千余年的时间，已积累了相当丰富的文化遗产。孝德教育同样如此。在宋代以前，孝德教育经过了数千年的发展，无论是理论上还是实践上，都取得了很多成果，积累了大量的经验。没有这些丰厚的历史成果，宋元明清时期的孝德教育不可能实现通俗化和大众化。不仅如此，宋元明清时期的人们还在继承先代孝德教育成果的同时，进一步对孝德及孝德教育进行了研究和论述，使孝德教育理论进一步丰富和完善。其中，张载、二程、朱熹、陆九渊、王阳明等理学家对孝德教育理论的贡献尤为显著。

宋明理学以"天理""良知"为主题，对孝德做了更进一步的哲学论证，使之升华到唯心主义哲学的"高度"，从而使孝德理论趋于完善。宋明理学对孝德的哲学论证首先始于张载。《西铭》曰"乾称父，坤称母"②，由此把宇宙比作一个大家庭，把"孝道"等同于"天道"。通过由孝及天，进而把"孝道"说成就是"天道"，从而把宗法的"孝道"永恒化。但是，张载的思想中存在一些矛盾。按照人人都是天地之子，因而"民吾同胞"，人与人的关系都是兄弟关系，那么当然"爱必兼爱"，爱是无差等的。而按照"天道"即"孝道"，自然"各亲其亲，各子其子"，"其分亦安得不殊"，爱是应有差等的。在《西铭》中，张载并没有将这两种对立的观点统一起来。朱熹看到了这一矛盾，并用"理一分殊"的理论将二者统一了起来。朱熹说：

> 盖以乾为父，以坤为母，有生之类，无物不然，所谓理一也；而人物之生，血脉之属，各亲其亲，各子其子，则其分亦安得不殊哉？一统而万殊，则虽天下一家，中国一人，而不流于兼爱之弊；万殊而一贯，则虽亲疏异情，贵贱异等，而不梏于为我之私；此西

---

① 陈寅恪：《金明馆丛稿二编》，生活·读书·新知三联书店 2001 年版，第 245 页。

② 转引自沈善洪、王凤贤《中国伦理思想史》，人民出版社 2005 年版，第 298—304 页。

铭之大指也。①

在朱熹的思想体系中，理是至高范畴，"有生之类，无物不然，所谓理一也"。理在世间万事万物之先，"未有这事，先有这理。如未有君臣，已先有君臣之理；未有父子，已先有父子之理"。② 理只是这一个，道理则同，但其分不同。君臣有君臣之理，父子有父子之理，父子之理不过是"理"的"分殊"而已。所谓"万物皆有此理，理皆同出一原。但所居之位不同，则其理之用不一。如为君须仁，为臣须敬，为子须孝，为父须慈。物物各具此理，而物物之各异其用，然莫非一理之流行也"③。"理一分殊"理论，从客观唯心主义的以理为本的道德本体论出发，论证了孝道的永恒性和合理性。由此，孝道便成为天理所要求的绝对义务和道德命令。朱熹说："君臣父子，定位不易，事之常也。君令臣行，父传子继，道之经也。"④ 指出孝道作为至善的理具有极大的权威性，无论是谁，也不管在什么时候，永远不能违背它。这样一来，"理一分殊"之说既论证了孝道的永恒性，又强调了孝道的等级性，从理论上巩固了孝德作为道德之根本的地位。

朱熹认为，道德教育和道德修养无非就是体认与实行"天理"。他说："事亲须是孝，不然，则非事亲之道；……圣人教人，谆谆不已，只是发明此理。"⑤ 孝德教育的目的就是要求人们根据父慈子孝的道理去实践，去修持，而后具备孝德。先明其理，而后实践之，可见朱熹在孝德教育中偏向于"知先行后"且"重知轻行"。在实践中，这种理论的弊端造成了道德认识和道德践履严重脱节，形成"知"而不"行"的虚伪之风。针对这一弊端，明代理学家王阳明提出"心即理"，认为天地间万事万物及其道理都在内心"良知"之中，"不假外求"，从而将外在的先验道德原则转化为人内心固有的道德意识。既然"心"是宇宙的本体、本源，

---

① 转引自周世辅《中国哲学史》，三民书局股份有限公司2004年版，第451页。

② （宋）黎靖德编，王星贤点校：《朱子语类》，中华书局1986年版，第2436页。

③ 同上书，第398页。

④ 《朱文公文集》卷十四，转引自江万秀、李春秋《中国德育思想史》，湖南教育出版社1992年版，第241页。

⑤ （宋）黎靖德编，王星贤点校：《朱子语类》，中华书局1986年版，第229页。

那么"有孝亲之心，即有孝之理，无孝亲之心，即无孝之理"①。由此，孝德便成为天生的、早已存在于人内心当中的"良知"，只要人们把它从心中发挥出来，便自会成为孝子。他说："以此纯乎天理之心，发之事父便是孝，发之事君便是忠，发之交友治民便是信与仁。"② 可见，王阳明认为，孝德源自于人的"良知"，因此孝德行为应是在"良知"规范下的真诚的活动，这就将"知孝"与"行孝"统一起来。他说：

> 温清之事，奉养之事，所谓物也，而未可谓之格物。必其于温清之事也，一如其良知之所知，当如何为温清之节者而为之，无一毫之不尽；于奉养之事也，一如其良知之所知，当如何为奉养之宜者而为之，无一毫之不尽，然后谓之格物。③

这里的"格物"即是"行"，指道德实践。王阳明认为，一般的"温清""奉养"，并不等于尽了"孝道"。只有按照良知中的"温清之节""奉养之宜"毫不走样地实践"温清"和"奉养"，才算真正尽了"孝道"。也就是说，只有在"良知"规范下做出的孝行才是真正的孝行。在这里，孝行是一种自觉的活动，而不是懵懵懂懂地任意去做，从而强调了孝德意识的自觉性、主动性。王阳明对孝德义理的阐发，将孝德理论发展到更高的阶段。通过让百姓体认永恒的孝"理"，专制皇权对臣民的强制和约束便得到保证。

　　除了对孝德义理进行哲学论证，宋元明清时期的思想家对孝德教育的实践也进行了深入的理性思考，并从不同角度提出了一些实践原则和教育规律。如王安石继承和发挥了儒家主张"身教"优于"言教"的优良传统，十分强调教育者要以身作则，以自己的模范行动去影响受教育者。陆九渊主张道德教育要从日用处开端，强调"践履"或"行"在培养人们道德观念中的重要作用。张载认为，躬行孝德，要从洒扫应对一节节实行去，进而达到"习与智长，化与心成"的境地。朱熹进一步指出，孝德

---

① （明）王守仁著，谢廷杰辑：《王阳明全集》（上），中央编译出版社 2014 年版，第40 页。

② 同上书，第 2 页。

③ 同上书，第 46 页。

教育应坚持阶段性和连续性相结合。小学阶段和大学阶段孝德教育的侧重点不同，但是内容和目标是相同的，即"明人伦"，教之以"孝弟忠信之事"，教之以"致知、格物及所以为忠信孝弟者"。① 王阳明则提出了"知行合一"的孝德教育要求，指出知孝与行孝是互相包含、不能分开的。同时，他还十分重视针对儿童身心发展的特点进行教育。上述的很多内容至今仍然具有参考价值。

先秦时期的孝德伦理，特别注意原则规范和修养实践，而对孝德的起源与本质等问题，没有进行细致的分析和严密的论证，尤其是还没有和宇宙观联系起来。西汉之后，儒家学者或者致力于经典的注疏考释，不阐发义理，或者陷入粗俗的神学和谶纬之说，满足于牵强比附，使封建孝德始终没有得到理论上的有力论证。宋明理学则解决了这一问题。理学家们用哲学思想把孝德从神学迷信中解放出来而赋以哲理内容，以精致严密的论证代替了粗俗的迷信，把孝德与哲学的基本问题联系起来，加以思辨化的论证，使孝德理论更加系统化、完善化。从宋代开始，孝德理论更加精深成熟。时至今日，老百姓经常斥责不孝的行为是不讲"天理"，斥责不孝之人不讲"良心"，可见宋明理学对中国孝文化影响之深远。经过宋明理学的论证之后，孝德的权威性更大了，说服力也更强了，也更容易被更多普通的老百姓所接受，从而为实现孝德教育的通俗化和大众化提供了坚实的文化基础。

（二）经济的发展为孝德教育的通俗化和大众化奠定了坚实的物质基础

宋元明清时期，是封建经济最繁荣的时期。大量的文献考古资料表明，宋代生产力的发展已达到了中国封建社会前所未有的水平。以农业生产为例，宋代到大观年间人口已达两千余万户，为汉唐的两倍。耕作方法也从前代的开垦荒地发展到与水争田，与山争地，垦田数大大增加。除了农业之外，宋代的手工业、商业、印刷业、造纸业、丝织业、制瓷业等均有重大发展。近代学者丁文江说过："无论甚么时代，没有几分的经济独立，就无从讲起教育。"② 试想，如果百姓难以糊口，自然无法主动去接

① （宋）黎靖德编，王星贤点校：《朱子语类》，中华书局1986年版，第124页。
② 丁文江：《丁文江集》，花城出版社2010年版，第60页。

受教育。如果政府没有足够的经济实力，也无法支付各项教育费用。宋元明清经济的发展为孝德教育的通俗化和大众化提供了坚实的物质基础。其中，印刷业的发展使有关孝德的经典和通俗读物更加普及，使更多的普通百姓能够接触到来自书本的孝德教育；教育业的发展使以往为统治阶级所垄断的孝德教育开始向社会下层移动，社会下层民众的孝德意识明显提高，并能以下层民众特有的朴实方式传播孝德；而平民文化中的诗词、歌赋、戏曲、评书等新的文学艺术形式，更是为孝德教育提供了更多普通百姓所喜闻乐见的新的孝德教育形式……而所有这些，都离不开经济发展这个大前提。

以作为孝德传播手段的书籍印刷为例。中国古代的印刷事业，到了宋代，已经极为昌盛。在造纸业有了很大发展的同时，毕昇又发明了活字印刷术，雕版印刷业有了突飞猛进的发展，官私刻本都极为盛行。刻书业的兴盛使书籍得以大量流通，不但皇家秘阁和州县学校藏书丰富，就是私人的藏书也动辄上万卷。作为传播孝德的重要工具，以孝德为主要内容的书籍大量问世和流传，无疑有力地推动了孝德教育的普及。

由于教育经费充足，宋代诏令"天下皆立学"，出现了虽荒服郡县必有学的现象，教育发达程度远远超过前代。除了从国子学到县学的各级官办学校外，私立学校也日益兴盛。宋政府往往采取因势利导的政策，以较为宽松的态度对待民间教育，通过赐书、赐田、赐钱等方式对民间私学加以支持，对个别施教有方、德学高尚的名师硕儒还封官授职，予以表彰。在这样的鼓励下，民间私学有了长足的发展。像著名的白鹿洞书院等四大书院，其规模和学术水准都堪与官办学校媲美。可以说，古代地方官学发展到宋代时已达到了新的历史水平。此后的明清二朝也极为重视教育事业，保持着较大的教育规模。在乡村农民中，如《百家姓》《千字文》之类的识字课本，均已有一定程度的普及。不少地区还利用农闲举办冬学，由书生教农家子弟识字。元代的教育水平虽然远不及宋明清诸代，但总体来讲，也继承了前代教育的遗产，形成了由官学和其他半官方及民间性质的私学组成的教育网络。

物质生活的富足使民众的精神生活更加丰富。民众的生活好了，其消费自然会随之增加，并从基本的衣食住行等物质需求发展到精神需求，有了强烈的文化需要。由此，诗词、歌赋、杂技、戏曲、民间音乐、滑稽剧、小说、傀儡戏、皮影戏等平民文化便开始形成和发展。典雅、精致的唐诗向通俗、平易的宋词转变，新道教、理学、禅宗鼎足而立，这些都在一定程度上代表着这一时期平民文化的新发展。在平民文化的猛烈搅动下，汉唐以来贵族文化独尊一统的垄断格局开始走向解体。至明清之际，在商品经济的促动下，平民文化终于进入蓬勃发展的阶段，雅俗文化并存的格局最终形成。精彩纷呈的小说、戏曲、杂剧和百戏，既丰富了城乡居民的文化生活，也为孝德教育提供了更多符合一般百姓需要的新形式。这些生动感性的新的文学艺术形式，纷纷被应用到孝德教育中来，既进行了孝德教育，又不给人枯燥说教之感，大大增强了孝德教育的效果。

（三）文人阶层的形成和壮大，是孝德教育实现通俗化和大众化的重要原因

自宋太祖赵匡胤起，"兴文教、抑武事"成为宋代朝廷的基本国策。这一国策的内容主要包括以下几个方面：尚文抑武，扩大科举录取规模，鼓励世人读书仕进；振兴图书事业，充实教育发展的基础；积极赞助文教，公私各方踊跃办学；尊师重教，礼遇文人雅士，以此垂范世人，昭示文治盛典，等等。① 在这些政策的鼓励下，两宋三百年间，读书之风大盛。同时，由于庶族与平民子弟通过科举跨入仕途的数量日益增多，读书成为人们改变命运的最重要的途径，于是社会上逐渐形成了"万般皆下品，唯有读书高"的流行观念。自北宋中后期开始，不论临近京畿的州县，或川广等僻远地区，到处都是读书应举之人。北宋晁冲之《夜行》诗云："老去功名意转疏，独骑瘦马取长途。孤村到晓犹灯火，知有人家夜读书"②，反映出荒凉村落读书的盛况。两宋读书人之多，在中国历史上是空前的。于是，一个特殊的群体——文人阶层逐渐出现，并日益发展壮大。综观整个宋元明清时期，文人阶层是促进孝德教育实现通俗化和大众化的重要力量，为孝德教育的通俗化和大众化做出了突出贡献。

首先，孝德教育内容的通俗化是历代文人不断对孝德经典理论和史书

---

① 转引自李国钧、王炳照主编《中国教育制度通史》（第一卷），山东教育出版社 2000 年版，第 16 页。

② 丁子予、汪楠编著：《中国历代诗词名句鉴赏大词典》，中国华侨出版社 2009 年版，第 91 页。

上记载的孝行事迹加以浅显化和故事化的结果。儒家经典中的孝德理论往往艰涩难懂，史书上记载的孝行事迹又往往是言简意赅的陈述，难以引起一般读者的兴趣。于是，很多文人在闲暇之际，便以浅显易懂的语言对孝德经典理论进行阐释，或者对孝行事迹进行改编、图解，从而使孝德教育的内容日益通俗化。

以元代出现的《二十四孝》为例，这本通俗读物便是对此前历史上出现的孝子传、孝女传的故事化。关于《二十四孝》的作者，目前有三种说法：一是郭居敬，二是郭居业，三是郭居敬之弟郭守正，其中支持郭居敬者为多数。但可以肯定的是，无论是哪种说法，其作者无疑都是文人。《二十四孝》的作者选择了历史上二十四位孝子的故事，并且为每个故事配上一首诗，深受读者欢迎。后来的《二十四孝图》又为每个故事配上了图画，图文并茂的形式更为百姓所喜欢。除此以外，民间还出现了很多以《二十四孝》为内容的石刻、鼓词等。清代吴正修在《二十四孝鼓词·开场小引》中唱道："论起这二十四孝，谁人不知、谁人不晓，但人尽知其名，未必尽知其实。咱就把这二十四个人的实事，说个明白、讲个的当在。那不知者听见，长一番识见，也动一番天良；那知之者听见，添一番新鲜，也生一番鼓舞。"① 吴正修所作的《二十四孝鼓词》全篇万余言，语言活泼有趣，简单易懂，其内容比原来的《二十四孝》文本和图册更加通俗、更加生动，对普通百姓的教化作用亦愈发突出。除了《二十四孝》以外，其他由文人们创作的包含着劝孝内容的诗文、乡规民约、家规族法、规诫劝谕文、戏剧、评书、鼓词、小说等文学艺术作品，都使孝德教育的内容更加通俗。

其次，孝德教育对象的大众化是以文人为重要传播媒介而逐渐实现的。在孝德教育逐步大众化的过程中，文人阶层往往是直接或间接的传播媒介。这主要体现在，文人在教育上往往具有强烈的使命感，十分重视以开办私学、制定家规族法、创作劝孝诗文及规诫劝谕文等各种形式来进行孝德的教化。以南宋文人朱熹为例，他不仅通过制定《朱子家礼》在自己的家族中进行孝德教育，还在自己开办的书院中实行孝德教

① 向燕南、张越编注：《劝孝——仁者的回报 俗约——教化的基础》，中央民族大学出版社1996年版，第92页。

育。朱熹所开办的白鹿洞书院，明确规定要把"明人伦"作为书院教学的基本目标，他认为："父子有亲；君臣有义；夫妇有别；长幼有序；朋友有信。右五教之目，尧舜使契为司徒，敬敷五教，即此是也。学者学此而已。"①此外，朱熹还作《小学》一书，作为"小学"德育教材；注《大学》《中庸》《论语》《孟子》而成《四书集注》，以文作为"大学"教材。这些著作，特别是《四书集注》，后来成为元、明、清历代王朝科举考试和知识分子的必读书目，对元明清时期的道德教育产生了重要影响。

除此以外，宋代文人司马光曾作《家范》和《居家杂仪》以教家人行孝，宋代文人邵雍曾作《邵康节先生孝父母三十二章暨其孝悌歌十章》以劝世人行孝，明代学者王阳明亦把"教以人伦"定为儿童教育的基本目标，指出："今教童子，惟当以孝、弟、忠、信、礼、义、廉、耻为专务"②……这样的例子举不胜举。一些文人在为官之后，更加注重以手中的权力化民成俗、教民行孝。如宋代真德秀任太守时，曾发布《泉州劝孝文》专以劝孝。该文首先举出一个惩治不孝子的事例，以此告诉百姓孝亲者必然受到尊敬，而不孝者必然受到惩戒。然后又引《孝经》词句，陈述孝德大义，教民如何行孝。③

值得一提的是，文人阶层中有很多人来自家贫的下层士庶家庭，因而更加有助于孝德教育向下层普及。如范仲淹、欧阳修都是单亲家庭出身，自幼贫寒。由于来自平民阶层，他们对普通百姓更为了解，也能够以更加通俗化的语言和百姓喜闻乐见的各种形式来教化普通百姓。总之，孝德教育的对象日益大众化，这是与历代文人的努力密不可分的。

再次，多样化的孝德教育形式，主要是由文人创造、发展并加以实践的。自宋代开始，经济的繁荣促进了通俗艺术的兴盛，各种通俗艺术形式广泛传播于无法接受文化教育的草根阶层中，成为孝德社会教育的重要途径。其中，劝孝诗文作为儒家孝德理论通俗化的宣教手段，基本上是由广

① 孟宪承编：《中国古代教育文选》，人民教育出版社1979年版，第270—271页。
② （明）王守仁著，谢廷杰辑：《王阳明全集》（上），中央编译出版社2014年版，第83页。
③ 向燕南、张越编注：《劝孝——仁者的回报 俗约——教化的基础》，中央民族大学出版社1996年版，第171—173页。

大文人创作的。元代许衡的诗句"思却千思与万思，音容无复见当时"①，因抒发了真挚的思亲之情而感人肺腑；明代段继芳的诗句"父母不可还，父母恩如天。恩爱随流水，抱恨常涓涓"，② 则因讲述子欲养而亲不待的遗憾而发人深思；清代张云璈的《仪征张孝女诗》讲述了乾隆甲子年十四岁的孝女张巧姑火中救父而身亡的故事，以诗歌形式记述故事始末，"孝女知父不知我，孝女见父不见火"③，将其孝义说到极致，以此感人之心。

　　文人的戏剧剧本创作同样经久不衰，出现了很多劝孝教孝的优秀作品。尤其是在元代，很多文人由于报国无门，便将一腔热情转向了戏剧创作，这其中亦不乏宣扬孝德的作品。据有关学者统计，在流传下来的 200 余部元代戏曲作品中，有 26 部表现亲子关系的剧目：其中重在刻画孝子的剧目有《薛苞认母》《降桑椹》《小张屠》等；不遗余力地彰显孝德的戏剧人物有蔡顺、赵礼、赵五娘等；《老生儿》中则多次强调姓氏宗支，借以曲折地呼唤追祖认宗的孝德观念。④ 除此以外，诸如评书、鼓词、小说等文学艺术作品亦以文人为创作主体。

第六节　清末至民国——孝德教育的批判与解构

　　1840 年到 1949 年，中国社会发生了天翻地覆的变化。从清王朝的闭关锁国，到学夷以制夷的洋务运动，到戊戌变法，到辛亥革命，到新文化运动，西方社会的价值观与道德观念不断进入中国。这些社会变革与文化思潮不断冲击着传统的礼教秩序。传统孝德教育正是在这样的冲击下，逐渐受到批判与解构。

　　① 焦作市地方史志办公室、焦作市中站区人民政府编：《许衡与许衡文化》（上卷），中州古籍出版社 2007 年版，第 231 页。
　　② （清）陈梦雷编纂：《古今图书集成·明伦汇编·家范典》，中华书局、巴蜀书社 1988 年影印版，第 38662 页。
　　③ （清）张应昌编：《清诗铎》，中华书局 1960 年版，第 694 页。
　　④ 曹颖：《元代戏曲之"亲子关系剧"初探》，《中国戏曲学院学报》2007 年第 11 期。

一　传统孝德的批判与解构

所谓"解构"，"不单纯是拆除某建筑结构，也是拆除基础、封闭结构，以及整个哲学建筑体系——这并不意味着把它打倒，而是重组"①。清末至民国时期，传统孝德便经历了这样一个不断受到批判、不断重构的瓦解过程。

西方文化和价值观念传入中国以后，长期生活在专制统治下的人们，逐渐体察到了家族制度的黑暗与虚伪，对一向深信不疑的传统孝德亦逐渐产生怀疑和批判。然而，传统孝德在中国被奉行实践了长达两千余年，其惯性之大，积淀之深，非一时之批判所能撼动。因此，传统孝德在受到怀疑与批判的同时，亦受到保守复古派的大力维护。正是在二者的相互攻击与争论中，传统孝德逐渐发生演变，其纲常性、专制性和虚伪性逐渐弱化而趋向于回归本质。这一过程大体分为三个阶段：第一阶段，从鸦片战争到戊戌变法，传统孝德维持原状的同时开始受到质疑；第二阶段，从戊戌变法到新文化运动，传统孝德在批判者与保守者的相持中，逐渐渗入新的思想；第三阶段，新文化运动之后，传统孝德逐渐解构。

（一）从鸦片战争到戊戌变法，传统孝德维持原状的同时开始受到质疑

由于传统本身所具有的惯性，在鸦片战争之后的半个世纪中，传统孝德基本维持原状，并未受到太大影响。在这一时期，"孝悌"之道，依然是"伦纪之大"，依然是"大学问"②；对于如何行孝，依然只需按照"《曲礼》、《内则》所说的"，"句句依他做出"，"日日在'孝悌'两字上用功"③；同时，"欲全孝必思全忠"④，"从戎以全忠，辞荣以全孝，乃为心安理得"⑤——"孝亲"与"忠君"依然紧密结合在一起，互为促进；孝德理论依然以"三纲五常"为最高原则——所谓"父至尊也"，"父虽不慈，子不可以不孝"，"余家诸女当教之孝顺翁姑，敬事丈夫，慎

---

① 尚杰：《解构的文本——读书札记》，中国社会科学出版社 1999 年版，第 121 页。

② （清）曾国藩：《曾文正公家书》，中国书店 2015 年版，第 54 页。

③ 同上。

④ （清）曾国藩：《曾国藩全集》（二），岳麓书社 2011 年版，第 162 页。

⑤ （清）曾国藩著（清）李瀚章编：《曾国藩书信》，中国致公出版社 2011 年版，第 14 页。

无重母家而轻夫家"。①

即使是宣扬"人人平等"的太平天国，也保留了传统的孝德观念。洪秀全创作的《幼学诗》②，实际上就是一部充满孝悌观念的伦理教材。诗中按照"家道""父道""母道""子道""媳道""兄道""弟道"的顺序，依次排下家规，体现了传统社会严格的尊卑等级关系。《太平救世歌》说得很明白："救齐弟妹，忠孝宜陈，人伦有五，孝弟为先，家修廷献，忠即寓焉"——"孝亲即是孝天帝"，"逆亲即是逆天帝"，"孝亲"与"忠主"是完全一致的。③

直到甲午战争之后，传统孝德才开始受到质疑。康有为主张人皆为天所生，生而平等，认为孝德违背了天赋人权，只是专制君主鱼肉其臣民的手段。他在《大同书》中尖锐地指出："其孝友之名愈著，则其闺阃之怨愈甚。……其礼法愈严者，其因苦愈深；其子孙妇女愈多者，其嫌怨愈多。""一家之人，亦为家长所累，半生压制而终不得自由。"④ 由此揭露了孝之温情面纱下的种种压制与争斗，打破了传统孝德神圣不可侵犯的神话。

谭嗣同则将批判的矛头直指专制孝德。他在《仁学》中提出，子女的身体虽是父母所生，但子女的思想与父母的思想应处于平等地位。从"灵魂"的角度看，"子为天之子，父亦为天之子"，因而是平等的，父不得"以名压子"。他还指出，专制社会倡导忠孝，无非要人民不造反，深刻揭露了孝德被用来压制臣民百姓的实质。谭嗣同对专制社会的三纲五伦深恶痛绝，提出"父子朋友也"的观点，主张将五伦统统变为朋友关系，即平等的关系。⑤ 这在普遍崇尚三纲五伦的时代，无疑为破冰之论，为孝德观念的变革竖起了一座里程碑。

（二）从戊戌变法到新文化运动，传统孝德在批判者与保守者的相持中，逐渐渗入新的思想

戊戌变法之后，越来越多的人开始重新认识和思考孝德，对传统孝德

①　（清）曾国藩：《曾文正公家书》，中国书店 2015 年版，第 817、821 页。

②　金林祥主编：《中国教育制度通史》（第六卷），山东教育出版社 2000 年版，第 98 页。

③　沈善洪、王凤贤：《中国伦理思想史》（下），人民出版社 2005 年版，第 289 页。

④　康有为：《大同书》，中华书局 1935 年版，第 65 页。

⑤　谭嗣同：《仁学》，转引自沈善洪、王凤贤《中国伦理思想史》（下），人民出版社 2005 年版，第 354—356 页。

产生怀疑和批判的人亦越来越多。与此同时，由于传统力量的强大，保卫"名教"，保卫传统孝德等"国粹"，仍然是社会思潮中一股重要的逆流。这一时期，无论是对传统孝德的批判，还是对传统孝德的保守坚持，均有相当多的支持者。

批判者以维新派、进步思想家为代表。他们认识到传统孝德的负面作用，并对此痛恨至极。有人指出："暴父之待其子也，当其幼时，不知导之以理，而动用威权，或詈或殴，幼子之皮肤受害犹轻，而脑关之损失无量，于是卑鄙相习残暴成性。"① 类似这种批判专制、向往平等的文章，充溢于辛亥革命期间的时髦政论当中。在革命大潮的冲击下，传统孝德千余年以来的权威地位已经被动摇。

保守者以洋务派、顽固守旧者为代表。他们辩驳的理论武器是纲常名教，是老而又老的董仲舒的"天不变道亦不变"的形而上学观点。洋务派首领张之洞在《劝学·明纲》篇中说：

> "君为臣纲，父为子纲，夫为妻纲"，此《白虎通》引《礼纬》之说也。董子所谓"道之大原出于天。天不变，道亦不变"之义……。五伦之要，百行之原，相传数千年，更无异义。圣人所以为圣人，中国所以为中国，实在于此。故知君臣之纲，则民权之说不可行也；知父子之纲，则父子同罪、免丧废祀之说不可行也……②

他把三纲五常视为万古不变的立国之本，把"父为子纲"说成是"天经地义之道，古今中外不易之理"，显然是老调重弹。

对传统孝德的批判与坚持，之所以进入相持状态，主要原因有两点：一是传统孝德赖以产生和存在的社会基础尚未铲除；二是传统孝德本身具有双重性质——既有宗法性的糟粕内容，也有人民性的合理内容。保守者往往把宗法性的内容和人民性的内容混淆起来，对新思想进行抵制；而批判者在反对传统孝德的过程中，受到"全盘西化"论的影响，不加分析

---

① 白天鹅、金成镐编：《民国思想文丛·无政府主义派》，长春出版社 2013 年版，第62 页。

② 陈山榜编：《张之洞教育文存》，人民教育出版社 2008 年版，第 193 页。

地对其全盘否定，反而给保守者提供了把柄。而且，要把传统孝德中的宗法性内容和人民性内容科学分辨开来，并使大多数人接受这种分辨，无疑需要一个比较长的历史过程。

在新思想与传统孝德的相持中，一些改良者认识到了传统孝德的双重性质，试图将传统孝德与新思想统一起来，加以改造之后继续推行，从而使传统孝德中渗入了新的思想。如孙中山便主张把提倡"新观念、新思想"与改造"中国固有道德"结合起来。他指出："我们现在要恢复民族的地位，除了大家联合起来组成一个国族团体以外，就要把固有的旧道德先恢复起来。有了固有的道德，然后固有的民族的地位才可以恢复。"① 而恢复中国固有的道德，"中国人至今不能忘的，首是忠孝，次是仁爱，其次是信义，其次是和平"②。孙中山认为，"国是合计几千万的家庭而成，就是大众的一个大家庭"③，如果学生知道对于家庭有孝顺父母、亲爱家庭的责任，那么也应当知道对于国家也有一种责任。因此，孙中山肯定传统孝德的作用，认为："《孝经》所讲孝字，几乎无所不包，无所不至。现在世界中最文明的国家讲到孝字，还没有象中国讲到这么完全。所以孝字更是不能不要的。国民在民国之内，要能够把忠孝二字讲到极点，国家便自然可以强盛。"④ 但是，孙中山并不是要对传统孝德"兼收并蓄"，而是有所选择，并且有新的解释。如对于"三纲五常"和"三从四德"等传统伦理的基本原则和主要内容，他不仅不赞同，而且坚决反对。可见，他虽然肯定甚至夸大了孝德的社会作用，但所主张的孝德已经不完全是传统孝德，而是去除了"父为子纲"的孝德。

当时著名的翻译家严复，也在一定程度上肯定孝德，并将其加以改造。严复在论及孝德时指出："使中国民智民德而有进今之一时，则必自宝爱真理始。仁勇智术，忠孝节廉，亦皆根此而生，然后为有物也。"⑤ "孝者，隆于报本，得此而后家庭蒙养乃有所施，国民道德发端于此，且

---

① 《孙中山文选》，九州出版社 2012 年版，第 149 页。
② 同上书，第 49 页。
③ 中国社科院近代史所等编：《孙中山全集》第 10 卷，中华书局 2011 年版，第 19 页。
④ 《孙中山文选》，九州出版社 2012 年版，第 50 页。
⑤ 刘琅主编：《精读严复》，鹭江出版社 2007 年版，第 162 页。

为爱国之义所由导源。人未有不重其亲而能爱其祖国者。"① 严复指出,孝与"仁勇智术""忠""节""廉"一样,皆本源于真理而产生。要使"民智""民德"有所进步,便必须热爱真理,必须重视本源于真理的孝德。同时,从家庭蒙养教育的需要来看,孝德作为"国民道德"的"发端",作为"爱国之义"的"导源",在家庭蒙养教育中是不可或缺的。由此,严复从时代要求出发,赋予了孝德继续存在的合理性。

(三) 新文化运动之后,传统孝德逐渐解构

传统孝德中包含着宗法性内容和人性化内容。在新文化运动中,宗法性内容受到更加猛烈的批判,此后逐渐被淘汰;而人性化孝德则得以显现,在进步学者所提倡的新型父子关系中,逐渐成为孝德传统中最主要的内容。

总的来看,这一时期对传统孝德的批判,集中体现为对传统孝德之纲常性、专制性、虚伪性和残酷性的批判。

1. 对传统孝德纲常性的批判

为了维护传统伦常,当时的尊孔派提出了"国体虽更而纲常未变"的理论。他们指出:"乡里无知之徒,多以民国既成,古昔之法制、人类之纲常皆可废除。……今此会成立,宣布圣道,使天下人心,其愚者亦皆知国体虽更而纲常未变。"② 为了证明这种"纲常未变"论,康有为提出道德"根于天性"、无有"新旧之殊"的观点:"夫伦行或有与时轻重之小异,道德则岂有新旧中外之或殊哉!……仁义礼智信廉耻,根于天性,协于人为,岂有新旧者哉。"③

针对这种"纲常未变"论,新文化运动中的一些学者以历史进化论为武器,进行了分析和批判。陈独秀指出,伦理道德是随时代的变迁而变化的:"宇宙间精神物质,无时不在变迁即进化之途。道德彝伦,又焉能外?"④ 李大钊亦利用"进化论"对"纲常未变"论进行了批判:"道德

---

① 皮后锋:《严复评传》,南京大学出版社 2006 年版,第 235 页。

② 孔道会:《上总统书》,转引自沈善洪、王凤贤《中国伦理思想史》(下),人民出版社 2005 年版,第 542 页。

③ 田晓青主编:《民国思潮读本》(第一卷),作家出版社 2013 年版,第 266 页。

④ 乔继堂选编:《陈独秀散文》,上海科学技术文献出版社 2013 年版,第 92 页。

者利便于一社会生存之习惯风俗也。古今之社会不同，古今之道德自异。"① 既然道德要随着社会的需要而有所变动，那么纲常名教亦并非永久不变的真理，必然要有所变革。

陈独秀进一步揭露了纲常名教的本质："三纲之根本义，阶级制度是也。所谓名教，所谓礼教，皆以拥护此别尊卑、明贵贱之制度者也。"② 他指出，纲常名教和政治上的君主专制是不可分割的，君主专制既已摧毁，纲常名教亦须破除。只有这样，才能建立自由、平等、独立的观念，真正实现民主的共和立宪制度。胡适亦指出："现在时势变了，国体变了，'三纲'便少了君臣一纲，'五伦'便少了君臣一伦。还有'父为子纲'、'夫为妻纲'两条，也都不能成立。"③ 新文化运动者对于纲常名教的批判与摧毁，使得传统孝德结构中的"父为子纲"被彻底粉碎，再无容身之地。

2. 对传统孝德专制性的批判

吴虞深刻地揭露了传统孝德与君主专制的联系，他论述道：

> 详考孔氏之学说，既认孝为百行之本，故其立教，莫不以孝为起点，所以"教"字从"孝"。凡人未仕在家，则以事亲为孝；出仕在朝，则以事君为孝。……由事父推之事君事长，皆能忠顺，则既可扬名，又可保持禄位。……孝之范围，无所不包，家族制度之与专制政治，遂胶固而不可以分析。而君主专制所以利用家族制度之故，则又有子之为最切实。有子曰："首先也者，为人之本。其为人也孝弟，而好犯上者鲜；不好犯上而好作乱者，未之有也"。其于销弭犯上作乱之方法，惟恃孝弟以收其成功。"④

由此指出，统治者倡导传统孝德的实质，就是为维护家国一体的宗法政治结构，并进一步维护君主专制。"他们教孝，所以教忠，也就是教一般人恭恭顺顺的听他们一干在上的人愚弄，不要犯上作乱，把中国弄成一

---

① 中国李大钊研究会编注：《李大钊文集》，人民出版社 1999 年版，第 250 页。
② 乔继堂选编：《陈独秀散文》，上海科学技术文献出版社 2013 年版，第 53 页。
③ 欧阳哲生编：《胡适文集》（二），北京大学出版社 1998 年版，第 223 页。
④ 田苗苗整理：《吴虞集》，中华书局 2013 年版，第 8 页。

个'制造顺民的大工厂'。孝字的大作用，便是如此!"① 正因为传统孝德中具有专制性，吴虞认为："夫孝之义不立，则忠之说无所附；家族之专制既解，君主之压力亦散。"② 钱玄同亦指出："中华民国既然推翻了自五帝以迄满清四千年的帝制，便该把四千年的'国粹'也同时推翻；因为这都是与帝制有关系的东西。民国人民一律平等，彼此相待，止有博爱，断断没有什么'忠、孝、节、义'之可言。"③

胡适、陈独秀和李大钊则分别从培养国民之独立人格的角度出发，对传统孝德的专制性进行了批判。胡适指出："社会国家没有自由独立的人格，如同酒里少了酒曲，面包里少酵，人身上少了筋：那种社会国家决没有改良进步的希望。"④ 而陈独秀认为，"父为子纲，则子于父为附属品，而无独立自主之人格矣"⑤ ——为人子者之所以备受压抑，人格极度扭曲，很大程度上是由传统孝德的专制性所致。李大钊亦指出："孔子所谓修身，不是使人完成他的个性，乃是使人牺牲他的个性。牺牲个性的第一步就是尽孝。"⑥

3. 对传统孝德虚伪性的批判

传统孝德的虚伪性表现为泛孝主义的流弊以及种种不近人情、做戏、装面子等虚伪孝行，如丧礼之逢吊客才哭而非"哀至则哭"等，不一而足。

胡适、鲁迅等分别列举了一些虚伪的孝行，并加以讽刺和批判。胡适针对丧葬过程中的虚伪孝行进行了批判：治丧过程中逢吊客来时，方大哭，吊客一走，哀便止了；大户人家要用钱雇人来代哭⑦；无论怎样忤逆不孝的人，一穿上麻衣，戴上高粱冠，拿着哭丧棒，人家就称他做"孝子"……对于上述行为，胡适指责这是作伪丑态。⑧ 鲁迅则指出了尽孝

① 田苗苗整理：《吴虞集》，中华书局 2013 年版，第 13 页。

② 同上书，第 10—11 页。

③ 钱去同：《关于反抗帝国主义》，陕西人民出版社 2013 年版，第 2 页。

④ 欧阳哲生编：《胡适文集（二）》，北京大学出版社 1998 年版，第 488 页。

⑤ 陈独秀、李大钊等编撰：《新青年精粹》①，中国画报出版社 2013 年版，第 111 页。

⑥ 中国社会科学院近代史研究所编：《纪念五四运动九十周年国际学术研讨会论文集》（上册），社会科学文献出版社 2012 年版，第 93 页。

⑦ 《胡适文存》（第一集），首都经济贸易大学出版社 2013 年版，第 433 页。

⑧ 胡适：《过河卒子何以适之：胡适论人生》，中国言实出版社 2014 年版，第 94 页。

"言行不一"所表现出来的虚伪性："现在想起来，实在很觉得傻气。这是因为现在已经知道了这些老玩意，本来谁也不实行。整饰伦纪的文电是常有的，却很少见绅士赤条条地躺在冰上面，将军跳下汽车去负米。"①

对于虚伪孝行产生的原因，鲁迅进行了揭示，"汉有举孝，唐有孝悌力田科，清末也还有孝廉方正，都能换到官做"，"然而割股的人物，究属寥寥"，因而便只能挑选一些形式化的、容易被人看见并认可的孝行刻意为之。其结果，"无非使坏人增长些虚伪，好人无端的多受些人我都无利益的苦痛罢了"。②

4. 对传统孝德残酷性的批判

当鲁迅在《狂人日记》中，深刻地揭露"仁义道德"的"吃人"本质时，传统孝德的残酷性便暴露无遗。对此，鲁迅通过一些孝行故事，作了具体的分析批判："卧冰求鲤"让人有性命之虞；老莱子七十多岁了还要装婴儿戏耍于双亲身边，不免"侮辱了孩子"；而"郭巨埋儿"中，郭巨的儿子居然要被父亲埋掉，"实在值得同情"……诸如此类残酷的孝行，让鲁迅在文章中写道："我已经不但自己不敢再想做孝子，并且怕我父亲去做孝子了"，因为"家景正在坏下去，常听到父母愁柴米；祖母又老了，倘使我的父亲竟学了郭巨，那么，该埋的不正是我么?"③

除了批判传统孝德，学者们不约而同地提出建立新型父子关系。新型父子关系的建立，以"自由、平等、博爱"的思想为指导，以亲子平等、解放子辈为主要特征。对于亲子平等，吴虞指出："我的意思，以为父子母子不必有尊卑的观念，却当有互相扶助的责任。同为人类，同做人事，没有什么恩，也没有什么德。要承认子女自有人格，大家都向'人'的路上走。"④ 对于解放子辈，鲁迅指出：在中国社会，"长者本位与利己思想、权利思想很重，义务思想和责任心却很轻，""以为幼者的全部，理该做长者的牺牲"。这种伦理观念"毁灭了一切发展本身的能力"。要变革这种长者本位的孝观念，便要从义务思想和权利思想两方面入手，"此

---

① 《鲁迅全集》（第二卷），同心出版社 2014 年版，第 197 页。
② 《鲁迅全集》（第一卷），同心出版社 2014 年版，第 69 页。
③ 《鲁迅全集》（第二卷），同心出版社 2014 年版，第 196—197 页。
④ 田苗苗整理：《吴虞集》，中华书局 2013 年版，第 17 页。

后觉醒的人，应该先洗净了东方古传的谬误思想，对于子女，义务思想须加多，而权利思想却大可切实核减，以准备改作幼者本位的道德"。①

胡适在《我的儿子》一诗中提出："我要你做一个堂堂正正的人，不要你做我的孝顺儿子。"② ——传统孝德因其专制性、保守性等附加成分，往往造成家长意愿与子女自身发展的矛盾，导致"做孝顺儿子"与"做堂堂正正的人"之间有时出现对立；而建立在平等基础上的人性化孝德则与子女自身发展不存在根本对立，恰恰相反，尽孝常常是子女追求自身发展、实现自身价值的动力。因此，胡适说"不要你做我的孝顺儿子"，本意应是对孝德中专制性、奴役性的批判，借此宣称自己将放弃家长的专制权力，鼓励儿子自由发展。可见，学者们倡导亲子平等、解放子辈，主张父母应少些权利意识、多些义务意识，使传统孝德中的宗法性内容被彻底摒弃。在批判与重构当中，传统孝德中人性化的内容得以显现，孝德传统亦在此后的发展中，缓慢地发生了适应时代要求的变革与转化。

二　传统孝德教育实践的日渐衰落

（一）清末——传统孝德教育尚且持续，但蕴含着新的发展方向

鸦片战争后的清朝末期，社会经济仍然以小农经济为主，政治制度仍然是中央集权的君主专制，尊卑等级观念仍然是维护君主专制的法宝。因此，传统的纲常伦理体系仍然在思想文化领域占据统治地位，传统的孝德教育得以持续。尤其是在农村地区，由于小农经济根深蒂固，传统的孝德教育并没有因为外力冲击而出现显著变化。乡里之私学、家塾等仍以《孝经》为育人教学的必修课。例如，1870 年的蒙学读物《小学义塾规条》中如此写道：

> 塾中功课，未识字者先识方字一二百，即授小学诗（新刻《续神童诗》，为人道理都已说到，尤妙在句句明白；如《续千家诗》及《孝经》、《弟子职》、《小儿语》各种，如有余力皆可接续。其每日

---

① 《鲁迅全集》（第一卷），同心出版社 2014 年版，第 66 页。
② 姚鹏、范桥编：《胡适散文》（第一集），中国广播电视出版社 1992 年版，第 66 页。

讲说，则以学堂日记、学堂讲语为最）。……每日天明即起，必先在父母前揖稟，洒扫家庭内外，然后入塾。①

晚清著名女诗人恽珠说："余年在龆龀，先大人以为当读书明理，遂命与二兄同学家塾，受四子、《孝经》、《毛诗》、《尔雅》诸书。"② 另外，像魏源、梁启超、孙中山等人都是曾学习过《孝经》的。鲁迅在《二十四孝图》中曾提到，"那里面的故事，似乎是谁都知道的；便是不识字的人，例如阿长，也只要一看图画便能够滔滔地讲出这一段的事迹"③。可见，孝德教育在当时的影响仍然非常广泛。

在当时的城市中，孝德教育仍然是学校教育的重要内容。1904 年 1月 13 日，清政府颁行由张百熙、张之洞、荣庆拟订的《奏定学堂章程》，其中明确提出教育宗旨："至于立学宗旨，无论何等学堂，均以忠孝为本，以中国经史之学为基。"④ 这个宗旨强调要以"忠孝为本"，此是各级各类学堂必须遵循的办学方针。《学务纲要》明确指出："此次遵旨修改各学堂章程，以忠孝为敷教之本，以礼法为训俗之方，以练习艺能为致用治生之具。"⑤ 清末虽然名义上建立新教育，但其主观目的是维护清朝统治，因而不可能舍弃传统的孝德教育。就连派出国留学的儿童，清政府仍然不忘授之以《孝经》——中国首批派遣幼童赴美留学的文件中，有这样一条内容："幼童出洋后，肄习西学仍兼讲中学，课以《孝经》、小学、五经及国朝律例等书，每遇房、虚、昂、星等日，正副委员传集幼童宣讲《圣谕广训》，每逢三大节及朔望等日，由驻洋委员率同在事各员以及幼童，望阙行礼。"⑥

但是，随着西方列强的侵入，中国的都市经济及生活方式越来越现代

---

① 《小学义塾规条》，转引自舒新城编《中国近代教育史资料》（上册），人民教育出版社1961 年版，第 90 页。

② 《闺秀正始集》序言，转引自宁业龙、宁业高、宁业泉《中国孝文化漫谈》，中央民族大学出版社 1995 年版，第 72 页。

③ 《鲁迅全集》（第二卷），同心出版社 2014 年版，第 196 页。

④ 转引自舒新城编《中国近代教育史资料》（上册），人民教育出版社 1961 年版，第197 页。

⑤ 同上书，第 200 页。

⑥ 金林祥主编：《中国教育制度通史》（第六卷），山东教育出版社 2000 年版，第 167 页。

化，半资本主义逐步扩大，这一切使传统的孝德教育蕴含着新的发展方向。如魏源便曾诘问"天下亦安用此无用之王道哉"①，对中国千年不变的王道教化提出质疑。作为洋务派指导思想的"中体西用"，其本义虽然以中国之伦常名教为本，辅以诸国富强之术，但是该思想毕竟承认了西学存在的合理性。由此，西方的伦理价值必然会渗入中国，引起人们的深层价值分裂与冲突。维新派领袖人物康有为创办万木草堂后，规定以"志于道，据于德，依于仁，游于艺"为纲，在"依于仁"这一项中，包含着"敦行孝悌"的要求。② 此时，孝德教育由以往学校教育中的首要地位，降为四纲之一的"依于仁"中的一个方面，足以说明孝德教育的地位已经大不如前。

1901 年，清政府向全国颁布"兴学诏"③，将各省所有书院改设为相应的大、中、小及蒙养学堂，这标志着清政府对西学价值的深一层认识。同时，普通百姓亦随之逐渐认识到西学的重要性。当时一名普通乡间塾师觉察到"西学"对儒学教化的颠覆，在自己的日记中写道："天下之士莫不舍孔孟，而向洋学，士风日下，伊于胡底耶?"④ 尊尚仁孝忠信的"孔孟之学"向"洋学"的士风转向，说明当时的教化内容已经不再是儒家的圣贤理想，传统的孝德教育已经出现新的发展方向，即成为众多道德教育内容中的一个方面，而不再是人们心中的权威至尊。

（二）民国——孝德教育回归家庭伦理教育

民国时期，前清的"忠君、尊孔、尚公、尚武、尚实"的教育宗旨被军国民主义教育、实利主义教育、公民道德教育、世界观教育和美感教育等"五育并重"所取代。1912 年，教育家陆费逵指出："民国行共和政体，须养成共和国民。……今兹所订课程既本于此诸主张，务严养成独立、自尊、自由、平等、勤俭、武勇、绵密、活泼之国民，以发达我国势。"⑤ 同年，蔡元培任南京临时政府教育总长，主张采用西方教育制度，废止祀孔读经，实行男女同校等改革措施，确立了我国资产阶级民主教育

① 《魏源集》（上册），中华书局 1976 年版，第 36 页。
② 金林祥主编：《中国教育制度通史》（第六卷），山东教育出版社 2000 年版，第 192 页。
③ 朱寿朋：《光绪朝东华录》，中华书局 1958 年版，第 4719 页。
④ 黄书光：《中国社会教化的传统与变革》，山东教育出版社 2005 年版，第 373—374 页。
⑤ 《陆费逵教育论著选》，人民教育出版社 2000 年版，第 117 页。

体制。

关于道德教育的内容，蔡元培明确主张以"自由、平等、亲爱"为宗旨和大纲。他说："何谓公民道德？曰法兰西之革命也，所揭示者，曰自由、平等、亲爱。道德之要旨，尽于是矣。"① 他认为，社会生活中具体的道德是随时随地变迁的："若是某种旧道德成立的缘故，现在已经没有了，也不妨把他改去，不必去死守他。"② 在他看来，家长制思想是"钳制"人们思想的旧道德，只有养成自由选择"优美之习惯"，才能为"未来之道德开一新径"。③

不过，蔡元培并非完全摒弃孝德，而是将孝德教育置于家庭伦理教育中（即事父母之道），而不再是传统社会维护君主专制的教化工具。他在《中学修身教科书》中谈道："事父母之道，一言以蔽之，则曰孝。亲之爱子，虽禽兽犹或能之，而子之孝亲，则独见之于人类。故孝者，即人之所以为人者也。"④ 他认为，侍奉父母的道理，用一句话来概括，就叫"孝"。亲爱自己的子女，就是禽兽也能做到。只有子女孝顺双亲，才是人类的独特之处。他指出："孝道多端，而其要有四"，即"顺"、"爱"、"敬"和"报德"，⑤ 并未将传统孝德中排在首位的"忠"列入孝德主要内容，从而对孝德谈出了新的见解。

蔡元培指出："夫孝者，所以致一家之幸福也"，"父母统治一家，而子女不尽孝养，则一家必因而乖戾"⑥。同时，他还提到兄弟姐妹之间的孝悌以及父母死亡后应尽的责任。⑦ 在上述内容中，蔡元培一直将孝局限于家庭当中，将其作为父母子女之间的伦理规范加以强调。可见，这一时期的孝德教育与封建社会的孝德教育相比，已经有了本质上的不同。

民国时期的教育文件，也在一定程度上反映出这一点。1938 年，国民党政府教育部通令施行的《青年训育大纲》中提出，要"发挥忠孝仁

① 高平叔编：《蔡元培教育论著选》，人民教育出版社 2011 年版，第 2 页。

② 同上书，第 328—329 页。

③ 同上书，第 102 页。

④ 蔡元培著，王洪刚等译：《中学修身教科书》，中央广播电视大学出版社 2012 年版，第 45 页。

⑤ 同上书，第 46 页。

⑥ 同上书，第 45—46 页。

⑦ 同上书，第 58—61 页。

爱信义和平诸美德",而"孝顺为齐家之本"①;在国民党政府的"中等学校训育科目系统表"中,一个人对于家庭的责任被概括为:对父母孝顺,夫妇之间要敬爱,兄弟之间要友恭,对子女慈爱,宗族之间要敬爱。② 可见,民国时期,孝德教育无论在理论上,还是在实践中,都已经回到家庭伦理教育的位置,是家庭伦理教育的重要内容。

---

① 参见阮华国编《教育法规》,大东书局 1946 年印行。

② 《第二次中国教育年鉴》,转引自于述胜《中国教育制度通史》(第七卷),山东教育出版社 2000 年版,第 138 页。

第二章　养老视阈下中国孝德教育传统的历史作用与现实意义

在传统中国社会，孝不仅是子女对父母的敬奉行为，而且通过"内推"与"外衍"，它还被扩大为尊老爱幼的社会道德，并以此为基础上升为忠君爱国的政治性伦理，最终成为传统伦理的核心范畴之一。相应地，中国传统孝德教育涵盖极广，从孝之依据、孝之价值到孝之分类、孝之践行，从为何行孝到怎样行孝，从青少年之孝到中年之孝，从孝父母到孝长辈，甚至从对父母尽孝扩展到对国家尽忠……由此，孝德教育的内容几乎无所不包。在养老视阈下，中国传统孝德教育中的相关内容可概括为"养体""养志"与"送终"三个方面。其养老意义则主要体现为：培养"宗法人伦"以维护老年人权威；强化"同居共财"观念以保障老年人经济；养成"事亲之礼"以照护老年人生活；强调"继志述事"与"诚敬之道"以慰藉老年人心理；强化"尊老意识"以优化养老环境。

时过境迁，在当代中国，传统的宗法制已经消亡，农耕社会亦发生改变，在小农经济基础上生发出来的孝德及其教育是否仍然具有现实价值？答案是肯定的。孝德教育对于当代社会具有多方面的积极意义。无论是其德育意义，还是其养老意义，无论是调节现代亲子关系，还是促进家庭乃至整个社会的和谐安定，这些都是由现实因素所决定的。在养老视阈下，发扬孝德教育传统对于改善当代中国养老的诸多困境均具有重大意义。

第一节　中国传统孝德教育中的养老内容

中国传统孝德教育以儒家孝德理论为理论基础。儒家孝德理论以"善事父母"为核心，系统地阐述了孝德的含义、地位和具体的孝行规范，并且把孝亲与忠君联系起来，论证了孝亲与忠君的内在逻辑联系。在如何行孝上，概括了"始于事亲，中于事君，终于立身"三个不同阶段，每个阶段又各有不同的行孝要求。一是爱惜自己的身体发肤，自爱自强，入孝出悌，克尽子女之本分以"事亲"；二是修学问道，增长才智，尽忠竭力报效国家以"事君"；三是不断提高自身修养，推己及人，立功于当世，扬名于后世以"立身"。完善的儒家孝德理论，使传统孝德教育的内容逻辑清晰、论证有力，极具系统性。

在中国传统孝德教育丰富的内容体系当中，与养老相关的内容可以分为三类，即"养体""养志"与"送终"。这一分类与今日所说的"物质赡养""精神赡养""临终关怀"虽有重合之处，但在具体内容上又有所不同，以下详述之。

一 "养体"——物质奉养与侍亲

传统孝德教育中的"养体"，指的是供给父母生活所需，包括衣食住行等物质需要，也包括日常生活中对父母的身体照护以及父母患病时所提供的照顾。

与"养志"相比，"养体"之要求理论性较弱，因而在儒家孝德理论中少有着墨。但是，在传统孝德教育实践层面，"养体"的内容却非常受重视。这主要体现在两个方面：一是"养体"之孝在传统孝德教育所使用的通俗教材（如劝孝诗文、蒙书等）中多有提及；二是"养体"之孝在传统孝德教育中所引用的孝子典范的孝行中俯拾皆是。

传统孝德教育所使用的通俗教材主要包括各种劝孝诗文、蒙书等，用于对未成年人或文化水平不高者进行孝德教育，在社会大众当中影响深远。历代比较经典的通俗教材有：宋代邵雍的《邵康节先生孝父母三十二章暨其孝悌歌十章》、清代王家楫的《镂心曲劝孝歌》、清代王德森的《劝孝词百章》，佚名而又影响深远的《道情劝孝歌》《劝孝篇》《劝报亲恩篇》《劝妇女尽孝俗歌》等。通俗教材对于"养体"之要求有很多描述。如清朝许立升的《语珍切要录》①中记载了晨昏定省和冬温夏清等孝

---

① （清）许立升：《语珍切要录》，转引自向燕南、张越《劝孝：仁者的回报 俗约：教化的基础》，中央民族大学出版社1996年版，第66—67页。

行要求：

> 父母有事过劳，恐其睡卧不宁，次早清晨，宜问安也。或有拂意之事，恐其怀抱不舒，当问安以宽慰其心也。大寒大热，难于调养，问安自不容已，或身体倦怠，或冒风寒，宜时时问安，不必拘晨昏也。

其中不仅解释了为何要晨昏定省，而且强调实践中应该因时因事而调整，不能刻板地去做。除了坚持晚间服侍父母就寝、早上向父母省视问安之外，到了冬天应注意使父母温暖，到了夏天则应注意使父母凉爽，即"温清之事，尤所当谨。"怎样使父母温暖呢？《语珍切要录》中描述甚为详细：

> 父母年高畏寒，贴体里衣，最有关系。紧小则暖，短则可眠，背棉宜厚，臂棉稍薄，则不虑臃肿。眠不脱衣，则卧不畏衾冷，起不畏衣寒。调养亲体，此为要也。

连父母的贴身睡衣是宽松还是紧小、哪里要薄些哪里要厚些都要考虑到，不可谓不周到体贴。同样，对于"夏清"，书中也给出了详细具体的建议。在作者看来，孝敬父母"皆寻常可行之事，不可视为迥绝之行"。照顾父母，如果能够始终坚持"粘硬毒物，不可令食（居常食物，宜温热熟软，忌粘硬生冷）。暗漏卑湿，不可令居。……动作行步，不可令劳。暮夜之食，不可令饱"，那么自然能够照顾得很好。

传统孝德教育中所引用的孝子典范主要来源于史书。唐宋以后，关于孝子孝行事迹的描述日益通俗化，常见于各类通俗读物，如《二十四孝图》《女二十四孝图》《四十八孝图》《百孝图》等。其中，影响最大、流传最广的当推《二十四孝图》。现择古人孝行事迹中具有代表性的"养体"之孝行列举一二。

1. 饮食供养

俗话说："民以食为天"。在物质资源匮乏的古代，让父母吃饱既是最基本的孝行要求，也是最重要的孝行要求。在传统孝德教育中，有时甚至把"养口"从"养体"中分离出来,特别加以强调,如"养口养体养心志"①。因而,"养体"之孝行当中,以饮食供养(尤其是面临生死关头的饮食供养)为内容的孝行,可以说数不胜数。在下面列举的孝行故事当中,古人对饮食供养之孝的重视可见一斑。

①百里负米

春秋末年的仲由(字子路),虽然家贫,但对父母却恪尽孝道。在鲁都跟孔子求学时,发现当地粮价比家乡便宜,且质量又好,便经常从鲁都买粮,步行一百多里路,背回家奉养父母。如此寒来暑往,经年不辍。(《二十四孝》)

②拾葚异器

蔡顺,汉代人,少年丧父,事母甚孝。当时正值王莽之乱,又遇饥荒,柴米昂贵,只得拾桑葚充饥。一天,巧遇赤眉军,义军士兵厉声问道:"为什么把红色的桑葚和黑色的桑葚分开装在两个篓子里?"蔡顺回答说:"黑色的桑葚供老母食用,红色的桑葚留给自己吃。"赤眉军怜悯他的孝心,送给他三斗白米、一头牛,让他带回去供奉他的母亲,以示敬意。(《二十四孝》)

③忍饥奉母

北魏时的樊深,因父亲被人害死,慌忙逃到山中避难。不慎把脚摔伤,疼痛难行,又没东西吃,忍饥挨饿非常难受。第二天,忽然得到几块饼。他饿了一天,自己也很想吃,可是想到继母可能也在挨饿,便决定留着给继母吃。于是他忍着饥饿等到天黑,一跛一拐地走回家中,把仅有的食物给了继母。(《北史·樊深传》)②

④卧冰求鲤

王祥,晋朝人,生母早丧,继母朱氏多次在他父亲面前说他的坏话,使他失去父爱。父母患病,他衣不解带侍候;继母想吃活鲤鱼,适值天寒地冻,他解开衣服卧在冰上,冰忽然自行融化,跃出两条鲤鱼。继母食后,果然病愈。(《二十四孝》)

---

① 张鸣、李东亮主编:《文白菜根谭大系》(上册),北京燕山出版社1998年版,第676页。

② 转引自骆承烈主编《天经地义论孝道》,光明日报出版社2013年版,第306页。

⑤怀橘遗亲

陆绩，三国时期吴国人，科学家。六岁时，随父亲陆康到九江谒见袁术，袁术拿出橘子招待，陆绩往怀里藏了两个橘子。临行时，橘子滚落地上，袁术嘲笑道："陆郎来我家作客，走的时候还要怀藏主人的橘子吗?"陆绩回答说："母亲喜欢吃橘子，我想拿回去送给母亲尝尝。"袁术见他小小年纪就懂得孝顺母亲，十分惊奇。陆绩成年后，博学多识，通晓天文、历算，曾作《浑天图》，注《易经》，撰写《太玄经注》。(《二十四孝》)

2. 其他生活来源供给

除了饮食供养之外，养体之孝还包括其他生活来源的供给，如衣物、住房等。古代的孝子们为了做到这一点，亦有很多付出。下列事例便体现了子女这方面的孝行。

①行佣供母

东汉时的江革，年少丧父，与寡母一起生活，以孝母之名远近闻名。当时天下大乱，盗贼蜂起，江革背起母亲一起逃难。吃不上饭，采到野菜先给母亲吃。历尽艰险，孝行如一。逃难后回到家中，生活穷困不堪，江革便靠做佣工奉养老母，凡是母亲所需，莫不供应。乡里百姓无不对他尊敬，称其为"江巨孝"。(《二十四孝》)

②埋儿奉母

郭巨，晋代人，原本家道殷实，对母极孝。后家境逐渐贫困，妻子生一男孩，郭巨担心养这个孩子会影响供养母亲，遂和妻子商议："儿子可以再有，母亲死了不能复活，不如埋掉儿子，节省些粮食供养母亲。"当他们挖坑时，在地下二尺处忽见一坛黄金，上书"天赐郭巨，官不得取，民不得夺"。夫妻得到黄金，回家孝敬母亲，并得以兼养孩子。(《二十四孝》)

3. 日常生活照护

此类孝行是指在日常生活中，为了使父母少受苦，而在细微之处所体现出的孝行。如：

①扇枕温衾

黄香，东汉人，九岁丧母，事父极孝。酷夏时为父亲扇凉枕席；寒冬时用身体为父亲温暖被褥。(《二十四孝》)

②恣蚊饱血

吴猛，晋朝人，八岁时就懂得孝敬父母。家里贫穷，没有蚊帐，蚊虫叮咬使父亲不能安睡。每到夏夜，吴猛总是赤身坐在父亲床前，任蚊虫叮咬而不驱赶，担心蚊虫离开自己去叮咬父亲。(《二十四孝》)

③涤亲溺器

黄庭坚，北宋著名诗人、书法家。虽身居高位，侍奉母亲竭尽孝诚，每天晚上，都亲自为母亲洗涤溺器，没有一天忘记儿子应尽的职责。(《二十四孝》)

4. 侍病、医病

老年人身体日益衰老，难免生病，因此，照顾生病的父母，想方设法为父母治病，亦是养体之孝当中非常重要的内容。古人认为："人子孝亲，因无时可懈也，其特甚者则有四，父母待孝尤急：曰老、曰病、曰鳏寡、曰贫乏。即如病者，坐卧不适，遗泻丛秽，席荐可憎，子所难奉惟此时，亲所赖子亦惟此时，故虽有事出外，闻病必归，敢居家而不留心持养乎？"① 关于侍病、医病的孝子事迹有很多，如：

①亲尝汤药

汉文帝刘恒，以仁孝之名闻于天下，侍奉母亲从不懈怠。母亲卧病三年，他常常目不交睫，衣不解带；母亲所服的汤药，他亲口尝过后才放心让母亲服用。(《二十四孝》)

②尝粪忧心

庾黔娄，南齐高士，其父病重，医生嘱咐说："要知道病情吉凶，只要尝一尝病人粪便的味道，味苦就好。"黔娄于是就去尝父亲的粪便，发现味甜，内心十分忧虑，夜里跪拜北斗星，乞求以身代父去死。几天后父亲死去，黔娄安葬了父亲，并守制三年。(《二十四孝》)

③鹿乳奉亲

郯子，春秋时期人。父母年老，患眼疾，需饮鹿乳疗治。他便披鹿皮进入深山，钻进鹿群中，挤取鹿乳，供奉双亲。一次取乳时，看见猎人正要射杀一只麋鹿，郯子急忙掀起鹿皮现身走出，将挤取鹿乳为双亲医病的实情告知猎人，猎人敬他孝顺，以鹿乳相赠，护送他出山。(《二十四孝》)

考察以上这些孝行，不难发现，"养体"之孝主要包括对父母的物质

---

① (清)许立升：《语珍切要录》，转引自向燕南、张越《劝孝——仁者的回报 俗约——教化的基础》，中央民族大学出版社 1996 年版，第 68 页。

奉养与侍亲两大部分，其目标是让父母吃饱穿暖、健康舒适。物质奉养主要体现为提供日常生活之所需（尤其是饮食需求）；侍亲则包括日常生活中的照护和父母生病时的照护与治疗。

将"养体"与当代的"物质赡养"相比较，"养体"的内涵要更加丰富。"养体"不仅包括物质赡养，还包括生活照顾、医疗照护等，还包括满足基本生活条件之后努力给父母提供更好的生活条件，以及在此过程中传递给父母的关切、爱护和惦念。例如在"怀橘遗亲"的孝行中，即使陆绩不给母亲拿这两个橘子，母亲也不会饿到渴到。他之所以想给母亲拿，是在有了好吃的东西之后希望与母亲分享。表面上是拿给母亲橘子，实际上母亲感受到的会是儿子这一份惦念和温暖。同样，在"卧冰求鲤"的孝行当中，王祥的继母之所以深受感动，恐怕并不在于鲤鱼本身，而是王祥在天寒地冻时专门求鱼的一片至诚至真之心。这种细节上的无处不在的关爱，是在"物质赡养"这四个字当中体会不到的。因而，相比较而言，"养体"比"物质赡养"更加温暖、更富有人情味，它不是老年人处于弱势地位时的乞求，而是为人子女者发自内心的真诚付出。

儒家认为，养体是最基本的孝行，只要有心，人人都可以做到，因而在理论层面论述不多。不过，针对不同的教育对象，传统孝德教育对养体的强调程度亦有所不同。如《孝经》中的五等之孝，阐述了天子、诸侯、卿大夫、士、庶人五种不同的孝。天子之孝是"爱敬尽于事亲，而德教加于百姓，刑于四海"；诸侯之孝是"在上不骄，高而不危，制节谨度，满即不溢"，如此就可以做到长守富贵，"保其社稷，而和其民人"；卿大夫之孝是服先王之法服，道先王之法言，行先王之德行，"守其宗庙"；士之孝是"以孝事君"，"以敬事长"，"保其禄位，而守其祭祀"；庶人之孝是"因天之道，分地之利，谨身节用，以养父母"。① 可见，对天子、诸侯、卿大夫、士的孝德要求中，由于对身处中上层的他们来说，物质条件比较丰富，很容易实现养体之孝，因此养体之孝没有明显体现。而对于庶人，则指出应充分利用天时地利，勤劳耕作，省吃俭用以赡养父母，更倾向于养体或者说以实现养体为主。

"养儿防老，积谷防饥。"这是中国人几千年来普遍认同的基本观念。

---

① 汪受宽：《孝经译注》，上海古籍出版社 2004 年版，第 9—28 页。

对大多数普通老百姓来说，儿子在自己年老时的作用与谷物是可类比的，即"防饥"，防止饿肚子。在历朝历代所褒奖的孝子当中，多是对"养体"的赞扬和推行。由此可知，养体之孝在孝德教育理论体系当中虽然是最基础的孝行，可是在实践层面却是最核心的孝行，这是传统孝德教育在物质匮乏的条件下无奈而又现实的选择。正因为如此，"养体"之孝在孝德教育理论层面涉及不多，在实践层面却具有相当强的生命力。

二 "养志"——精神敬养与尊亲

对于"志"字，《说文解字》曰：从心之声。志者，心之所之也。《汉典》作了进一步的解释：心之所向，未表露出来的长远而大的打算。对于"养志"，《汉典》中列出两层含义：一是保摄志气，指培养、保持不慕荣利的志向，多指隐居；二是奉养父母能顺从其意志。

本书所说的"养志"为第二层含义，即奉养父母能顺从其意志。在传统孝德教育中，养老的重点不在于是否"当养"，也不仅仅在于物质上的"养"，而在于如何来"养"，即以何种态度和情感来"养"。在孝德教育内容体系当中，"养体"只是最基本的、最起码的孝行。"养体"在"物"，"养志"则在"心"。用现代的语言表述就是：体贴父母心意，使父母精神愉悦、满足，不让父母牵挂、烦心。围绕这一含义，"养志"可包含很多内容，这些内容分为两个方面：一是以父母为着眼点所生发出的内容；二是以子女为着眼点所生发出的内容。具体如图2—1所示。

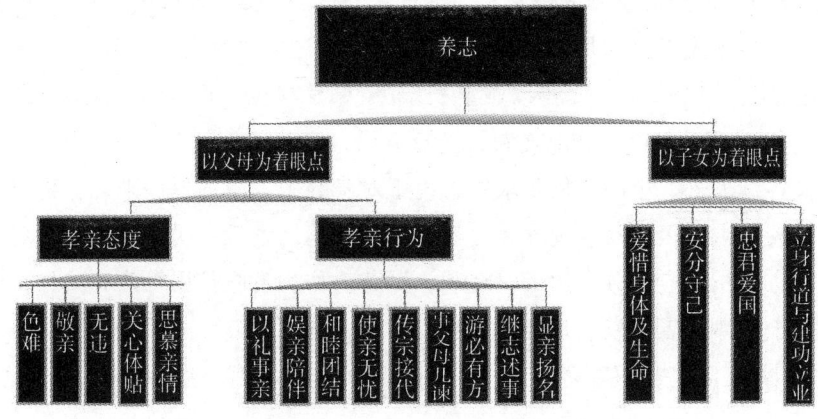

图2—1 传统"养志"内容示意图

（一）"养志"中以父母为着眼点所生发出的内容

"养志"二字中所要"养"的客体是父母，因而以父母为着眼点所生发出的内容是"养志"的主要内容。以父母为着眼点所生发出的"养志"之孝，分为孝亲态度和孝亲行为两个方面。

1. 孝亲态度

①色难

《论语·为政》记载："子夏问孝，子曰：'色难。'"① 孔子认为，对父母始终保持态度的和悦，不摆脸色，不用不耐烦的语气和父母说话，这是最难做到的。《劝报亲恩篇》强调：对父母要"出入扶持须谨慎，朝夕伺候莫厌烦"②。令人愉悦的脸色，礼貌的语言，良好的态度，这是"养志"当中最起码的内容。《礼记·祭义》中说："孝子之有深爱也，必有和气；有和气者，必有愉色；有愉色者，必有婉容。"③ 所以，人子事亲，如果能始终记住"色难"二字，自然不会让父母添堵。

②敬亲

孔子曰："今之孝者是谓能养。至于犬马皆能有养。不敬，何以别乎？"④ 物质上奉养父母只是孝德的最低层次，而"敬"方是高一级的精神层次。"敬"比"养"更难，它不仅能使父母老有所养，而且能使父母精神愉悦。在后来几千年的孝德教育中，"敬亲"始终被置于非常重要的位置。

③无违

孔子讲"无违"，其本意实为无违于礼，即子女对待父母应该"生，事之以礼；死，葬之以礼，祭之以礼"⑤ 要求人们以礼行孝，强调生、死、祭都应按照一定的礼节来行事。但后世所讲的"无违"却常常是指"无违于意"，即顺从父母的意志，听父母的话。自汉代开始，人们便将"孝"与"顺"二字连用，"孝顺"成为一个常用词。同时，"三纲五常"

---

① 金良年：《论语译注》，上海古籍出版社 2004 年版，第 12 页。

② 佚名：《劝报亲恩篇》，转引自向燕南、张越《劝孝——仁者的回报 俗约——教化的基础》，中央民族大学出版社 1996 年版，第 145—147 页。

③ 陈戍国点校：《四书五经》，岳麓书社 2014 年版，第 602 页。

④ 金良年：《论语译注》，上海古籍出版社 2004 年版，第 11—12 页。

⑤ 同上书，第 11 页。

进一步将"无违"二字绝对化，变成了对父母的唯命是从。发展到宋代，愈发演变成了"父叫子亡，子不得不亡"的教条。这种"惟父母之命是从"的观念和态度造成了很多悲剧——宋朝诗人陆游因母亲不喜欢爱妻唐婉而无奈休妻，《孔雀东南飞》的悲剧故事起因亦是"母命难违"。到了民国以后，传统孝德饱受批判，其中的重要原因便是"无违"二字。

事实上，去除"惟命是从"的成分之后，在家庭内的亲子关系中，讲无违是有一定合理性的。因为家是讲"情"的地方，而非讲"理"的地方。所谓清官难断家务事，生活中很多事情往往分不出谁对谁错、谁黑谁白，同时也没有必要分辨得太清楚。换句话说，非原则性的问题没有必要惹老人生气。况且，人在年龄大了之后往往容易偏执，容易钻牛角尖，何必为了芝麻绿豆大的事惹老人生气呢？证明他是错的又能如何呢？从这个角度讲，做子女的顺着老人一些是无可厚非的。

④关心体贴

在传统孝德教育中，关心体贴父母既是一种孝行，更是一种态度。以晨昏定省为例，其中既包含着行动上对父母的日常照护，又包含着心理态度上对父母的关心体贴。如果没有照护之行动，那么态度上的关心体贴便无着力处；而如果没有关心体贴之态度，所谓晨昏定省便会成为令人厌烦之死板规矩，不见得能够实现其照护父母之目的。经常对父母问寒问暖，关怀备至。父母喜欢吃的东西，自己不吃，留给父母。这样的孝行并无特殊之处，无非做到"关心体贴"四字而已。清朝普通农民李三，靠撑船为生，雇主给钱再多，也不肯走太远，从不在外过夜，为的就是回家照顾母亲。就这样奉养母亲三十年，邻里竞相夸赞。他的孝行虽然简单质朴，但因其中满含着关心体贴之意，便十分动人。①

⑤思慕亲情

"人在幼小的时候，对父母普遍地表现出孺慕依恋的感情，成年后，则会有感恩的心理，并想有所回报，这就是孝的本义。"② 实际上，人在成年之后同样会有对父母的思念眷恋之情，尤其是在亲子分离之时。古人

---

① 《清史稿》卷四百九十七，转引自骆承烈主编《天经地义论孝道》，光明日报出版社2013年版，第328页。

② 韩德民：《孝亲的情怀》，北京语言文化大学出版社2001年版，第1页。

有很多抒发孝亲、思亲之情的诗句，唐代王维的"独在异乡为异客，每逢佳节倍思亲"可以说是其中流传最广的佳句。曹植所作《灵芝篇》、梁武帝所作《孝思赋》、明太祖朱元璋所作《思亲歌》均属此类。《二十四孝》中的朱寿昌五十多岁仍决定弃官寻母，发誓不见母亲永不返回，从行动上诠释了什么叫"思慕亲情"。所谓"儿行千里母担忧"，当父母知道子女也同样思念他们的时候，心里怎能不感到安慰呢！显然，"思慕亲情"亦是重要的孝亲态度之一，可以"养志"。

2. 孝亲行为

①以礼事亲

儒家认为"克己复礼为仁"[1]，要求人们非礼勿视、非礼勿听、非礼勿言、非礼勿动，使得一切准乎礼。在对待父母方面，同样要求以礼事亲。这里所谓的"礼"包括生居礼、丧葬礼以及祭祀礼等诸多方面。其中，"养志"之以礼事亲，主要是指生居礼——即在日常生活中以礼侍奉长辈，具体包括晨昏定省礼、儿媳侍奉公婆礼、请安礼、祝寿礼等内容。汉代张奂在《诫兄子书》中说："当崇长幼，以礼自持"[2]；晋代潘岳在《家风诗》中说："岂敢荒宁，一日三省"[3]，都说明了"礼"在传统孝德教育中的重要作用。

②娱亲陪伴

娱亲陪伴即随侍在侧，时常陪伴着父母，想方设法让父母开心。《宋史·苏轼传》记载[4]：苏轼政治上受到迫害，被贬到偏远之地，其子苏过一直跟随在他的身边。因为苏过知道父亲蒙冤，心情一定不好，身边不能没有人。在父亲被贬期间，苏过时时陪在他身边，衣食住行一应事情都由他处理照顾，不知其难。他们在海上时，为了让父亲心情好一点，苏过写了一篇文章，叫《志隐》。苏轼看了以后说："看了你这篇文章，我就可以安心在岛上住下去了。"苏过的孝行很好地诠释了"娱亲陪伴"的养志意义。更有《二十四孝》中的老莱子，年逾 70 尚不言老，常穿着五色彩

---

① 金良年：《论语译注》，上海古籍出版社 2004 年版，第 131 页。

② 转引自宁业龙、宁业高、宁业泉《中国孝文化漫谈》，中央民族大学出版社 1995 年版，第 283 页。

③ 同上书，第 159 页。

④ 转引自骆承烈主编《天经地义论孝道》，光明日报出版社 2013 年版，第 314 页。

衣，手持拨浪鼓如小孩子般戏耍，以博父母开怀，可谓将娱亲精神发挥到了极致。

③和睦团结

唐朝的颜诩（颜真卿的后人）在年轻时父亲死去，兄弟几人，在他主持下，父慈、子孝、兄友、弟恭，家庭和睦，远近闻名。一家百余口人住在一起，男女老幼皆遵礼守法，敦睦仁让。几十年中，家人没发生过口角，没有尔虞我诈的事情发生。在这样的家庭氛围中，他一直活到七十多岁。① 清朝时的吴姓一家，出了四对孝子孝妇。兄弟们都认为应尽心奉养、孝敬老父。先是议定每月由一家奉养，三月轮换一次。儿子媳妇们认为时间太长，改为每天一轮。大家又认为四天尽一次孝时间也长。最后议定早、中、晚餐，每顿轮换一次。轮过一遍之后，四家合起来共同给老父改善生活。他们还把各家子女叫来，听老人训教。老人到谁家，谁家就准备好饭好菜，想方设法尽孝，讨得老人欢心。平时常在老人的房间放一些钱，让他取用。老人受到儿子和媳妇们无微不至的照顾，活到一百多岁。②

上面两个事例中，均体现出传统孝德教育对"和睦团结"的倡导。在中国传统社会，人们普遍持有"多子多福"的观念，一个家庭中常常有多个孩子。在父母眼中，手心手背都是肉，每个孩子都牵动他们的心，孩子之间的感情是否融洽、是否和睦亦会影响他们的情绪。试想一下，如果兄弟姐妹之间不和，整日争吵不断，吵闹不休，其父母怎么可能会安心呢？因而，家庭的和睦团结——兄友弟恭、妯娌和顺等是养志的重要方面。据有关调查，当问及"什么样的行为是孝"时，68%的被调查者选择了"和兄弟姐妹和睦相处"。③ 可见，"和睦团结"作为养志之孝的重要内容，一直延续至今。

④使亲无忧

《论语·为政》载："孟武伯问孝，子曰：'父母唯其疾之忧。'"④ 这

---

① 《宋史》卷四百五十六，转引自骆承烈主编《天经地义论孝道》，光明日报出版社 2013 年版，第 316—317 页。

② 《清史稿》卷四百九十七，同上书，第 332 页。

③ 陈功：《社会变迁中的养老和孝观念研究》，中国社会出版社 2009 年版，第 244 页。

④ 金良年：《论语译注》，上海古籍出版社 2004 年版，第 11 页。

里的"其"有两种理解，一种是代指父母，意为"父母除了担心生病之外没有其它可担忧的事情"；一种则代指子女，意为"子女不让父母操心，父母除了担心子女生病之外，没有其它可担忧的事情"。因而，"使亲无忧"在实践中亦包括两层含义：一是帮助父母排忧解难，让父母没有什么忧愁、没有可担忧的事情；二是自己安分守己，为人处事独立成熟，不让父母担忧。前者以父母为着眼点，后者以子女为着眼点。本处取前者之意，后者将在下文介绍。

《孟子·离娄上》记载了曾子与曾元在奉养父亲时的不同表现：

> 曾子养曾晳，必有酒肉，将彻必请所与，问有余，必曰有。曾晳死，曾元养曾子，必有酒肉，将彻不请所与，问有余，曰亡矣，将以复进也。此所谓养口体者也，若曾子则可谓养志也。事亲若曾子者，可也。①

曾子之所以回答父亲说"有"，是怕父亲知道酒肉没有了之后，不免会有所顾虑甚至有所忧虑，很可能为了给儿孙留着而少吃或者不吃；曾元则没有站在父亲的角度去理解父亲的想法，他回答说没有了并再次奉上这些酒肉，势必会让父亲有所忧虑而不肯食用，即使食用了也不会感到心安。因此，孟子评价说，曾元的做法只是奉养父母的口腹和身体，不能算真正的孝行；而曾子在奉养父亲的过程中，努力减少父亲心里的忧虑，是为"养志"，是更值得倡导的孝行。

⑤游必有方

子曰："父母在，不远游，游必有方。"② 父母健在的时候，为防无人照顾而不应出远门；如果要出远门，必须想好安顿父母的方法。所谓"儿行千里母担忧"，在通信和交通极不发达的古代，子女出门在外，父母必然牵肠挂肚、寝食难安。因而，传统孝德教育中尤其重视前半句，强调父母健在时，子女的义务便是在家陪伴，与父母共同生活。例如晋朝的李密，从小与祖母相依为命，长大后对祖母极为孝敬。因其才华出众，皇

---

① 金良年：《孟子译注》，上海古籍出版社 2004 年版，第 162 页。
② 金良年：《论语译注》，上海古籍出版社 2004 年版，第 37 页。

帝欲封他官职，但李密却以祖母年事已高、无人奉养为由，坚决不应命。直到祖母去世后，李密方肯出去做官。李密上报的《陈情表》亦被当作范文传颂千年。① 再如抗金名将岳飞，尽管谨遵母亲教诲而"精忠报国"，为抗金而多年在外征战，却曾多次将母亲从敌占区接至军中"以全侍奉之养"。尽管军务繁忙，但只要不出征，必早晚到母亲面前问安，母亲生病必亲自煎药，无微不至；如果出征，必须把母亲的事情安排妥当才放心。②

⑥事父母几谏

《孝经·谏净章》强调："父有争子，则身不陷于不义。故当不义，则子不可以不争于父；臣不可以不争于君。故当不义则争之。从父之令，又焉得为孝乎？"③ 这里的"争"同"净"，整段话的大意是：做父亲的若有能谏净的儿子，就不会陷于不义的行为中。因此，儿子若看到父亲有不义的行为，就应该直言相劝。主张对父母不合乎规范的行为，要敢于谏劝，避免父母陷于不义。

但是，儒家伦理强调子女在劝谏时必须注意方式方法，不能顶撞父母，更不能与父母产生冲突。孔子说过："事父母几谏，见志不从，又敬不违，劳而不怨。"④ 这里的"几"意为"轻微，婉转"，即对父母的过失要婉言劝告，注意分寸，慢慢说服，不能把亲子关系弄僵。在劝谏的方式方法上讲究的是和风细雨、润物无声、晓之以理、动之以情，而不能急风暴雨、轻率冒犯。即使说服不了他们，仍然要尊敬他们。正如《弟子规》所说："亲有过，谏使更，怡吾色，柔吾声。谏不入，悦复谏，号泣随，挞无怨。"⑤

⑦继志述事

人生在世，总会有一些愿望今生无法实现，总会有一些遗憾今生无法

---

① 《晋书·李密传》，转引自骆承烈主编《天经地义论孝道》，光明日报出版社2013年版，第304页。

② 《岳忠武王文集》，转引自骆承烈主编《天经地义论孝道》，光明日报出版社2013年版，第265页。

③ 汪受宽：《孝经译注》，上海古籍出版社2004年版，第72页。

④ 金良年：《论语译注》，上海古籍出版社2004年版，第36页。

⑤ 转引自谢宝耿编著《中国孝道精华》，上海社会科学院出版社2000年版，第418页。

弥补，可是如果能在年老时看到子女完成自己的心愿，弥补自己的遗憾，或者继承并发扬自己的事业，无疑是一种莫大的安慰。孔子注意到这一点，提出："父在，观其志；父没，观其行。三年无改于父之道，可谓孝矣。"① 这就是"善继人之志，善述人之事"②，要求子女能完成父亲的志向，沿着父亲的轨道，使父亲立志的事业绵延不绝。这一孝行要求显然关注到了老年人的心理需求，因而是养志的重要方面。鲁国大夫孟庄子在职期间，仍然留用父亲生前的僚属，沿用父亲既定的政策。孔子很赞赏这一行为，认为很可贵。西汉司马迁作《史记》、东汉蔡文姬作《胡笳十八拍》、东汉班固与班超兄妹作《汉书》都是为了完成父亲的未竟之业，或忍受腐刑之辱，或割舍骨肉之情，继承父母之志，绍述父母之事，书写了一个个感人至深的孝行传奇。

⑧传宗接代

儒家孝德伦理一向主张"事死如事生"，老人去世之后，除了要"葬之以礼，祭之以礼"之外，还要建祠堂、供牌位、奉香火。中国古代社会的任何一个家族，可以不崇拜释迦牟尼，可以不崇拜太上老君，但绝不会不崇拜自己的祖宗。所以，"天地君亲师"的牌位、祭祀先祖的祠堂，几乎在任何家族中都可以找得到，祭祀祖宗成为家族内部最重要、最神圣的活动。所谓"亲亲故尊祖，尊祖故敬宗"③，"亲亲"与"尊祖"是不可分的，因此，祭祀祖先是孝德的必然要求。但是，祭祀祖宗与供奉香火这样的活动必须由家中的男性晚辈主持。在这种情况下，如果一个家族"无后"（主要是指无男孩），便意味着这个家族的祖先不再有人祭祀，香火断绝。因而，"不孝有三，无后为大"的观念便被古人所普遍奉行。盼望家族"永续香火"，祈求自己死后能有一个"安息之所"，以享受世世代代子孙的香火"奉养"，这是老年人希望子女能够"传宗接代"的主要原因。同时，对于尚在人世的老年人而言，看到子女后继有人、老有所养，心里才能真正放心，才能放下对子女的牵挂。基于上述原因，"传宗接代"成为传统养志之孝中的重要内容。

---

① 金良年：《论语译注》，上海古籍出版社 2004 年版，第 6 页。
② 陈戍国点校：《四书五经》，岳麓书社 2014 年版，第 632 页。
③ 同上书，第 558 页。

⑨显亲扬名

光宗耀祖，彰显父母名声，让父母为自己骄傲和自豪，亦是养志的重要方面。孟子认为："孝子之至，莫大乎尊亲；尊亲之至，莫大乎以天下养。为天子父，尊之至也；以天下养，养之至也。"① 这里的"尊亲"包括两层含义：一是子女自身在言语、行为和内心诸方面都能做到尊重双亲；二是子女使双亲受到别人的尊重。二者相比，第二层含义显然是更高的要求。

按照孟子的说法，最能使双亲受到尊重的孝行莫过于"以天下养"，但是皇帝毕竟只是少数，更多的人则应慎行其身，立身行道，努力使自己"名声昭于时，利泽施于时"，以显父母。正如《孝经》所说："立身行道，扬名于后世，以显父母，孝之终也。"② 在"显亲扬名"这方面，唐朝的任敬臣可谓笃行终生。他五岁时丧母，悲痛至极。七岁时问父亲："我要如何报答母亲？"父亲说："《孝经》中说'扬名显亲'。即你干出一番事业来，为父母增光添彩。"任敬臣谨记此言，刻苦学习，远近闻名。十九岁时，被举为孝廉。其父死后，痛苦难过得吃不下饭，继母说："你不吃饭，哭坏身子，并不是孝。"任敬臣于是继续学习，位迁秘书郎，终为太子舍人，完成了"显亲扬名"的志向。③

（二）"养志"中以子女为着眼点所生发出的内容

俗话说，可怜天下父母心。父母爱子之心，无微不至。子女是否安好，是否健康，是否快乐，是否有出息，时时刻刻都牵动着父母的心。很多时候，为了子女，父母愿意付出一切。因此，子女照顾好自己，发展好自己，不让父母为自己担忧，让父母少些牵挂，自然而然地成为"养志"的重要方面。

①爱惜身体及生命

父母爱子之心在心理情感上是非常细微的，这种细微之处需要做晚辈的悉心体察。传统孝德教育正是关注到这一点，主张"身体发肤，受之

---

① 金良年：《孟子译注》，上海古籍出版社 2004 年版，第 200 页。
② 汪受宽：《孝经译注》，上海古籍出版社 2004 年版，第 2 页。
③ 《新唐书》卷一百九十五，转引自骆承烈主编《天经地义论孝道》，光明日报出版社 2013 年版，第 312 页。

父母，不敢毁伤，孝之始也"。①

这句话至少包含两个方面的合理性：第一，正因为身体是父母赋予的，孝就要体念父母爱子女的心，从最基本的爱护身体开始。父母生下儿女，养育儿女，最大的愿望就是儿女能够一生健健康康、平平安安，如果儿女受了伤，或者生了病，最伤心最难过的就是他们。"父母全而生之，子全而归之，可谓孝矣。不亏其体，不辱其身，可谓全矣②。"这种爱体之孝，将孝子体察父母之心的细节发挥到极致。因此，传统孝德教育强调：孝顺父母，首先要对自己负责——保重自己的身体，爱惜自己的生命，不做无谓牺牲，以免父母担忧。第二，有句话说得好："身体是革命的本钱。"好的身体是做好各项工作的本钱，是"立身行道"、实现自我价值的基础，好的身体同样是实现孝行的本钱。如果自己还需要父母照顾，又何谈照顾父母呢？但是在专制社会中，很多人将这句话教条化了，为了证明自己孝顺，守丧期间不肯剪头发甚至不肯洗澡，这种做法显然曲解了先贤的本意。

②安分守己与修德

《孝经·纪孝行章》提道："事亲者，居上不骄，为下不乱，在丑不争。"③ 即：身居高位，不骄傲嚣张；为人臣下，不犯上作乱；地位卑贱，不相互争斗。做到"三不"，可以避免毁伤身体发肤的危险，更使父母免于担惊受怕。孟子提出的"五不孝"更为全面地体现了"安守本分"的孝行要求："惰其四支，不顾父母之养，一不孝也；博弈好饮酒，不顾父母之养，二不孝也；好货财，私妻子，不顾父母之养，三不孝也；从耳目之欲，以为父母戮，四不孝也；好勇斗狠，以危父母，五不孝也。"④ 其中，"惰其四支"与"好货财，私妻子"，便很难做到"养体"；而"博弈好饮酒"、纵耳目之欲和好勇斗狠，便很难做到"养志"。试想，儿子若在外面整日喝酒赌博，父母在家怎能放心？儿子若在外面纵情享乐，淫奢无度，父母在亲友面前颜面何在？儿子若在外面好勇斗狠，打架斗殴，更难保不会连累父母。为人子女者，只有勤恳劳作，安分守己，方能做到

---

① 汪受宽：《孝经译注》，上海古籍出版社2004年版，第2页。
② 陈戌国点校：《四书五经》，岳麓书社2014年版，第608页。
③ 汪受宽：《孝经译注》，上海古籍出版社2004年版，第53页。
④ 金良年：《孟子译注》，上海古籍出版社2004年版，第187页。

家内好好奉养父母，家外不连累自己的父母。正是为了使亲免于挂怀，历史上一些有名的刺客（如专诸、聂政等）都曾因母亲健在而不肯以身犯险，拒绝做刺客。①

与此同时，孟子还主张守身修德："事，孰为大？事亲为大。守，孰为大？守身为大。不失其身而能事其亲者，吾闻之矣；失其身而能事其亲者，吾未之闻也。"② 就侍奉对象来说，侍奉父母是最重要的；就守身来说，守护自身节操是最重要的。仁德情操的坚守与光大，可以使孝心更加虔诚厚重。

③忠君爱国

《孝经·开宗明义章》曰："夫孝，始于事亲，中于事君，终于立身"，忠君是传统孝行的重要标准。《孝经》中提出的"五等之孝"（即天子、诸侯、卿大夫、士、庶民）中，对卿大夫和士的要求都是以忠君爱国为主。如卿大夫之孝中提出："非先王之法服不敢服，非先王之法言不敢道，非先王之德行不敢行。……夙夜匪懈，以事一人③对"士"的要求中强调："以孝事君则忠，以敬事长则顺，忠顺不失，以事其上，然后能保其禄位，而守其祭祀。"④ 从古至今，儿女能够忠于君主，报效国家，为国立功，是许多父母的期待。因而，做到忠君爱国，亦是养志的一个方面。

④立身行道与建功立业

"立身行道，扬名于后世，以显父母，孝之终也。"⑤ 不可否认，这句话有些功利化，但是如果在孝的实践中真的做到这一点，那么客观上确实有利于自我价值的实现。天下的父母无不是望子成龙、望女成凤的，子女能够在事业上有所成就，对他们来说是最大的欣慰。其实，这一孝行要求与前面的"显亲扬名"是一体两面、互为因果的，只有做到立身行道或者建功立业，方能显亲扬名，二者本质相同。只是"显亲扬名"以父母为着眼点提出，立身行道与建功立业则以子女为着眼点提出。在这里，

---

① 骆承烈主编：《天经地义论孝道》，光明日报出版社 2013 年版，第 292 页。

② 金良年：《孟子译注》，上海古籍出版社 2004 年版，第 161—162 页。

③ 汪受宽：《孝经译注》，上海古籍出版社 2004 年版，第 2 页。

④ 同上书，第 17—18 页。

⑤ 同上书，第 22 页。

"扬名于后世，以显父母"，既是父母对后代的教育动机和培养目标，也是后代应尽的责任和义务。真正的孝子不仅应把父母照顾好，更应实现自己的自立自强，为实现自我价值而奋斗不息。在中国历史上，很多仁人志士认识到这一点，以孝励志，建功立业，为国家、为民族做出了不可磨灭的贡献。岳飞一生精忠报国，虽然壮志未酬身先死，却成为名垂青史的民族英雄，他没有辜负母亲刺字教诲的苦心，将对母亲的炽烈孝心转化为同样炽烈的报国之志，是为至孝。

综上所述，传统孝德教育中关于养体和养志的内容非常丰富，而且切实具体，可操作性很强。不论是养体，还是养志，二者有一个共同点——即是对老年人生前的孝行。在二者丰富的内容体系当中，可以分为以下几个层次，即"大孝尊亲，其次弗辱，其下能养"①。这句话一般理解为：大孝使双亲受人尊敬，其次不使双亲的名声受辱，最下等的是仅能赡养双亲。如果只考察子女直接对父母作出孝行，则可理解为：大孝是子女从内心到行为都能尊敬双亲，其次是子女不能作出侮辱双亲的言行或使双亲感受到侮辱，最下等的是子女仅仅能做到养活双亲。

养体与养志相比较而言，养体之要求在实践当中被更多地强调，养志之要求则在理论当中论述更多。对于经济条件一般的大多数老百姓来说，养体是孝行当中最主要的养老内容。因为衣食住行等物质奉养是最基础的，如果做不到养体，便难以实现养志。对于经济条件较好的富裕阶层而言，除了养体之外，更加强调养志。就特定的行孝个体来说，养体是较低层次的孝行，养志则是更高层次的孝行。通常来讲，养体与养志相互结合并贯穿整个养老过程。

三　"送终"——临终陪伴与葬祭之礼

所谓"送终"，通常是指为长辈亲属办理丧事，有时亦指长辈亲属临终时在身旁陪伴照料。在中国古代，人们不仅看重父母生前的奉养之孝，而且看重父母死后的葬、祭之孝。《孝经·纪孝行章》提道："孝子之事亲也，居则致其敬，养则致其乐，病则致其忧，丧则致其哀，祭则致其

---

① 陈戌国点校：《四书五经》，岳麓书社 2014 年版，第 607 页。

严"①，将"丧""祭"列为考察孝行的重要方面。父母去世了，要竭尽悲哀之情料理后事；对先人的祭祀，要严肃对待，礼法不乱。如此，方可称为对父母尽到了责任。如果一个人在父母生前尽孝，但葬时敷衍，追祭应付，一定会惹四邻笑话。

"送终"意识起源于祖宗崇拜，反映了古人强烈的"返本报始"意识。早在父系氏族社会，古人便非常重视供奉祖宗神灵，重视祭祖仪式。这种供奉活动和祭祖仪式充分反映了古人的祖先崇拜意识，而这种祖先崇拜意识正是孝德的渊源。到了春秋时期，鬼神观念、天命观念受到人们的怀疑，对在世父母的"生孝"取代了祖先崇拜而成为孝德的主要意义。但是，"身后之孝"作为孝德的重要内容却一直被延续下来。由"尊祖"而"爱亲"，这是孝德产生的重要根源，反映了古人强烈的"报本反始"意识。所谓"慎终追远，民德归厚矣"② 尊敬死者，能使生者珍惜生命；虔诚祭祀，能使人们饮水思源，心存感恩，为人处事就会宽厚仁慈。故而，在传统孝德教育的养老内容中，"送终"是非常重要的内容之一。

传统孝德教育中所倡导的"送终"，主要是通过烦琐的祭祀礼节表达对先祖的追思和怀念。祭葬之礼的目的更倾向于进行道德教化，而不再仅仅是向鬼神祈福。例如在解释"三年之丧"的礼仪规定时，孔子论证的角度并非面向冥界，而是面向现世的。他认为，人出生后要经过三年才能"免于父母之怀"，子女在父母去世后思念三年不是很自然吗？之所以要为父母守丧三年，是为了报答父母的养育之情，是基于感激之情而履行的道德义务。正所谓："生民之本尽矣，死生之义备矣，孝子之事亲终矣。"③

在"送终"观念的具体实践程序方面，古人一直遵循着隆重又严格的形式。《孝经·丧亲章》写道：

> 孝子之丧亲也，哭不偯，礼无容。言不文，服美不安，闻乐不乐，食旨不甘，此哀戚之情也。三日而食，教民无以死伤生，毁不灭

---

① 汪受宽：《孝经译注》，上海古籍出版社2004年版，第53页。
② 金良年：《论语译注》，上海古籍出版社2004年版，第5页。
③ 汪受宽：《孝经译注》，上海古籍出版社2004年版，第86—87页。

性，此圣人之政也。丧不过三年，示民有终也。为之棺、椁、衣、衾而举之，陈其簠簋而哀戚之，擗踊哭泣，哀以送之，卜其宅兆，而安措之。为之宗庙，以鬼享之。春秋祭祀，以时思之。①

从饮食到服装，从表情、语言到动作，从选择墓穴到安葬、祭祀，无不有所规定。其中既蕴含着对于死者的敬意与怀念，更蕴含着对生者的提醒与关切，体现着中国人独特的孝文化理念。其文化意义可谓博大精深，其民间实践可谓影响深远。佛教传入中国后，其中有关"身后世界"的理论（如六道轮回、业力作用、因果报应等），契合了中国人的身后孝亲意识，比中国先哲"六合之外，圣人存而不论"的传统更能吸引民众，更能满足对未知世界的好奇，从而对葬礼、追祭两阶段的孝行产生了重大影响。到了明清、民国时期，葬礼上的法事活动、追祭时的大型法会，都是僧人唱主角，请僧人到家做法事也变成了中国人祭葬活动中的自然习俗。

综上所述，在养老视阈下，传统孝德教育的内容可概括为养体、养志和送终三个方面。对于养老来说，三者都是必要的，是不可或缺的。

清朝姚廷杰的《教孝编》将孝行分为 14 个部分，即：安其身、适其体、防其疾、乐其生、慰其心、解其忧、免其虑、得其欢、酬其德、隐其过、冀其悟、显其名、保其肤、妥其灵。② 这 14 个部分均可归纳到养体、养志和送终当中——养体包括：安其身、适其体、防其疾；养志包括：乐其生、慰其心、解其忧、免其虑、得其欢、酬其德、隐其过、冀其悟、显其名；送终包括：保其肤、妥其灵。可见，古人从个体养老出发对孝行所作的概括，均没有超出养体、养志和送终三者的范围。这从一个侧面说明，养体、养志和送终比较全面系统地概括了传统孝德教育中的养老内容。

民间广为流传的《劝孝篇》③ 亦通篇贯穿着养体、养志和送终的孝行

———————————

① 汪受宽：《孝经译注》，上海古籍出版社 2004 年版，第 86 页。

② （清）姚廷杰：《教孝编》，转引自向燕南、张越《劝孝——仁者的回报 俗约——教化的基础》，中央民族大学出版社 1996 年版，第 43—51 页。

③ 佚名：《劝孝篇》，转引自向燕南、张越《劝孝——仁者的回报 俗约——教化的基础》，中央民族大学出版社 1996 年版，第 143—145 页。

要求，且其语言通俗易懂，尽述生活中以孝养老的种种细节，更加贴近具体生活，亦更加具有可操作性，可谓是教孝良篇。其诗情恳意切，读之令人感触不断。现将其引于此处，以供读者欣赏。

劝孝篇：

人生五伦孝当先，自古孝为百行原。

世上惟有孝字大，孝顺父母头一端。

欲知孝道有何尽，听我仔细对你言。

好饭先尽爹娘用，好衣先尽爹娘穿。

劳苦莫教爹娘受，忧愁莫教爹娘耽。

出入扶持须谨慎，朝夕伺候莫厌烦。

爹娘教调勿违阻，分吩言语记心间。

呼唤应声不敢慢，诚心敬意面带欢。

大小事情须禀命，禀命再行莫自专。

时时体贴爹娘意，莫教爹娘心挂牵。

宝局钱场休我往，花街柳巷莫游玩。

保身惜命防灾病，酒色财气不可贪。

为非作歹损阴德，惹骂爹娘心怎安。

是耕是读是买卖，安分守己就是贤。

每日清晨来相问，冷热好歹问一番。

到晚莫住旁处去，奉侍爹娘好安眠。

夏天爹娘要凉快，冬天宜暖不宜寒。

爹娘一日三顿饭，三顿茶饭留心观。

恐怕饮食失调养，有了灾病后悔难。

老人食物宜软烂，冷硬切莫往上端。

富家酒肉常不断，贫家量力进肥甘。

但愿自己受委屈，莫教爹娘受艰难。

莫重财帛轻父母，莫受挑唆听妻言。

为人诚心把孝尽，才算世间好儿男。

万一爹娘有了过，恐怕别人笑嗤咱。

委曲婉转来相劝，比东说西莫直言。

爹娘若是顾闺女，莫与姊妹结仇冤。

爹娘若是偏兄弟，想是咱身有不贤。

双全父母容易孝，孤寡父母孝难全。

白日冷清常沉闷，黑夜凄凉形影单。

亲儿亲娘容易孝，唯有继母孝更难。

继母若是性子暴，柔声下气多耐烦。

对人总说爹娘好，受屈头上有青天。

有时爹娘身得病，谨慎调养莫等闲。

煎汤熬药须亲手，不可一日离床前。

病重神前去祷告，许愿唯有善书篇。

尽心竭力来侍奉，日莫辞劳夜莫眠。

休说自己劳苦大，爹娘劳苦更在先。

人子一日长一日，爹娘一年老一年。

劝人及时把孝尽，兄弟虽多不可扳。

若待父母去世后，想着尽孝难上难。

总有猪羊灵前供，爹娘何曾到嘴边。

不如活着吃一口，粗茶淡饭也香甜。

即遭不幸出丧事，不可鼓乐闹喧天。

不尚虚文只哀恸，要紧预备好衣棺。

丧葬之后再行孝，按节祭扫把坟添。

兄弟姊妹要亲爱，亲爱兄妹九泉安。

生前死后孝尽到，为人一生大事完。

试看古来行孝者，荣华富贵福绵绵。

你看忤逆不孝顺，送到大堂板子搐。

此篇劝孝逢知己，趁早行孝莫迟延。

第二节　养老视阈下中国传统孝德教育的历史作用

老有所养是一个涉及全人类的问题，任何国家都不能回避。同时，养老模式的形成不是随心所欲的，而是由生产力发展水平、社会结构和家庭结构所决定的。几千年来，中国以家庭养老为唯一的养老模式，并形成了双向平衡的家庭代际关系，即上一代抚养下一代，下一代赡养上一代，抚育和接受赡养处于平衡状态。而抚育和赡养之间能够保持平衡，从根本上说是由传统的慈孝道德维系的。

孝德教育作为培养人们孝德最主要的形式，在古代家庭养老过程中发挥着至关重要的实践推动作用。中国古代社会长期依靠家庭养老，人们普遍具有"养儿防老"的观念，这与古代孝德教育的影响是分不开的。养老视阈下，中国传统孝德教育的历史作用可以归纳为五个方面：培养"宗法人伦"以维护老年人权威；强化"同居共财"观念以保障老年人经济；养成"事亲之礼"以照护老年人生活；强调"继志述事"与"诚敬之道"以慰藉老年人心理；强化"尊老意识"以优化养老环境。

一 培养"宗法人伦"以维护老年人权威

这里首先需要明确的是何谓"宗法人伦"。一般来说，广义的人伦指的是人与人之间的关系。"人伦或人伦之道是凡人皆有的，中外古今概莫能外。"①

"但是作为一种自觉发展了的'人伦之道'和在此基础上形成的中国文化，又极有特点。中国人和中国文化所以与众不同，特别是不同于西方，最重要的地方就在于此。"② 传统社会中所讲的"人伦"，通常是以家族为中心的，往往特指尊卑长幼之间的等级关系，具有强烈的宗法性质。为将其与广义的人伦加以区分，一般称其为"宗法人伦"。"宗法人伦"的内容包括五个方面："父子有亲，君臣有义，夫妇有别，长幼有叙，朋友有信。"③

传统孝德教育的重要目标就是"明父子之伦"。正所谓"人人亲其亲、长其长而天下平"④。在传统社会中，父子关系是人伦关系中最核心的关系。孟子提出"教以人伦"，其中第一条就是"父子有亲"。因而，将"明父子之伦"作为重要目标，自然是传统孝德教育的应有之义。《水浒传》中，宋江上梁山后欲接老父上山，晁盖曰："贤弟，这件是人伦中

---

① 杨适：《中国传统文化当代研究的一个方法论问题》，《北京社会科学》1998 年第 2 期。
② 同上。
③ 金良年：《孟子译注》，上海古籍出版社 2004 年版，第 112—113 页。
④ 同上书，第 156 页。

大事，不成我和你受用快乐，倒教家中老父吃苦？"① 在传统孝德教育下，即使只有四岁的孩童亦深明此理——史载，陶季直四岁时，祖父赏赐包括他在内的几个孙辈银钱，唯独他不拿。问其缘由，他说："如果祖父有赏赐，应当先给父辈，不应当考虑直接给孙辈，因此我不去取银子。"② 为"明父子之伦"，传统孝德教育极力强化"以父为纲"的准则，要求子孙绝对地服从父家长的一切意旨和命令。如《郑氏旌义编引》规定："卑幼不得抵抗尊长（一日之长皆是），其有出言不逊，制行悖戾者，姑诲之，不悛者则重筹之"，"子孙受长上诃责，不论是非，但当俯首默受，毋得分理"③。

同时，传统孝德教育过程中常将孝德与其他人伦规范并提，在父子之伦与其他人伦规范的交叉影响中，在上者（包括老年人）的权威得以进一步强化。其中，与父子之伦关系最密切的当属君臣之伦、夫妻之伦。尽管君臣之伦、夫妻之伦与父子之伦的规范对象不同，但规范的本质内涵是相同的——都是"大小不逾等，贵贱如其伦"，即处于尊位者在处于卑位者面前拥有绝对权威。三纲之间内在本质的一致性，不仅使为人父者的权威潜在地得到强化，而且论证了父为子纲的合理性，使人们更加不敢有所怀疑。除三纲以外，所谓"长幼有序""兄友弟恭"等道德准则中都包含着对长者之权威的认同，这就从逻辑上进一步强化了"父子之伦"。

在"宗法人伦"（尤其是父子之伦）的制约下，传统社会中的老年人在家庭乃至家族中具有至高地位，掌握着家族中一切事务的决定权。例如《红楼梦》中的贾母，作为家庭权力的核心，即使已经不再过问家族具体事务，却仍然在宁荣两府中享有最高权威。即使是位高权重的贾政，到了贾母面前亦俯首帖耳、言听计从，不敢有半分违逆。这样的权威，使老年人能够在养老生活中理所当然地享受着儿孙们的尊崇与敬畏，很大程度上保障了养老生活的质量。

---

① （明）施耐庵、（明）罗贯中：《水浒传》（中册），中州古籍出版社 2007 年版，第 350 页。

② 《梁书·陶季直传》，转引自骆承烈主编《天经地义论孝道》，光明日报出版社 2013 年版，第 307 页。

③ 郑自修总编纂：《郑氏族系大典》（第 1 部），中州古籍出版社 2004 年版，第 328 页。

二 强化"同居共财"观念以保障老年人经济

老年人掌握一定的经济资源是保障其养老的物质基础。考虑到这一点，古代社会在法律、制度及民约族规等方面有很多相应规定。父母在，不敢私其财，禁止子孙私用和处分财产可以说是古代法律一贯的要求。历代法律为防止子孙私自动用家庭财产，明确作出了各种相应的规定。例如，唐、宋律对卑幼私用家产，按私用财产的价值而决定刑罚的轻重，轻者笞一十、二十，重者杖一百。父母在而别立户籍、分异财产，被认为是背叛了父母的养育之恩，且大伤父母之心，这种不孝行为被列入十恶之内。魏以后的法律，都规定子孙不得要求与父祖分家，兄弟也不得在父母丧期内分家产。例如，《唐律疏议·卷十二》规定："诸祖父母、父母在，而子孙别籍、异财者，徒三年。"①《宋史·本纪第二·太祖二》甚至提道："川陕诸州察民有父母在而别籍异财者，论死。"② 与父母别籍异财者居然严重到处死的程度，法律对于"同居共财"的保护程度由此可见一斑。上述法律规定着力维护父母及家族宗长在财产方面的占有、使用和支配的权力，使家长掌握着家庭中的一切经济大权。

在由法律予以硬性保障的基础上，孝德教育在这方面的作用则主要体现为观念上的引导，即通过对相关法律规定的宣传以及相关正反事例来引导人们认同并遵守"同居共财"的规定，以此保障老年人的经济权力。一方面，传统孝德教育不遗余力地宣传着上述关于财产方面的法律规定。通过具体明确的条文规定，让教育对象知道何者可为、何者不可为、何者应为、何者不应为。另一方面，传统孝德教育中经常引用相关的事例，为人们遵守"同居共财"的规定提供榜样。总之，古代孝德教育十分重视"同居共财"观念的强化。一旦有人违反了相关规定，即使能逃过法律的严惩，亦难逃伦理道德上的谴责。

通过"同居共财"观念的强化，"聚族而居，世代同堂"的孝行

---

① 转引自骆明、王淑臣主编《历代孝亲敬老诏令律例》（先秦至隋唐卷），光明日报出版社 2013 年版，第 217—218 页。

② 转引自骆明、王淑臣主编《历代孝亲敬老诏令律例》（两宋至明清卷），光明日报出版社 2013 年版，第 41 页。

得到广泛赞许。在这样的居住安排和财产制度下，传统社会的老年人不仅能在生活上受到子女的就近照护，而且能够在经济上具有一定的保障。一方面，在一般情况下，家族人口数量越多，相应的生产、生活资源也会越多，同时老年人在家庭资源的获得方面享有的优先权使得老年人能够享受到较好的经济条件；另一方面，当老年人丧失劳动能力后，可以凭借对生产、生活资料的掌控，理所当然地依靠年轻力壮的子女实现生产、生活资料的再生产，而不至于衣食无着。同时，由于家族中一切生产、生活资料的所有权都在老年人手中，子女们需要借助这些生产、生活资料维持生存，因而在付出劳动时便心甘情愿。即使有部分子女心有不甘，顾虑到自身生存问题和颜面问题，亦不敢置老人于不顾。

三　养成"事亲之礼"以照护老年人生活

在社会养老服务缺失的情况下，即使老年人在家族中享有至高权威、享有财产所有权，可是当他们年老体衰特别是生活不能自理时，还是只能选择依靠子女来照护他们的生活。因此，养老生活质量的好坏，几乎完全取决于子女的照护质量。怎样才能保证子女的照护质量呢？对此，传统孝德中规定了具体详尽的"事亲之礼"。传统孝德教育正是通过养成子女的"事亲之礼"，使老年人的生活在衣食住行各个方面得到较好的照护。

众所周知，中国自古以来便以"礼仪社会"著称，在孝德方面的礼仪规范亦相当丰富。这些与孝有关的礼仪可概括为生居礼、丧葬礼以及祭祀礼等诸多方面。其中，在照护老年人生活方面发挥作用的主要是生居礼，即日常生活中下辈对长辈的常行礼仪，包括晨昏定省礼、儿媳侍奉公婆礼、请安礼、祝寿礼等诸多内容。这些礼仪规范涉及衣食、起坐、居常等各个方面，十分具体，便于履行。

衣食之礼主要体现在与饮食有关的礼仪上，如上亲在，珍美食品先供上亲，上亲尝后赐食，子孙才可食；上亲喜爱的食品，子孙不可随意食用；同桌用饭时，父母上座，子孙下座或边座；父母端碗用筷，子女才能动作，子女不可先于父母用食，也不可先于父母下桌，等等。当餐桌上排出长幼尊卑的次序时，照护老人的意识便逐渐渗透到就餐的家人心中。同时，子女须时时关注老人需求，"饥则进食，渴则进汤"①。在为老人准备食物的时候要充分考虑老人的牙齿和消化情况，"饭则软蒸，肉则熟煮，自古老人，牙齿疏蛀，茶水羹汤，莫教虚度"②。在老人衣着方面，须"补联鞋袜，做造衣裳；四时八节，孝养相当"③，在平时的日常照顾中须做到"换水堂前，洗濯巾布"④，为老人准备好洗脸水和干净衣物，让老人穿着舒适。

起坐之礼主要体现为长辈面前须起立，长辈呼唤时须立即应答并起立，不能以你我称呼彼此等。履行这些礼仪，可以让老人在被照护的时候感到被尊重，不至于产生老而无用、徒增子女负累之感。比如《礼记·曲礼上》中规定："父召，无'诺'；先生召，无'诺'；'唯'而起"⑤；司马光的《居家杂仪》中规定："凡为人子者，出必告反必面，有宾客不敢坐于正厅，升降不敢由东阶，上下马不敢当厅，凡事不敢自拟于其父"，"凡卑幼于尊长晨亦省问，夜亦安置，坐而尊长过之，则起"⑥ ……此类规定在蒙书类读物、家训类读物中可以说数不胜数。

居常之礼主要包括冬温夏清、晨昏定省等。所谓"冬温夏清"是指冬天想方设法使父母感到温暖，夏天想方设法使父母感到凉爽。所谓"晨昏定省"是指晚间服侍父母就寝，早上向父母省视问安的日常礼节。《礼记·曲礼上》说："凡为人子之礼，冬温而夏清，昏定而晨省。"⑦ 作为居常之礼，冬温夏清、晨昏定省被广泛践行，成为子女的起码孝行。从老人生活照护的角度来看，这些行为不仅仅是形式上的一种礼节，更是生活细节上无微不至的照顾。冬温夏清减轻了老人因严寒和酷暑所带来的痛苦不适，晨昏定省则使老人的需求在最短的时间被子女知晓进而得到满足。

---

① 引自宁业龙、宁业高、宁业泉《中国孝文化漫谈》，中央民族大学出版社 1995 年版，第 275 页。

② 同上。

③ 同上。

④ 同上。

⑤ 陈戍国点校：《四书五经》，岳麓书社 2014 年版，第 432 页。

⑥ （宋）司马光：《居家杂仪》序，转引自（清）陈宏谋辑《训俗遗规》卷一，四库全书存目子部，第 158 册，第 605—606 页。

⑦ 陈戍国点校：《四书五经》，岳麓书社 2014 年版，第 430 页。

正所谓"当崇长幼，以礼自持"①，"岂敢荒宁，一日三省"②。是否能够很好地遵循"事亲之礼"，成为传统孝德教育中判断一个人是否具备孝德的基本标准。对于女儿或儿媳等女性晚辈，传统孝德教育尤为重视"事亲之礼"的养成。唐代著名才女宋若莘、宋若昭共同撰写的《女论语》，在备述每日从清晨到夜晚身为儿媳者应尽之礼节后总结说："日日一般，朝朝相似，传教庭帏，人称贤妇"；而"跳梁可恶，咆哮尊长，说辛道苦，呼唤不来，饥寒不顾，如此之人，号为恶妇"，对于此等"恶妇"，"天地不容，雷霆震怒"。③ 通过在日常生活中养成"事亲之礼"，在有助于养成孝德规范的同时，亦使老年人的生活得到非常周到的照护。

四　强调"诚敬之孝"以慰藉老年人情感

传统孝德教育并非像人们所误解的那样，只有繁文缛节，只有尊卑等级的压迫，只有愚孝所带来的种种悲剧，而是贯穿着对"诚敬之孝"的强调与倡导。孔子讲孝，非常重视老人内心情感需求的满足，他说："今之孝者是谓能养，至于犬马皆能有养，不敬，何以别乎？"④；孟子认为，"悦亲有道，反身不诚不悦于亲矣"⑤，指出子女如果自身不真诚，就不能真正孝顺父母。《孝经》强调"诚敬"的内容则更多，所谓"孝子之事亲也，居则致其敬"⑥，所谓"爱敬尽于事亲，而德教加于百姓"⑦，所谓"礼者，敬而已也"⑧，所谓"生事爱敬，死事哀戚，生民之本尽矣"⑨……这些内容无不彰显着传统孝德教育对于"诚敬之孝"的重视。

---

① （汉）张奂：《诫兄子书》，转引自宁业龙、宁业高、宁业泉《中国孝文化漫谈》，中央民族大学出版社1995年版，第283页。

② （晋）潘岳：《家风诗》，同上书，第159页。

③ 转引自宁业、宁业高、宁业泉《中国孝文化漫谈》，中央民族大学出版社1995年版，第275—276页。

④ 金良年：《论语译注》，上海古籍出版社2004年版，第11—12页。

⑤ 金良年：《孟子译注》，上海古籍出版社2004年版，第156页。

⑥ 汪受宽：《孝经译注》，上海古籍出版社2004年版，第53页。

⑦ 同上书，第9页。

⑧ 同上书，第61页。

⑨ 同上书，第86页。

所谓"诚敬之孝"，主要是指子女内心深处对父母和尊长的诚恳恭敬。传统孝德教育要求，对于父母无论在何种情况下都要心存敬意，对父母的赡养和照顾更应以诚恳恭敬的态度来实践。真正的孝行并不在于给父母提供多么丰富的物质条件，而关键在于诚心，在于尽力而为。《清史稿》中记载了一个普通竹工，名叫潘周岱。他在和父亲一起给人家干活时，总是捡重活干；尽管生活不富裕，却经常买些酒肉供给父母吃喝；每到吃饭时，总是父母吃完他才吃。遇到荒年吃不上饭时，有一点饭先供父母吃，他与妻子食糟糠。虽然日子过得很穷，但父母生活得很好。① 此例描述了潘周岱在尽孝过程中的"诚"与"敬"，充分说明了"诚敬之孝"的可贵和重要。

"诚敬之孝"的表现形式很多，不仅前文所述的"养体""养志"之孝行能够表现出诚敬之心，现实生活中还有更多的表现形式。西汉隽不疑为官时谨遵母命，每逢断狱均宽厚为怀，多教育，少惩办，处事严而不残，是为"诚敬之孝"②；东汉薛包被后母赶出家门，却难舍父子亲情而在离家不远处结庐居住，每天到家中打扫，又被赶，仍然不生怨恨，每天看望父亲及后母，是为"诚敬之孝"③；南北朝徐孝克任国子祭酒时，每次参加皇帝的宴席都将自己的一份省下来，拿回家供老母食用，是为"诚敬之孝"④；唐朝贵族子弟李道彦在与父亲一起在山中避难时，每日食不果腹，却坚持把食物先给生病的父亲吃，谎称自己已经吃过，是为"诚敬之孝"⑤……史书中类似孝行记载颇多。可见，表达"诚敬之孝"是不拘一格的。在诸多外在行为表现形式的背后，所不能欠缺的唯有一番发自内心的诚意而已。

---

① 《清史稿》卷四百九十八，转引自骆承烈主编《天经地义论孝道》，光明日报出版社2013年版，第329页。

② 《汉书》卷七十一，转引自骆承烈主编《天经地义论孝道》，光明日报出版社2013年版，第296页。

③ 《后汉书》卷三十九，转引自骆承烈主编《天经地义论孝道》，光明日报出版社2013年版，第299页。

④ 《南史·徐摛传》，转引自骆承烈主编《天经地义论孝道》，光明日报出版社2013年版，第308页。

⑤ 《归唐书·淮安王李神通传》，转引自骆承烈主编《天经地义论孝道》，光明日报出版社2013年版，第310页。

"诚敬之孝"要求子女应正心诚意，一言一行均出自本心，而非矫揉造作、巧语令色。儒家认为，"巧言令色，鲜矣仁！"① 只会花言巧语、油嘴滑舌，可能会让父母一时高兴，却很难经得住时间的考验。一旦父母看透其中的虚伪造作，反而会更加伤心难过。《红楼梦》中贾珍、贾蓉之辈在父亲灵前哭得捶胸顿足、痛不欲生，十足一副孝子贤孙模样，回到家中便与尤氏姊妹调笑取乐，全然不见其哀戚之情。这类所谓的"孝子"，其孝行完全是为图名利而虚情假意地做给旁人看的，名扬于外而不诚于内，是为伪孝。

同时，徒有形式、虚情纹饰，也是常见的违背"诚敬之孝"的行为。传统孝德教育中规定了大量具体而细微的孝德礼仪规范，并往往将其作为判断孝行的外在标准。如此，遵循好孝德礼仪规范，便容易获得他人的认可与好评。这就使很多受教育者将主要精力集中于外在形式，而忽视了遵行孝德礼仪时的内心态度。一些古人认识到了这一点，指出了"诚笃"的重要性。如宋代的袁采在《袁氏世范》中说：

> 人之孝行根于诚笃，虽繁文末节不至亦可以动天地，感鬼神。尝见世人有事亲不务诚笃，乃以声音笑貌缪为恭敬者，其不为天地鬼神所诛则幸矣，况望其世世笃孝而门户昌隆者乎！②

袁采认为，孝行"根于诚笃"。如果一个人真诚尽孝，即使某些细微的礼仪礼节没有做到，也应受到肯定；相反，如果一个人表面上恭敬行孝，内心却并不想尽孝，那便是徒有形式、虚情纹饰，应当予以否定。

传统孝德教育中对于"诚敬之孝"的重视和强调，在慰藉老年人情感方面发挥了重要作用。这是因为，人是情感动物，人与人相处之道贵在真诚。老人为子女辛劳一生，若换不来子女的一点真心，让他们情何以堪呢！同时，在养老生活中，面对生理上的变化和社会角色的转换，老年人尤为需要心理上的慰藉和情感上的关怀体贴。某种程度上来说，这种慰藉

---

① 金良年：《论语译注》，上海古籍出版社 2004 年版，第 2 页。
② 转引自王玉德《孝——中国家政理念之平议》，广西人民出版社 1997 年版，第 27—28 页。

和体贴对老人来说，甚至比锦衣玉食、广厦华府、奴仆成群更加重要。汉文帝刘恒虽贵为帝王，仍然为母"亲尝汤药"；黄庭坚虽身居高位，仍然为母"亲涤溺器"；老莱子虽年逾七十，却为博父母一笑而"戏彩娱亲"……这些孝行都很细小平凡，有的行为甚至并不足取，而之所以能列入广泛流传的《二十四孝》，恐怕更多的是由于孝行背后的至诚之心。这种至诚之心温暖着老人的心，能够让他们感到欣慰，进而让他们的老年生活充满幸福感。

五 强化"尊老意识"以优化养老环境

从逻辑上来看，子女对父母尽孝是内涵于幼者对长者的尊重当中的。如果没有幼者对长者的尊重，那么子女对父母的孝便失去依托；相反，如果一个人懂得尊老，连其他老人都尊敬，那么自然也会孝敬自己的父母。因而，传统孝德教育十分重视"尊老意识"的强化，通过"尊老意识"的强化，整个社会形成了尊老尚齿的社会秩序，进而优化了养老环境。

事实上，中国自古便有"尚齿"传统。《礼记·文王世子》载："适东序，释奠于先老，遂设三老、五更、群老之席位焉。"[1] 古代学校中常举行的"释奠礼"在祭奠先师、先圣之后，便会盛宴群老，请其讲述"父子、君臣、长幼之道"，给予老人很高的荣誉和地位。后世的孝德教育坚持并发扬了这种尊老尚齿的传统，十分重视倡导敬老养老之风。其表现有诸多方面：

其一，以释奠礼为主要形式的圣贤祭祀活动，在历朝历代均得以延续。很多皇帝会亲赴学校或者乡里，举行盛大祭孔仪式；民间学校中大量存在的祭祀礼仪活动无不指向儒家的人伦教化目的。

其二，通过乡饮酒礼的形式强化尊老意识。《周礼·地官·大司徒》曰："以阳礼教让，则民不争。"[2] "阳礼"指乡饮酒礼，虽然历朝历代在实行的具体程序上有所差别，但基本内容是相同的。行礼时一般要按年龄和德行严格排座次，目的在于使百姓懂得长幼有序的道理，养成谦逊、敬老的民风。正如朱元璋所说："乡饮之礼，所以序尊卑、别贵贱，先王举

---

① 陈戌国点校：《四书五经》，岳麓书社 2014 年版，第 512 页。
② 杨天宇：《周礼译注》，上海古籍出版社 2004 年版，第 148 页。

以教民，使之隆爱敬，识廉耻，知礼让也。"①

其三，通过政府发布的政策、诏令彰显老人的特殊地位。例如，很多统治者曾经发布"敬老诏"，包括赐给一定的财物、给予一些尊荣或法律方面的宽待和照顾，以通过制度的形式倡导敬老之行。例如在各种节日、庆典或者国君认为有必要的时候，给予老年人以布帛、粟米、酒肉等，以表示对老年人的关爱、照顾与呵护。再如，以"赐官爵"的形式表示对老年人的尊重与优待。此外，赐几杖、减免赋税等，也常常是表示尊老的形式。

倡导敬老养老之风，能够通过对老年人的关怀、呵护和尊重提高老年人的社会地位，同时也就提高了老年人在其子孙后代心中的地位，这显然对养老环境的优化大有裨益。

综上所述，传统孝德教育通过培养"宗法人伦"维护了老年人的权威地位，通过强化"同居共财"观念保障了老年人的经济基础，通过养成"事亲之礼"照护了老年人的日常生活，通过强调"诚敬之道"慰藉了老年人的心理和情感，通过强化"尊老意识"优化了养老环境。所有这一切，构筑起一个有利于老年人养老的社会秩序和社会环境，为老年人巩固其家庭地位和利益共享提供了保障体系，从而在解决中国历史上的养老问题中发挥了至关重要的作用。

第三节　养老视阈下中国孝德教育传统的现实意义

当代中国社会正处于大变革的时代，商品意识、个体意识和价值意识逐渐兴起，道德观念及行为规范发生了背离传统的迅速转换。在这一背景下，"当代养老"与"传统养老"虽然具有相同的内核——都以保障老年人的生活质量为根本目的，却显然具有不同的特征。"传统养老"离不开尊卑等级、家族整体、祖宗崇拜、传宗接代等标签，而"当代养老"则必然带有独立、平等、自由、个体化、人性化等现代特征。同时，传统孝德教育与当代孝德教育亦有所不同，因而，传统孝德教育之于传统养老的意义必然与孝德教育传统之于当代养老的意义有所不同。

---

① 《明太祖宝训》，转引自张德信、毛佩奇主编《洪武御制全书》，黄山出版社 1995 年版，第 466—467 页。

诚然，在传统社会，孝德教育曾在养老问题的解决中发挥过巨大作用。但这并不意味着，孝德教育传统在当代养老中必然能够发挥作用。在当代社会，社会条件发生变化，人们的利益需要及其价值取向发生改变，孝德教育是否能够满足当代人养老的需要？换言之，孝德教育传统对于当代养老具有哪些现实意义？

结合中国孝德教育传统的养老内容、历史作用和现实认同情况，充分考察当代养老困境之后，我们认为，在当代中国，发扬孝德教育传统对于解决养老问题仍然具有重要的现实意义。归纳起来，其现实意义至少体现在四个方面：一是倡导"养志之孝"以改善老年人慰藉困境；二是强化"养体之孝"以改善老年人照护困境；三是转化和提升"送终"观念以改善老年人临终关怀困境；四是强化孝亲责任以改善老年人经济支持困境。

一　倡导"养志之孝"以改善老年人慰藉困境

根据马斯洛需求理论，人的需求分成生理需求、安全需求、社交需求、尊重需求和自我实现需求五类，依次从较低层次到较高层次发展。穆光宗进一步对于老年人需求做出了分类——生存性需求、发展性需求和价值性需求。老年人的生存性需求是指追求基本需求的满足，包括了健康和安全。"老有所养、衣食无忧"和"老有所医、身心健康"构成了生存性需求的全部内容。发展性需求则包括老有所爱、老有所伴、老有所乐、老有所亲、老有所学和老有所美，即精神上和情感上的需求。价值性需求包括老年人的归宿需求，具体内容为老有所为、老有所用、老有所成和老有善终。①

一般而言，当生存性需求尚未满足时，后两者表现并不突出；而当生存性需求得以满足时，后两者便得以凸显。随着生活水平的提高，我国老年人的生存性需求基本得以满足，因而发展性需求和价值性需求越来越突出，尤其是蕴含着心理慰藉和情感满足成分的需求日渐显现。其中，与子女后代相关的心理慰藉和情感需求包括：子孙满堂，亲人和睦，共享天

---

① 穆光宗：《中国老龄政策思考》，《人口研究》2002 年第 1 期；穆光宗《中国老龄政策反思》，《市场与人口分析》，2005 年增刊。

伦；与后代之间能够常相往来，互相交流；后代在工作上、学习上能够取得成绩，出人头地，成为老辈人未实现理想的延续；子女亲人能够为老年人解决一些他们自己难以解决的生活难题，能够及时为老年人寻医问病，等等。

那么，我国老年人的精神满足程度和心理慰藉状况怎么样呢？多项研究表明，我国老年人精神文化生活单调，缺乏心理慰藉，精神满足程度不高。[①] 许多子女认为，父母不愁吃住就没事了，普遍忽视与老年父母的精神交流和心理慰藉。尤其是在广大农村，赡养父母基本等同于"物质赡养"，似乎养老就是一个如何解决物质养老保障的问题。根据相关调查，农村老年人的日常精神生活十分单调，大部分老人主要的休闲娱乐方式是串门聊天、看电视、听收音机和打牌之类[②]；52%的农村老年人的子女对父母感情"麻木"——与父母同住一个院的，有的一年也说不上一句话；有的非过年不登门，对父母的日常生活漠不关心[③]。

可见，老人精神慰藉方面的问题非常突出：一方面，老人极度需要精神上的关怀和慰藉；而另一方面，相当数量的年轻人缺乏精神赡养观念，对老年人缺乏应有的关切和体贴。精神需求程度的加大和满足精神需求意识的缺失，使老人普遍陷入慰藉困境。

改善老年人慰藉困境，需要从法制建设、社会服务、平台构建等多方面着手，但增强子女的"精神赡养"意识无疑是最为重要且最容易产生效果的途径。因为老人精神需求的满足，很多时候要借助子女来实现。尤其是对于我国老人而言，他们与西方国家的老人有着不同的幸福观，即对亲情的渴望往往超过物质条件和价值实现的追求。研究表明，子女和家庭的关爱对老人精神状态和生活满意度的提高有积极的影响。[④] 子女越孝敬，老人的生活满意度和幸福感越高；相反，子女越不孝敬，老年人疑是

---

① 李昺伟：《中国城市老人社区照顾综合服务模式的探索》，社会科学文献出版社2011年版，第72页。

② 李国珍：《新农保体制下农村老年人养老研究》，世界图书出版广东有限公司2013年版，第29页。

③ 苏保忠：《中国农村养老问题研究》，清华大学出版社2009年版，第108页。

④ 李建新：《老年人口生活质量与社会支持的关系研究》，《人口研究》2007年第3期。

抑郁的比例越大。① 对相当多的老人来说，"家"是他们情感的归宿和生活的港湾，甚至是他们生命的全部。"儿女孝顺、含饴弄孙"，在家中享受儿孙绕膝的天伦之乐，亲眼看着自己缔造的家在子女的努力下成长和发展，乃至最后在家中寿终正寝，这些被多数老人视为理想。

无论养老模式如何变革，家庭作为提供感情和心理需要的最基本单位，仍然是满足老人情感需求最理想的场所，也是其他任何人、任何机构所不能替代的。而对于如何加强子女"精神赡养"意识，我国孝德教育传统中蕴含着相当丰富的教育资源。前文曾论及，传统孝德教育中非常重视"养志之孝"的培养，而"养志"实际上就是使父母精神愉悦、满足，与当代所说的"精神赡养"具有极为相似的内核。

而且，更为重要的是，在传统孝德教育的"养志之孝"中规定了大量详细且极具操作性的内容（详见第二章第一节）。尽管时代变了，孝行是要随着改变的，但其基本精神是不变的。按照现代人的思想观念来加以审视，"养志之孝"中的大部分内容是可以延续的——如前文所述"孝亲态度"中的色难、敬亲、关心体贴、思慕亲情，"孝亲行为"中的娱亲陪伴、和睦团结、使亲无忧、游必有方，"以子女为着眼点"的爱惜身体及生命、立身行道与建功立业。

同时，"养志之孝"中的某些内容可以加以创造性转化之后融入当代孝德教育。例如"孝亲态度"中的无违，如果能够剥除等级制度下"惟命是从"的意味，事实上是具有一定合理性的。因为在家庭当中，讲得更多的是"情"而非"理"，在与父母发生意见冲突时，若无原则性问题，顺着父母一点并无不可。这样做既对自己无甚妨害，又可让年老后多少会有些偏执的父母顺心，又有何不可呢？再如"孝亲行为"中的"以礼事亲"，只要能够去除其传统礼仪的烦琐性、压迫性，转化成照顾父母的日常礼节礼貌，定然能够更好地照顾慰藉父母。另外，诸如"安分守己""忠君爱国"等内容，可转化为"遵纪守法""爱国奉献"等现代性行为规范。

除了延续和转化上述内容，还可根据时代特征生发出新的"养志之

---

① 陈功：《社会变迁中的养老和孝观念研究》，中国社会出版社 2009 年版，第335—340 页。

孝"。比如说"授亲以新知识、新技术、新用法"——随着科技的发展，包括手机、电视及其他家用电器的更新换代日益频繁。面对这些日新月异的变化，老人往往感到措手不及、眼花缭乱。如果子女能够积极主动地教他们这些现代电器的用法、注意事项等，显然能够让他们更好地适应现代生活，进而感到自己没有脱离这个时代，心理上得到慰藉。而学会用手机打电话、学会用电脑上网，更可以让老人更加方便地与子女沟通，尤其是与在外地学习、工作的子女及时交流，进而缓解思念子女、惦记子女之苦。而上述的"孝亲行为"又不可避免地要求子女在孝亲态度上要有耐心细心，这一点也可以作为新的"养志之孝"的内容。

试想一下，如果在当代家庭中，子女们能够很好地践行上述"养志之孝"，何愁老人们不能摆脱其慰藉困境呢？并且，与当代所说的"精神赡养"相比，倡导"养志之孝"有其独特的优越性。

第一，"养志之孝"以老年人为主体，能够充分体现出老人生活的自主、独立和尊严。在"养志之孝"的实践过程中，老年人是核心，一切以老年人的感受为着眼点，子女只是配合他们的需要而做出相应行为。老人是主动的，是自由的，当他需要时，子女提供孝行；当他不需要时，子女亦可不必挂心。换句话说，有些老人能够自主获得精神满足，而并不需要子女操心。而"精神赡养"则将老人作为对象，似乎老人只能被动接受赡养。在"精神赡养"的实践过程中，子女是主体，是否赡养、如何赡养都是由子女决定，同时很容易将这一要求看作义务而产生压力和抵触情绪。与此同时，所谓的精神赡养的说法也会让老人听着刺耳，容易让老人产生"老而无用""负累他人"的负面情绪，加重心理压力。

第二，"养志之孝"具有相当丰富的内容，更容易付诸实践。如前所述，"养志之孝"中包括十余项内容，若罗列出具体要求和条目则更加丰富。这些内容几乎涵盖老人养老生活的方方面面，三百六十度无死角。只要子女能够遵照执行，老人很难会有精神空虚、孤独、苦闷之感。而精神赡养则显得大而空，教育实践中除了反复强调其意义，很难再有更进一步的指导，这就使教育对象空明其理，而不知如何去做。

第三，"养志之孝"来自于传统，并存在于传统之中，更容易激活，更容易被中国人所接受。传统是无法割裂的。传统的东西作为一种文化历史积淀和文化心理积淀，本身具有广泛的社会物质基础和深厚的民众心理基础。即使社会再发展，人类再进步，也不可能完全放弃传统道德的一切东西，而重新建立一个新的道德体系。"说中国文化是'孝'的文化，自是没错。"① 作为中华传统美德的孝，在长期的历史发展中，已经凝结为中华民族的一种特质。中华民族就是讲孝的民族。作为一名中国人，自出生起便自觉或自发地接受着孝德传统的浸染。尽管官方孝德教育自五四运动开始逐渐式微，但民间的孝德教育却一直存在。在日常生活实践当中，无论是饮食文化、居住安排，还是民间习俗或行为方式，无不体现着传统的民族特色。在学校教育中，在古人事迹或故事的阅读中，在古文古诗的欣赏中，古人的思想方式、行为特点亦不同程度地浸入了人们心中。

据调查，当问及"赡养父母和孝敬父母是否有区别"时，认为"有区别"的人数超过80%。在访谈中，调查对象普遍认为：孝敬父母应包括物质方面和精神方面，要让父母在物质生活和精神生活上都过得好一些；赡养父母则重物质方面，主要指经济上提供帮助，孝敬父母还包括精神的付出。② 可见，"养志之孝"在当今国人心中是有一定基础的，只要采取适当的方式，便不难激活。而精神赡养则来自西方，缺乏现实心理基础，很难在教育中产生心理共鸣，因而便不容易给人留下深刻印象。

综上，由于传统的惯性而依然存在于中国孝德教育传统中的"养志之孝"，为改善当代老年人慰藉困境提供了可资选择运用的、丰富的思想资源和行为方式，因而具有重要的现实价值。无论时代如何发展，即使有朝一日生产力高度发展，物质生活十分丰富，养老问题可以完全由社会来解决，老年人的精神慰藉仍然离不开子女的孝德，离不开"养志之孝"。因此，倡导"养志之孝"，不仅适用于过去，也适用于现在，同样适用于将来。

二 强化"养体之孝"以改善老年人照护困境

养老照护大致可以分为两类：生活照护和医疗照护。生活照护是指日

---

① 梁漱溟：《中国文化要义》，学林出版社1987年版，第307页。

② 陈功：《社会变迁中的养老和孝观念研究》，中国社会出版社2009年版，第173—175页。

常生活照护，如吃饭、穿衣、洗澡、上厕所，以及采购、散步等；医疗照护是对患病老年人的照护，如送病人去医院、住院护理、患病卧床期间的照顾等。照护服务的提供主要来源于三个途径：机构照护、居家养老服务、家庭成员照护。就我国当前实际来看，上述三个途径都存在一定问题，致使很多老年人在照护方面陷入困境。

首先，我国的机构照护服务（包括生活照护和医疗照护）数量严重不足，质量堪忧，远远不能满足需要。

1. 从照护服务提供机构来看，相关机构数量严重不足

民政部网站相关数据显示，目前，全国失能半失能老人达 3600 万人，高龄老人 2200 万，空巢老年人 9900 万，贫困和低收入老年人 2300 万。老年人的生活照料、康复护理等养老服务需求日益增长。① 而与巨大需求形成强烈对比的是，至 2011 年年底，我国全部养老机构床位只有不到213 万张，缺口 550 多万张，其中农村缺 350 多万张。

按 2009 年全国 60 岁及以上老年人口数 1.67 亿来计算，我国 60 岁及以上老年人口的平均养老床位数仅为 1.59%，不仅低于发达国家 5%—7% 的比例，也低于一些发展中国家 2%—3% 的水平。② 据媒体报道，作为北京"标本"养老院的北京某公办社会福利院，目前有 1100 张床位，后面排了 7000 多人，"老人要住进来，至少得等 10 年"。值得一提的是，按照我国《老年人权益保障法》第四十一条规定：政府投资兴办的养老机构，应当优先保障经济困难的孤寡、失能、高龄等老年人的服务需求。如此一来，大量普通收入家庭的老年人，既被排除在公立养老机构之外，又负担不起民营养老机构的高额费用，因而无法享受社会化照护服务。

2. 从照护服务提供质量来看，相关服务质量良莠不齐

我国公有的老年福利机构通常只面向"五保"老人，并且这些机构因财政投入不足而严重滞后，往往存在设施简陋、功能单一、服务水平较低等问题。同时，民营养老机构呈现"九龙治水，多头管理"的局面，在法律、政策和体制层面缺乏有效协调，致使管理低效，服务质量堪忧。

———————————

① 《民政部窦玉沛副部长在第二届中国国际养老服务业发展论坛上作主题报告》，2013 年 5 月 1 日。

② 民政部网站：2010 年社会服务发展统计报告（http://www.mca.gov.cn/article/zwgk/mzyw/201106/20110600161364.shtml）。

2009 年 4 月 8 日，《东亚经贸新闻》曝出了长春部分黑养老院虐待老人的新闻，引起了全国人民的高度关注，其中披露的部分细节可谓触目惊心。例如，用刷锅水泡的馒头喂不能自理的老人，脑血栓老人被用布绳拴在床头，2 个护理员照顾 39 位老人，三十几个老人挤在一套公寓内，等等。青岛一家福利院，九旬老太摔伤后，福利院竟半月之久没将老人送去医院。这样的新闻虽然只是偶有所见，但却反映出养老服务机构的服务质量不容乐观。在"2013 感动中国人物"颁奖晚会上，陈斌强"绑着妈妈去教书"的孝行感动了亿万观众。陈斌强的母亲因患老年痴呆症，丧失了日常生活能力，为能照顾母亲，他用一根布条把母亲绑在身后，骑电动车行驶 30 公里去学校上班。当被问及为什么不把母亲送进养老院，他说："一个连儿子都不认识的老人，送到养老院被欺负了怎么办？"他的孝行令人落泪，他的担忧却反映了养老服务机构的现状。假如养老机构让人信得过，这位孝子何必要"绑着妈妈去教书"？

3. 从照护服务费用来看，民营养老机构普遍费用偏高

全国老龄委曾在 2010 年针对中国城乡老年人口状况做过一次追踪调查。结果显示，在入住养老机构意愿方面，城镇 11.3% 愿意入住，自报个人（家庭）平均每月可承担费用 1016 元；农村 12.5% 愿意入住，可承担费用 172 元。[1] 而有关资料显示[2]，稍具规模的民办养老机构每月收费都要超过 3000 元，一些高档民营养老机构的月收费甚至达到上万元。即使是像天津市第三老年公寓这样的公立养老机构，每月费用加起来也要 1600 元左右。如此高的费用，绝大多数老人是支付不起的。

其次，居家养老服务刚刚起步，尚未真正发挥作用。多项调查显示，大部分老年人愿意独立或与子女共同居住在环境熟悉的社区，居家养老的意愿始终占据主流。老年人在家接受养老服务，有利于减轻其在机构养老的不适感，费用方面远远低于机构养老。因而，居家养老模式是未来主要的养老模式。2008 年 1 月，全国老龄委办公室等 10 部门联合下发了《关

---

① 全国老龄委 2012 年 7 月 10 日在京发布 2010 年中国城乡老年人口状况追踪调查结果（http://wenku.baidu.com/link?url = mLEeoltuH3pcPZSnrOHAGud—X1yDb3mRx - _ Ge0TwISQ5V - jJe5RtPyTiVJZDCWTx09L - G_ Uc3keRH4ka4UzurGd3X5QHnv1XYhzikpxqjaC）。

② 王淼：《老龄化步伐加快，考验社会养老建设》，《中国改革报》2012 年 5 月 5 日。

于全面推进居家养老服务工作的意见》（〔2008〕4 号）。文件提出：积极推动居家养老服务在城市社区普遍展开，同时积极向农村社区推进；力争"十一五"期间，全国城市社区基本建立起多种形式、广泛覆盖的居家养老服务网络，使社区居家养老服务设施不断充实。2012 年修订的《老年人权益保障法》亦提出：国家将建立和完善"以居家为基础、社区为依托、机构为支撑的社会养老服务体系"。但是，由于居家养老服务体系的构建刚刚起步，存在落实不到位、一线照料人员不足且专业化水平有限等诸多问题，尚未真正发挥作用。

再次，家庭成员照护出现困难。当前，我国老人的照护主要是由家庭成员承担，在农村更是如此。一项针对两个自然村的研究显示，养老照护主要以子女为主（占了总人数的 41.9%）。如果加上老伴、亲朋好友和邻里的比例，那么有 73.8% 的比例是依靠各种非正式资源完成照护。① 但是，由于"空巢化"和"少子化"的影响，即使这种非专业的照护亦难以得到保障。所谓"少子化"是指老年人的子女数越来越少的趋势。由于子女数越来越少，来自子女的照料也会相应减少。加上很多成年子女会离开父母，在外地工作或者打工，使得子女对老人的照护更加难以实现。

由上可见，当前我国老年人已陷入空前的照护困境。解决这一问题的当务之急是尽快完善社会照护体系（尤其是居家养老服务体系），并强化子女的照护意识及照护水平。那么，如何强化子女的照护意识及照护水平呢？对此，我们可以从传统孝德教育中所倡导的"养体之孝"中得到很多启发。

第一，从"养体之孝"的内容来看，其中不仅包括对老人基本物质需要的满足，还包括日常生活的照护和侍病、医病（详见第二章第一节）。其内容丰富具体，可操作性强，足以满足老人照护需要。时至今日，"生病时照料老人""尽力提供好条件"仍然被认为是孝行中最重要的内容。②

① 李国珍：《新农保体制下农村老年人养老研究》，世界图书出版广东有限公司 2013 年版，第 21—22 页。

② 陈功：《社会变迁中的养老和孝观念研究》，中国社会出版社 2009 年版，第 244 页。

第二，"养体之孝"主张子女照护老人应亲力亲为，这也更加符合老人意愿。传统孝德教育中的"养体之孝"主张由子女亲自照顾老人起居，老人生病时更应随侍在侧。《二十四孝》中，黄庭坚虽然身居高位，家中奴仆成群，却坚持每天亲自为母亲洗涤溺器。这种亲力亲为的照顾，一方面表现出子女尽孝的至诚之心，另一方面也更加符合老人的意愿。当老人由于生理原因不能自理时，其内心的失落、苦闷是难以言表的。同时，比较私密的照护或者自认为太频繁的要求，老人往往不愿意或者不好意思求助于不熟悉的人，因而对外人（尤其是陌生人）所提供的照护自然感到不方便。一些观念比较传统的老人，更是如此。

有关调查显示，在空巢老年人遇到紧急情况需要帮助时，首先通知子女的占绝大部分（比例为81.4%）。① 可见，子女是老年人的主要依赖者。从内心意愿来说，在可能的情况下，他们显然更愿意由子女来提供照护。尽管随着我国老年人越来越多，完全依赖子女进行照护已经越来越不现实。但是可以明确的是，在我国老年人的养老照护中，子女所能起到的照护作用是社会化养老服务永远都无法取代的。换句话说，社会化照护服务的完善不能以子女照护的消失为代价。最理性的出路是探索子女照护和社会化照护服务（尤其是居家照护服务）的有机结合及相互补充。在完善社会化照护服务的过程中，应以子女尽孝需要为着眼点，由社会化照护辅助子女完成照护工作。如此，既能满足老人意愿，又不至于影响子女正常工作和生活。

第三，当事业与侍亲发生冲突时，传统孝德教育的"养体之孝"主张放弃事业，专心侍亲，有助于改善养老照护的缺失。在当代，工作的流动性和激烈的社会竞争，使不少子女陷入追求事业与照顾双亲的两难境地。并且，大多数子女选择了追求事业，无暇照护老年的父母。而在古代，人们的选择却恰恰相反。三国人鲍出，练有一身好武艺，朝廷要选拔他做官，但为了照顾母亲，他婉言谢绝，精心照顾母亲活到一百多岁②；

---

① 李晟伟：《中国城市老人社区照顾综合服务模式的探索》，社会科学文献出版社2011年版，第198—199页。

② 《三国志·魏志·阎温传注》，转引自骆承烈主编《天经地义论孝道》，光明日报出版社2013年版，第303页。

宋朝人朱寿昌弃官寻母①；明朝人魏祥十四岁时被倭寇掠去，长大后在倭国做了官，可他一直想念自己的母亲，于是抛弃了在倭国的官位、财产，回到故乡奉养失散了二十多年的母亲②；清朝人薛文、薛礼兄弟，家境贫困，但母亲年老体弱，需人照顾，于是兄弟二人便轮流到外面做佣工，另一人则留在家里照顾母亲③。可见，古人在面临事业和侍亲的冲突时，往往选择专心侍亲，这一点非常值得当代人学习。

当前，在市场经济体制下，越来越多的人信奉功利主义的价值准则和人生哲学。不知从何时开始，金钱、权力成为衡量一切的标准。于是，对金钱与权力的追逐成为一些人生命中最重要的事，舍此再无其他。而事实上，这一切真的有那么重要吗？在盲目的追逐之下，很多人只是为了追逐而拼命追逐，而很少思考其背后的意义。究竟是更多的金钱与更大的权力重要，还是现实的生命、亲情更为重要呢？多数人顾不上去思考这些，只是在蓦然回首时，空留"树欲静而风不止、子欲养而亲不待"的遗憾。事实上，很多时候并非别无选择，只是不愿选择而已。

值得庆幸的是，现实情况尚未发展到无可挽回的境地。根据调查，66%的被访者认为，即使现在的子女忙，也可以像过去的子女一样孝敬老人，因忙而不尽孝只是借口。④ 在这种情况下，当代孝德教育应当而且必须抓住人们心中尚存的"孝亲为大"的火苗，悉心培育，着力强化，使其照亮老年人照护方面的"夜空"。

第四，"养体之孝"强调子代义务，有助于平衡"亲代义务畸重"现象，进而改善老年人照护困境。在当代，亲子关系中亲代义务畸重的倾向日益强化，即上一代的抚养责任与提供帮助在强化，而下一代的赡养义务在弱化，出现了所谓的"逆反哺模式"。⑤ 其主要表现在于：父母定期补

---

① 《宋史》卷四百五十六，转引自骆承烈主编《天经地义论孝道》，光明日报出版社2013年版，第315页。

② 《明史》卷二百九十六，转引自骆承烈主编《天经地义论孝道》，光明日报出版社2013年版，第322—323页。

③ 《清史稿》卷四百九十七，转引自骆承烈主编《天经地义论孝道》，光明日报出版社2013年版，第326—327页。

④ 陈功：《社会变迁中的养老和孝观念研究》，中国社会出版社2009年版，第186—187页。

⑤ 车茂娟：《中国家庭养育关系中的"逆反哺模式"》，《人口研究》2008年第4期。

贴成年子女的生活费用；成年子女住在父母家里，不交或者少交生活费；父母资助子女买房、购置高档物品；父母替子女抚养下一代，即隔代抚育；最突出的现象是父母为子女筹备日益膨胀的结婚用品和费用。在父母日益繁重的付出下，子女则日益觉得理所当然。子女自身还需要父母照顾，何谈照顾父母？而且，由于长期受到父母照护，往往导致子女缺乏照护意识和照护能力。即使有一天父母老了，需要照护了，他们也很难提供很好的照护。

产生这种现象的原因，从根本上来说是由于中国家庭亲子关系的双向平衡模式被打破。传统孝德教育强调父慈子孝，而在具体教育实践中则更为重视子孝的培养。这是有一定合理性的。因为繁衍后代、呵护后代是人类的本性，即使教育中不特别强调，人们也能自然而然地做到。而"子孝"却未必如此。正如孟子所说："人少则慕父母，知好色则慕少艾，有妻子则慕妻子，仕则慕君。"① 人通常在年幼时就思慕父母，知道了女子的美貌后就思慕少女，有了妻室、子女就思慕妻室、子女，担任了官职就思慕君主，这些都是人之常情。在这种情况下，如果不对子代义务加以强化，那么父慈子孝的双向平衡便会发生倾斜。

五四以来，孝文化被批判和解构，子代从孝德的义务中彻底解放出来，而亲代却仍然秉承着原有的义务倾向。由此，当今社会中的亲子关系出现了义务重心的反向挪移：由传统社会的子代义务畸重转变为当代的亲代义务畸重。当代社会中长幼地位颠倒、小辈依赖长辈等现象都是亲代义务畸重的现实表现。老人往往成为成年子女的"提款机"和"免费保姆"。应该说，这种现象在当今社会不但存在，而且相当普遍。这一现象充分说明，作为对父代养育子女所做出的巨大牺牲与贡献的合理补偿，对子代义务的强调是不能完全摒弃的。传统孝德教育中所强调的"养体之孝"，便是以老年父母为付出对象，对子代义务的强调。发掘孝德教育传统中的这部分内容，充分倡导"养体之孝"，显然有助于平衡当前"亲代义务畸重"的现象，进而有助于改善老年人的照护困境。

正如"养志之孝"与"精神赡养"相比较具有更大的优越性一样，与当代所谓的"物质赡养"相比较，"养体之孝"有其独特优势。一是

---

① 金良年：《孟子译注》，上海古籍出版社 2004 年版，第 192 页。

"养体之孝"内容更加全面，更加具体可行，践行"养体之孝"能够基本满足老人的照护需求；二是"养体之孝"以老人需要为核心，更能体现老人的尊严；三是"养体之孝"来自于传统，并存在于传统之中，更容易激活，更容易被中国人所接受。

综上所述，强化子女的照护意识及提高子女的照护水平是改善我国老年人照护困境的重要措施。一来当前我国老年人的照护主要依靠子女，子女的照护意识及照护水平情况直接影响着老人的照护质量。二来即使将来居家养老服务很完善，仍然需要强化子女的照护意识及照护水平——因为对老人来说（尤其是失能老人），子女是其第一监护人，老人选择居家养老服务的过程离不开子女的组织、管理和监督；同时，在以居家养老服务为主的情况下，子女照护能够在必要时起到辅助和补充作用。

调查显示，老人对"需要时没有人照料"的担心程度，与其子女的孝德水平直接相关。在自认为子女"孝顺"的老人中，只有27.7%的比例表示担心；在自认为子女孝顺程度"一般"的老人中，有48.6%的比例表示担心；在自认为子女"不孝顺"的老人中，有高达62.1%的比例表示担心。① 可见，强化子女照护意识及提高其照护水平，离不开对子女孝德水平的提高，尤其离不开对孝德教育传统中"养体之孝"的继承与强化，这就赋予了孝德教育传统重要的现实意义。

三　转化和提升"送终"观念以改善老年人临终关怀困境

何谓"临终关怀"？作为一个舶来品，中国人对这个概念普遍比较陌生。从医学上来讲，临终关怀是针对临终病人死亡过程的痛苦和由此产生的诸多问题，为病人提供舒适的医护环境、温暖的人际关系和坚强的精神支持，帮助病人完成人生的最后旅途，并给予家属安慰和关怀的一种综合性卫生医疗服务。② 那么，何时为"临终"呢？对此，医学领域有多种说法，尚未统一，临终关怀的对象范围亦难以确定。为方便研究，本书将"医学上已经确诊为身患绝症，或者在主观上深感死亡威胁和死亡恐惧的

① 陈功：《社会变迁中的养老和孝观念研究》，中国社会出版社2009年版，第333页。
② Shaw S., Meek F., Bucknall R., "A Framework for Providing Evidence—Based Palliative Care", *Nurs Stand*, 2007 Jun. 13—19；21 (40)，pp. 35—38.

老年人"均作为需要关怀的对象。[①]

与医学意义上的"临终关怀"不同，本书所说的"临终关怀"不仅局限于卫生医疗服务，而是以提升临终者生命质量为目标、帮助临终者在临终阶段活得有价值、有意义、有尊严的综合服务。通过这样的综合服务，对临终老人给予心理和生理上的关心照顾，使其减轻痛苦，平静地度过人生的最后时间。

当前，我国老人的临终关怀困境主要体现在以下方面：

一是相关专业机构建设刚刚起步，亟待发展。目前，我国有 120 多家临终关怀机构，几千名从事临终关怀事业的工作人员[②]。但是每年需要临终关怀的人却多达几十万，供需极不平衡[③]。

二是国人在观念上对"临终"一词很抗拒，对临终者往往隐瞒病情、讳谈死亡，导致很多临终者只是被动地接受关怀，所接受的关怀往往并非出自临终者的真实意愿和需要。在欺瞒中度过余生，显然不能算是有意义、有尊严的方式。同时，依据传统的孝德观念，父母临终时子女必须守在身边并朝夕侍奉，否则即为不孝，这使不少子女在将父母送进临终关怀医院时心存顾虑，导致一些临终者缺乏专业医护团队的照护，忍受了诸多不必要的痛苦。

三是子代所提供的关怀及支持，与临终者对子代的期望之间存在落差。事实上，在"临终"这一特殊的养老阶段，来自于子女的支持是最为重要的。这在中国文化中是显而易见的。即使在临终关怀事业比较发达的美国，仍然有 77% 的病人死于自己的家中。[④] 但是，与子女支持的重要性相比，子女真正付出的，尚不能满足期待。至少就目前来看，子女作为临终者获得支持的重要资源，没有充分发挥其应有作用。

在传统中国社会，对临终老人的关怀是一个简单的不需要讨论的问题。千年的孝文化渗透进中国人的血液，成为一种习惯，一种理念，为养老、送终规定了严格的实践模式。对古人来说，来自子女的临终关怀是无

---

① 孙薇薇：《孝与折衷主义：中国城市养老的实证研究》，经济科学出版社 2013 年版，第 51 页。

② 阎安：《中国临终关怀：现状及其发展探索》，《科学经济社会》2010 年第 3 期。

③ 文静：《西城试点社区临终关怀生命中心》，《京华时报》2010 年 10 月 27 日。

④ 武志宏：《美国临终关怀之中国启示》，《中国卫生产业》2006 年第 8 期。

可替代的。所谓"病则致其忧"，侍病、医病作为"养体之孝"的重要内容，是子女尽孝养老的基本要求（无论是否临终）。在老人临终之际，子女更是不惜弃官卸职，千里迢迢赶赴临终者身边，付出并与老人共同体验最后的亲情。临终者等到外地子女赶回来方瞑目而逝，成为中国人临终关怀的独特内容。

尤为值得关注的是，传统孝德教育中极为重视"送终"观念。如前所述，传统孝德教育中所说的"送终"有时虽指长辈亲属临终时在身旁照料，但更多时候是指为长辈亲属办理丧事。孟子甚至认为，"养生者不足以当大事，惟送死可以当大事"①。古人所谓的"养儿防老"，不仅是希望生前能有人支持照顾，更是期盼死后能有人安葬、祭祀，进而能够"永享宗庙"。

以现代视角观之，传统孝德教育中的"送终"内容，发挥着很重要的临终关怀作用。老人临终前所有子孙的随侍在侧，既为老人提供了身体上无微不至的照顾，使其减轻生理痛苦，更大大减轻老人独自离去的孤独寂寞之感，使其减轻心理痛苦；"为之宗庙，以鬼享之"②，会让临终老年人感到，自己死后，灵魂仍然在家中或者宗祠中留有一席之地，而不是一直居于冰冷的地下，由此可以大大减少对于死亡的恐惧；"春秋祭祀，以时思之"③，会让临终老年人感到由衷温暖并肯定自己的现世价值，因为知道自己死后不会被人遗忘；"生则敬养，死则敬享"④，会让临终老年人觉得自己除了换个地方居住以外，其他的一切都没有改变——依然不会离家太远，依然可以随时看到子孙，依然可以享受子孙的供奉，由此能够平静地度过人生的最后时间。

时至今日，孝德传统中的"送终"观念在广大民众心中仍然根深蒂固，如能充分利用，对于改善老年人临终关怀困境大有助益。当然，前提是必须将传统的送终观念进行转化和提升，使其更加适应当代社会的需要。这种转化和提升，至少应包括四个方面：

第一，由送"身后之终"转化为送"生前之终"。

①　金良年：《孟子译注》，上海古籍出版社2004年版，第86页。

②　汪受宽：《孝经译注》，上海古籍出版社2004年版，第86页。

③　同上书，第86页。

④　陈戌国点校：《四书五经》，岳麓书社2014年版，第603页。

传统社会中的送终多指为死者办理丧事，而"生前之终"则淹没在诸多养老孝行当中，并未独立出来。而现代人则越来越重视生前之善终，所谓的临终关怀是以提升生命质量、获得死亡尊严为主旨的。因此，今之"送终"应更多地强调老人生前的陪伴与照料，在伦理上要以"善终"为价值，以"善终"行孝道，以符合临终者意愿的方式对其予以关怀。就孝行实践来说，重点在于如何帮助临终老人减轻心理忧伤和肉体痛苦，让其带着温暖、满足和微笑走向生命终点；反对对老人临终前置之不理，却在老人死亡后大操大办予以厚葬。就孝行评价标准来说，应引导人们改变以丧葬规格作为孝行衡量标准的传统做法。

第二，由"随侍在侧、朝夕侍奉"转化为"陪伴、探望、问候"。

在传统孝德教育中，主张父母生病或者临终时，子女必须随侍在侧、朝夕侍奉，否则即为不孝。然而，由于当代激烈的社会竞争和较大的工作压力，这样的要求已然难以实现。相反，如果子女因为照顾父母而失去发展机会甚至失去工作，反而会让老人心疼甚至感到负疚，显然有违临终者心愿。相关研究显示，不赞成子女牺牲自己的利益（如时间、精力、事业发展机会等）来孝顺父母的人数比例超过80%，其中，老年人不赞成的比例最高（为84%）。[1] 可见，当子女发展和养老需要发生冲突时，老年人更倾向于支持子女发展。

同时，根据相关调查，几乎所有受访老人都不要求儿女承担日常养老责任，但都不约而同地希望儿女能经常探望，或者打电话问候。[2] 可见，当代老人对子女的孝行期待已悄然发生变化。父母的包容理解和子女的身不由己，使得"随侍在侧、朝夕侍奉"的孝行要求和观念已经逐渐弱化，不再适用于当代社会。对于当代临终老人来说，更加重要的是子代能否用一颗温暖的心来慰藉他们，让他们感受到真诚，感受到价值，感受到安全。

第三，由子女"亲力亲为、一力承担"转化为由子女担任老人支持资源的整合者。

---

① 陈功：《社会变迁中的养老和孝观念研究》，中国社会出版社2009年版，第186—187页。

② 孙薇薇：《孝与折衷主义：中国城市养老的实证研究》，经济科学出版社2013年版，第88页。

在传统孝德教育中，临终老人的经济支持、日常生活照料、医疗照护和精神慰藉都由子女亲力亲为、一力承担。然而，随着家庭子女数的减少、子女们时间和精力的有限，这一孝行要求在当代难以实现。同时，随着社会服务事业和医疗事业的发展，临终老人的社会支持资源更加丰富（如老人退休前所在单位、老人拥有的各种保险以及专业医护团队等）。尤其是护工队伍的产生和日益壮大，使临终老人的日常照护在没有子女的情况下也可以完成。这就为子女免于承担日常照护责任提供了现实可能，使子女的亲自照护变得并非不可或缺。

老人其他养老支持资源的丰富化和专业化，除了部分甚至全部转移成年子女的经济责任、部分转移成年子女的照护和陪伴责任之外，同时赋予成年子女新的职责——管理、整合并优化这些资源，让这些支持资源能够发挥作用，并发挥最大效用。例如有些临终老人享有医疗保险，但在实际进行医疗报销的时候，往往是由子女出面办理。特别是对于那些失去正常社会交往能力的临终老人而言，子女能否自觉履行这些职责，可以说至关重要。再如有些临终老人需要由护工进行照护，也许雇用护工的费用不需要成年子女承担，但护工的选雇、监督和管理等相关事宜往往需要子女承担。因此，当代的送终观念尽可以不必强求子女的亲力亲为，但却必须引导子女担任好"资源整合者"这个新角色。

第四，由"讳言死亡、否定死亡"转化为"正视死亡、接受死亡"。

受到传统观念影响，中国人认为死亡是不幸和恐惧的象征，因此对死亡始终采取否定、蒙蔽的态度，甚至不可在言语中有所提及。这种观念无端增加了人们对死亡的恐惧，既让临终老人在面临死亡时内心更加不安和痛苦，也让即将失去亲人的人们内心更加忧伤和悲痛。要想减轻这种痛苦，必须正视死亡，将死亡作为一种自然现象而坦然面对。这种观念上的转变当然不是短时间内能完成的。因此，当代的送终观念中必须融入新的生死观，在教育引导的过程中，既有助于成年子女帮助临终老人正视死亡，也有助于成年子女自身树立新的生死观，在自己将来临终的那一天能够获得灵魂上的安宁平和。

发掘、转化并提升中国孝德教育传统中的送终观念，对于改善老年人临终关怀困境至少具有以下积极意义：

一是有助于增强临终老人幸福感。当面对生命即将消逝的恐惧时，老人对亲人支持的需要程度达到了极点。多项研究表明，亲人的支持和安抚可以使人获得安全、放心、稳定、美满的情感享受，有助于老人安静幸福地走完人生最后一段宝贵时光，对老年临终者极其重要。① 另一方面，有关研究表明，尽管成年子女并非老年人最重要的情感性支持来源，但那些能够从成年子女那里获得情感性被支持感的老人，却有更好的精神健康；相对于工具性支持（包括经济支持、家务支持等），成年子女的情感性支持对老人精神健康更为有益，但现实情况中成年子女却没有担当最重要的情感性支持者。② 因此，在支持现状与老人需要之间，成年子女所提供的情感性支持还存在差距。在当代孝德教育中转化和提升子女的送终观念，有助于增强成年子女的情感性支持，进而有助于增强临终老人幸福感。

二是为"临终关怀"提供伦理支撑。在当代中国，临终关怀问题并没有受到应有重视。究其根源，缺乏相应的伦理环境是重要原因之一。因为临终关怀本质上需要伦理支撑，如果没有足够坚实的伦理支撑，那么临终关怀便难以实施和发展。转化和提升送终观念至少可以从两个方面为临终关怀提供伦理支撑：一方面，发展能够适应临终老人全新社会支持网络的孝德伦理。当前，临终老人所依赖的支持网络开始有新的元素介入（如养老保险、医护团队等），因而，未来临终关怀的发展可能会出现新的趋势。为此，孝德伦理的发展亦应主动适应这种趋势，不应也不可能一直拘泥于传统，而应适应这种发展而融入新的孝德观念和孝行要求。随着老人所获得的支持资源的变迁，子女作为老人最重要的支持资源之一，在临终老人所处的极端状态中扮演着怎样的角色？在这种情况下，成年子女怎样做是孝？怎样是不孝？这些都需要新的孝德伦理予以规定和解释。另一方面，建立并发展新的生死观。发展生死观教育，促进生死观念的转化和提升已经获得广泛共识。但是，如何促进生死观教育？通过什么样的途

---

① 博达：《老年临终期的基本需求结构及其低限特征》，《江西社会科学》2000 年第 9 期，第 122 页；苏方士：《实施临终关怀 21 例的体会》，《华夏医学》1997 年第 5 期，第 640—641 页；骆佩金：《住院精神病人的临终关怀和护理》，《中国民政医学杂志》1999 年第 3 期，第 177—178 页；郑志学、王赞舜等：《138 名长寿老人临终关怀调查》，《中国老年学杂志》1995 年第 4 期，第 198—199 页。

② 孙薇薇：《孝与折衷主义：中国城市养老的实证研究》，经济科学出版社 2013 年版，第 48 页。

径对大众进行生死观教育？这是需要进一步思考的问题。就当前国人的观念而言，如果教育途径或者方式不当，很容易让人产生抵触情绪，进而难以接受。如果能以送终观念为载体，在孝德教育过程中融入生死观教育，则能够在思考如何为临终老人尽孝的语境下，比较自然地融入生死观教育。并且，进行孝德教育所使用的载体、方法都可以直接用于进行生死观教育，更容易产生教育实效。

四　强化孝亲责任以改善老年人经济支持困境

随着我国人民生活水平的提高，老年人已经基本摆脱生存困境。但必须承认的是，仍有相当数量的老人经济拮据，在经济支持方面境况堪忧。这一现象在广大农村地区表现得尤为明显。由于长期以来的二元经济体制，我国农村人口在生活水平和物质文化条件上与城市人口差距甚大。多项研究结果表明，我国农村多数老年人处于经济困难或较为紧张状态。[1]在农村人口相对贫困的背景下，大部分农村老年人没有固定养老收入，只能依靠传统的家庭保障。

尽管经济收入的高低不是晚年幸福的充分条件，但却是必要条件。尤其是在农村，如果不能改变老年人经济拮据的状况，便谈不上改善老年人的养老质量。就当前来说，要改善农村老年人的经济支持困境，需要从子女支持、老人自我支持（包括配偶支持）、社会养老保障三个方面着手。而通过发扬中国孝德教育传统来加强孝亲责任，对于这三个方面均可有所助益。

首先，加强孝亲责任，有助于增强来自子女的经济支持。

根据第六次人口普查数据，我国农村 60 岁及以上老年人口的主要生活来源，排在第一位的是家庭"反馈式"供养，占 47.74%；第二位为自己的劳动收入，占 41.18%。[2]尤其对于农村高龄老年人来说，一旦不能

① 李国珍：《新农保体制下农村老年人养老研究》，世界图书出版广东有限公司 2013 年版，第 26 页；聂焱：《我国农村地区老年妇女的家庭养老困境及成因探析》，《云南财经大学学报》2012 年第 8 期；郭平、陈刚：《2006 年中国城乡老年人口状况追踪调查数据分析》，中国社会出版社 2010 年版，第 71 页。

② 王德文、谢良地：《社区老年人口养老照护现状与发展对策》，厦门大学出版社 2013 年版，第 130 页。

自食其力，便主要依靠家庭成员（尤其是成年子女）来供养。很显然，在这种情况下，子女孝亲责任的强弱，直接决定着子女能否为老人提供经济支持以及支持多少。实证研究亦显示，老年人的经济状况与子女孝德水平具有明显的相关性——老年人经济状况越好，评价子女孝顺的比例越高。① 从这一结果至少可以得出两种结论：一是老年人经济状况越好，越有利于子女践行孝德；二是子女孝德水平越高，则老年人经济状况越好。这两种结论都具有一定合理性，不过结合老年人经济来源（尤其是农村老人经济来源），第二种结论成立的可能性更大一些。

现实中，子女对老人的经济支持情况可分为四种：第一种，子女愿意且有能力提供经济支持；第二种，子女有能力却不愿意提供经济支持；第三种，子女有能力提供经济支持，但其支持往往自觉或不自觉地存在条件性；第四种，子女愿意但没有能力提供经济支持。对于第一种情况，孝德教育无须太过用力，只须引导子女保持经济支持的孝行即可；对于第四种情况，孝德教育则无能为力，应当依靠其他途径（如政府救济、养老保障等）为老人提供经济支持——如果非要从孝德伦理上强制生活本不富裕的子女为父母提供经济支持，必然造成对这些子女的不公平。因此，孝德教育能够发挥作用的主要是第二种情况和第三种情况，即通过加强孝亲责任，促使子女产生经济支持意愿，为老人提供经济支持。

尤其值得关注的是第三种情况。有学者以两个自然村为对象进行调查，结果显示：所有的老年调查对象在接受子女赡养的同时，事实上都在为子女进行着人力方面的支持（内容包括看家、做家务、带小孩、耕种土地等）。尽管不少老人是自愿为儿女分担生活压力，并能从中获得价值认同和天伦之乐，但不排除相当一部分老年人是在超负荷劳动——在同样的调查对象中，感觉生活很累的占1.7%，比较累的占21.2%，一般的有50%，一般及以上的累计72.9%，只有27.2%的人认为不太累或很不累②。访谈中，老人们普遍反映：给子女们带孩子，虽然减轻了自己的孤独寂寞感，但更多的是一种责任——担心把孩子带坏了，对不起自己的儿

---

① 陈功：《社会变迁中的养老和孝观念研究》，中国社会出版社2009年版，第316—317页。

② 李国珍：《新农保体制下农村老年人养老研究》，世界图书出版广东有限公司2013年版，第89—92页。

子媳妇。

这种情况存在的潜在社会心理是：老人必须让子女在养老过程中得到一些回报，否则子女便觉得自己得不偿失。这种回报可能是老人曾经或当前拥有的经济社会资源（如提供工作机会、房屋、土地、积蓄等），也可能是为子女提供带孩子、做家务等人力资源。而一旦老人毫无经济社会资源且又年老体弱丧失人力资源之后，在自己子女眼中便没有了任何价值，他们的子女便不再愿意承担赡养责任。在这种社会心理影响下，得不到"好处"的子女不尽孝似乎理所当然，而得不到"好处"却仍然尽孝便显得"很傻"。这种社会心理一旦广泛扩散，成为一种社会风气或者说乡村习俗，后果将不堪设想。因此，当代孝德教育应当高度重视这种现象，有意识地消弭教育对象的这种功利心理，尽可能避免老人在年老体弱、一无所有而最需要支持的那天，失去来自子女的经济支持。

其次，加强孝亲责任，有助于增强老人的自我经济支持。

根据 2010 年我国城乡老年人口状况追踪调查报告，我国农村有44.3% 的老年人仍在干农活，务工、做生意的占 8.6%。[①] 事实上，不少农村老年人（尤其是低龄老人）尽管生活负担重，但完全可以通过自己及配偶的劳动收入自给自足，甚至有所积蓄。但是，以下几种情况却阻碍了老人自我经济支持的实现：一是成年子女（尤其是儿子）日益膨胀的结婚费用全部要由老人承担。买房、买高档日用品、操办婚礼及男方为女方准备"礼金"……所有这些费用动辄几十万元，不仅让老人花光辛苦半辈子的所有积蓄，甚至还要欠下巨额债务。有多个儿子的老人，需要为每个儿子都准备这一切，简直不堪重负。二是成年子女挤占甚至剥夺老人的土地、房屋等资产。由于农户拥有土地数量有限，成年子女另立门户后往往需要从父母那里分走部分甚至全部土地，使老人无法通过耕种获得收入。三是一些子女成家之后仍在老人家里吃住，却不交或者很少交伙食费。四是子女要求老人为他们抚养后代，在占用老人劳力的同时，亦增加

---

① 2010 年我国城乡老年人口状况追踪调查情况（http://wenku.baidu.com/link? url = q885N6ZCarUBz7_ unrAvJxBXN8S － AMLIUm5P5wIFUN13lNPOTHJF6w_ 8SvuCkFUkRTQO-KDOarQS-nZUAv_ PTHaGBNuBoK5I1y_ IpCtXBLCcK）。

了老人的经济负担。

父母的付出在中国的文化习惯中似乎是天经地义的，子代和亲代都觉得这是再正常不过的事。但是这种过早的财产代际转移，却使老年人在经济资源方面失去了主动权，从而处于非常不利的地位，有时甚至连基本的生活需要都难以得到保障。在这种情况下，加强子女的孝亲责任，引导子女自觉减少对父母（尤其是年老父母）的经济依赖甚至是变相剥夺，显然有利于增强老人的自我经济支持。

再次，加强孝亲责任，有助于增强来自社会保障的经济支持。

调查显示，2010 年我国社会养老保障的覆盖率，城镇达到 84.7%，月均退休金 1527 元；农村只有 34.6%，月均养老金 74 元。① 可见，农村老年人的社会养老保障严重不足。2009 年 9 月，全国开展了新型农村社会养老保险试点工作，弥补了老农保的部分缺陷，但是仍然存在着农民参保意识不高等问题。大多数农民只缴纳政策规定的最低费用，这就导致他们获得政府基础养老金的数额很低。

究其原因，农民参保缴费额度之所以不高，除了经济条件差、参保意识低等原因之外，来自子女的压力也是重要方面。一些子女认为，老人将来既然靠自己来养，那么与其把钱用于参保，不如把钱先给自己。而一旦老人将钱用于参保，子女便会认为老人宁可相信"别人"，也不相信自己，因而对老人心生芥蒂。基于这种压力，一些老人即使有意参保，也不敢参保或者只是缴纳较低额度。相关实证研究也证明了这一点——据调查，城乡有社会养老保险金的老年人评价子女孝顺的比重均高于无社会养老保险金的老年人。这一现象在农村更为明显，农村有社会养老保险金的老年人能够比没有的老年人在评价子女孝顺的比例上高出 9 个百分点。同时，城乡享受医疗保障的老年人评价子女孝顺的比重也都高于未享受医疗保障的老年人。②

在这种情况下，只有加强子女的孝亲责任，引导他们支持老人自己的选择，才能使老人在参保时免于面对过多来自子女的压力，增加缴费额

① 全国老龄委发布的《2010 年中国城乡老年人口状况追踪调查主要数据报告》。
② 陈功：《社会变迁中的养老和孝观念研究》，中国社会出版社 2009 年版，第 322—324 页。

度，获得更多来自社会保障的经济支持。

  综上所述，在当代中国，继承和发扬中国孝德教育传统仍然具有重要的现实意义。运动员周洋在冬奥会夺冠后发表了"让爸妈生活得更好"的获奖感言，一时引起广泛评论。根据调查，对于周洋的获奖感言，89%的人表示认同，73.4%的人表示周洋"对父母的孝顺和责任感，值得学习"。与此同时，对于"时下青年奋斗的最大动力是什么"这一问题，79.3%的人首选"让父母生活得更好"。[1] 可见，孝德在当代青年心中仍有较高的认同度，抓住这一优势，充分发挥中国孝德教育传统的潜在优势，尚为时未晚。

---

[1] 王聪聪：《民调显示79.3%的普通青年怀有"周洋式动力"》，《中国青年报》2010年3月4日。

第三章　养老视阈下中国孝德教育
传统的现状和困境

　　相关研究表明，养老模式的形成不是随心所欲的，而是由生产力发展水平、社会条件和家庭结构所决定的。因此，对我国当代养老模式的设计，不能离开我国特定的文化背景和历史传统。几千年来，孝德伦理早已在中国人的思想观念中根深蒂固，它作为内在机理深刻影响着现实的养老模式。同时，中国的孝德教育传统曾经为解决古代养老敬老尊老问题发挥了巨大作用，对于解决当代养老问题亦存在不可忽视的现实价值。

　　然而，不得不承认的是，当代中国很多问题都带有传统与现代相冲突的色彩。在各种外在因素作用下，千年不变的古老中国发生了翻天覆地的变化。"当代中国社会面临着'古今中外'之间多重复合性的矛盾：'古今'意指传统文化与现代化之间的矛盾，'中外'则指中国文化与西方文化之间的碰撞。"① 在这种复杂背景下，中国的孝德教育传统的现状如何？换言之，中国孝德教育传统在当代到底多大程度上得以保留？与古代相比较，孝德教育发生了哪些实质性的变化？同时，面临着各种各样价值观念的挑战，孝德观念是否还具有"竞争力"？在当代社会条件下，孝德教育传统的发扬存在哪些困境？应当如何克服这些困境？

　　上述问题都是继承和创新孝德教育传统过程中，所不得不面对的现实问题。唯有充分了解这些问题，才能准确回答孝德教育传统是否变化以及在哪些方面发生变化，才能从整体上把握中国孝德教育传统的现状和面临的困境，并进一步思考如何在实践中发扬孝德教育传统，充分发挥孝德教

---

　　① 张志伟：《"断裂"与"兼容"：儒学复兴面临的困境》，《中国人民大学学报》2007年第1期。

育传统的养老价值。

第一节　中国孝德教育传统的现状

五四时期的批判与解构，文化大革命时期的清除与禁止，使孝德教育传统受到猛烈的冲击。"文化大革命"十年，孝德教育在学校教育中几乎空白。人们谈孝色变，孝德作为"四旧"的重要内容被扫进垃圾桶。所幸由于传统本身所具有的惯性及现实中养老的需求，传统孝德中"尊敬、赡养父母"的核心内容得以在家庭中（尤其是乡土社会中）得以保留并暗自延续。在这样的社会背景下，中国孝德教育传统既存在"相对断裂"，又有"自发传承"，需分层面加以考察。以下详述之。

一　孝德教育传统的"相对断裂"

如图 3—1 所示，孝德教育传统（如图中②所示）从传统孝德教育（如图中①所示）中生发并不断延续，发展至当代后融入时代内容而生成更新为当代孝德教育。图中②与①相比，少了传统孝德教育中所包含的、与传统社会相伴相生的专制性的愚昧性的内容，这部分内容是本应摒弃的，是孝德教育传统在更新发展过程中的自然蜕变。

理想中的当代孝德教育本应如图中⑤所示，在图中②所示的孝德教育传统正常传承的基础上，融入时代内容并予以适当转化。然而，中国的现代化建立在西化的基础上，"在很大程度上依靠借鉴外来模式并迅速扩张或更换现存结构。自己社会结构中的一些主要因素被那些与现代化相联系的巨大感召力和压力悄悄地破坏了"①。因而，中国的孝德教育传统与其他中国社会中原有的主要因素一样，遭到了极大的破坏。传统孝德教育中的合理成分——本应自然传承，并且能够为今所用的内容出现了"相对断裂"（如图中③所示）。于是孝德教育传统没有实现如图②所示的正常传承，而是被严重压缩，形成现实中的传承状况（如图中④所示）。

概言之，孝德教育传统在当代产生了一定的"断裂"，但这种"断

---

① 张志伟：《"断裂"与"兼容"：儒学复兴面临的困境》，《中国人民大学学报》2007 年第 1 期。

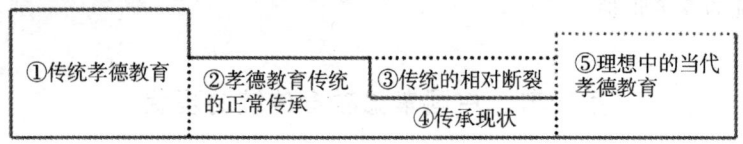

图3—1 孝德教育传统的相对断裂示意图

裂"并非全面断裂，而是相对而言的。这就出现一个问题——在孝德教育传统中，有哪些内容产生了"断裂"，又有哪些内容得以延续呢？回答这一问题离不开对儒学变革的整体认识。

儒学或儒家传统分为三个层面或形态：政治儒学（制度化儒学）、思想儒学（成文的儒学——文献典籍及其理论阐释）与大众儒学（不成文的儒学——沉积于风俗习惯中的儒学价值观）。在传统向现代的转化过程中，制度的变革使原本与传统政治制度兼容的儒学失去了制度上的保证；知识分子的集体转型，使作为思想传统的儒学失去了传人；积淀于风俗习惯之中的儒学价值观念与前两者相比具有更多的持续性，然而这方面的问题也最多。因为风俗习惯有其两面性：一方面十分顽固，转变起来比较困难；但另一方面却又是非理性的、无原则的和易变的。这就导致化为风俗习惯的儒学不一定是儒学思想中的精华。①

孝德教育传统的变革，与儒学传统的变革极为相似，亦可以分为三个层面来进行考察。即：孝德教育制度（制度化的孝德教育）、孝德教育思想理论（成文的孝德教育思想理论——包括相关文献典籍及其理论阐释）与大众的孝德教育观（不成文的孝德教育观念——渗透于风俗习惯、家族传统中的孝德教育观念）。孝德教育传统在上述三个方面，均产生了不同程度的"相对断裂"。

（一）孝德教育制度的断裂

在传统社会中，由于"忠""孝"同构而可"移孝作忠"，孝德伦理于是成为封建专制统治的重要道德力量，直接为其专制统治服务。因而，历朝历代统治者都极为重视孝德教育，在学校教育、家庭教育以及社会教化等方面都建立了足以保障和强化孝德教育的各项制度。

---

① 张志伟：《"断裂"与"兼容"：儒学复兴面临的困境》，《中国人民大学学报》2007年第1期。

1. 学校孝德教育制度的断裂

在古代，学校孝德教育由于"以孝入仕"、科举制度而得到有力的保障。"以孝入仕"的措施主要是将孝德孝行与做官直接联系起来。具备了孝德，便有可能出仕为官，进而飞黄腾达。汉代的"举孝廉"是完全意义上的以孝荐才的察举制，将孝德作为主要标准，合乎标准者就可能被举为"孝廉"，由朝廷任命为官。科举制建立以后，孝德又成为科举取士的重要标准和科举考试的必考内容。

通过"以孝入仕"的种种措施，能够在社会上形成"在家为孝子，出仕做廉吏"的舆论和风尚，从而使孝德成为知识分子必须具备的基本德行，进而使孝德教育在学校教育中备受重视。孝德的内容不仅在各级学校教育中属于必考内容，而且往往居于基础和首要地位。如宋代朱熹便认为，具备孝德是人成为人的一个重要条件，不具备这种条件，古就不成为人。因此，他坚持把孝德教育放在学校教育的首位。他说："古先圣王为是之故，立学校以教其民。而其为数，必始于洒扫应对进退之间，礼、乐、射、御、书、数之际，使之敬恭朝夕，修其孝弟忠信而无违也，然后从而教之格物致知以尽其道，使知所以自身及家，自家及国而达之天下者，盖无二理。"① 又说："致知，便是要知父止于慈，子止于孝之类。"② 明代的儒者王阳明亦把"教以人伦"定为儿童教育的基本目标。他指出，"今教童子，惟当以孝、弟、忠、信、礼、义、廉、耻为专务。"③

而在当代，中小学教育长期仅以考试成绩和升学率论成败，大学教育则主要以就业率和考研率论英雄，其结果均导致重智力教育而轻道德教育的现象，孝德教育自然随之未被充分重视。近些年来，少数政策文件中涉及了与孝相关的内容，如《中共中央国务院关于加强老龄工作的决定》中提道："中小学校要把敬老、养老、助老作为德育的重要内容纳入教育计划。要综合运用行政、法律和宣传、教育等手段，在全社会树立尊重、关心、帮助老年人的社会风尚。"④ 但是，由中央机关颁发的文件，虽然

①　郭齐、尹波点校：《朱熹集》（七），四川教育出版社1996年版，第4047页。

②　（宋）黎靖德编，王星贤点校：《朱子语类》，中华书局1986年版，第279页。

③　（明）王守仁著，谢廷杰辑：《王阳明全集》，中央编译出版社2014年版，第83页。

④　《中共中央国务院关于加强老龄工作的决定（2000年8月19日）》，引自尤元文主编《老龄问题与养老工作资料选编》（第一辑），中国经济出版社2013年版，第13页。

具有较强的宏观指导性，对于学校教育来说，其象征意义却远大于实践意义。

由于没有相关制度保障，亦非考试必考内容，很多学校便不重视孝德教育。根据相关调查，大学生所在学校进行孝德教育的情况：很多7.4%，比较多29.8%，比较少39.0%，很少23.8%；大学生所在学校开展与"孝"有关活动的情况：很多4.1%，比较多30.2%，比较少37.2%，很少28.5%。[①] 即使这30%多的比例，其中也可能含有水分，究竟有多少是直接与孝德相关的，仍然有待进一步查证。在《高等学校学生行为准则》中，仅规定"明礼修身，团结友爱。弘扬传统美德，遵守社会公德"等原则性的内容，没有关于孝的具体规定。从当前大中小学普遍评选的"三好学生"来看，其评选标准是：思想品德好，学习好，身体好。其中"思想品德"的解释中并不包括孝敬父母[②]，并且在实践中通常仅凭学习成绩评选，并不关注思想品德情况。

从中小学生规范要求来看，其内容的变动过程可以明显地反映出学校教育对于孝德的态度变化。

"文化大革命"后的第一个《小学生守则》和《中学生守则》中，仅提到"尊敬师长"，没有关于孝敬父母的规定。

1991年，原国家教委发布的《小学生行为规范》中，增加了"孝敬父母"的内容。具体条文包括：孝敬父母，关心父母身体健康，主动帮助父母做事。听从父母和长辈的正确教导，外出或回到家要打招呼。[③]

2004年版的《中小学生守则》中规定："孝敬父母，尊敬师长，礼貌待人"[④]；2004年修订的《小学生日常行为规范》中规定："尊敬父母，关心父母身体健康，主动为家庭做力所能及的事。听从父母和长辈的教导，外出或回到家要主动打招呼"[⑤]；2004年修订的《中学生日常行为规

---

① 范启标：《高校孝道教育的研究与实践——以海南大学为例》，《教育探索》2012年第11期。

② 《在中学生中评选三好学生的办法》，《人民教育》1982年第6期。

③ 《小学生日常行为规范》，《人民教育》1991年第11期。

④ 《教育部发布新中小学生〈守则〉〈规范〉》，《人民教育》2004年第8期。

⑤ 同上。

范》将"勤劳俭朴，孝敬父母"列为五大规范之一，并做了更有针对性
的规定，如："经常与父母交流生活、学习、思想等情况，尊重父母意见
和教导""外出和到家时，向父母打招呼，未经家长同意，不得在外住宿
或留宿他人""体贴帮助父母长辈，主动承担力所能及的家务劳动，关心
照顾兄弟姐妹""对家长有意见要有礼貌地提出，讲道理，不任性，不耍
脾气，不顶撞"，等等。①

　　教育部 2015 年修订的《中小学生守则》将"孝亲尊师善待人"列为
九条内容中的第五条，具体表述为："孝亲尊师善待人。孝父母敬师长，
爱集体助同学，虚心接受批评，学会合作共处。"②

　　从"文化大革命"结束到现在，孝的内容在"学生守则"和"行为
规范"中经历了从无到有、从原则规定到具体行为规范要求的变化，学
校教育对于孝德教育的重视程度有所增加。但是，上述学生守则和行为规
范并不是所有省市都同时推行，也不是所有省市都采用了同样的内容。如
2005 年版上海市《小学生守则》中仅规定："尊敬师长""家里的事情帮
着做"，并没有"孝敬父母"的内容。③

　　2009 年，北京大学自主招生政策中，提出将不招收生活中不孝敬父
母的学生，成为当代"以孝取才"的风向标。2014 年 4 月，教育部印发
了《完善中华优秀传统文化教育指导纲要》（简称《纲要》）。《纲要》中
明确提出，要"分学段有序推进中华优秀传统文化教育"，对于小学低年
级学生，要引导他们"孝敬父母、尊敬师长、友爱同学、礼貌待人，养
成勤俭节约、吃苦耐劳、言行一致的生活习惯和行为规范，培育热爱家
乡、热爱生活、亲近自然的情感"④。但《纲要》印发时日尚短，究竟能
否得到有效推行、实践效果如何均有待观察。

---

① 《教育部发布新中小学生〈守则〉〈规范〉》，《人民教育》2004 年第 8 期。

② 《教育部关于印发〈中小学生守则（2015 年修订）〉的通知》（教基［2015］5 号），教
育部网站：http://www.moe.gov.cn/srcsite/A06/s3325/201508/t20150827_ 203482.html。

③ 转引自陈功《社会变迁中的养老和孝观念研究》，中国社会出版社 2009 年版，第
370 页。

④ 《教育部关于印发〈完善中华优秀传统文化教育指导纲要〉的通知》（教社科［2014］3
号），教育部网站：http://www.moe.gov.cn./publicfiles/htmlfiles/business/moe/s7061/201404/
166543.html。

2. 家庭孝德教育制度的断裂

古代家庭孝德教育中，其制度性的保障主要体现为家规族法。家规族法既包括书面化的家训、家法、家约、家范、家诫、庭训、家规、族规等形式，也包括家庭和家族中那些约定俗成并世代相袭的某些"规矩"。因其所具有的规范性、可重复性、强制性和激励性等特征，我们认为家规族法是一种非正式制度。

其规范性主要体现在：家规族法以儒家圣贤言论为依据，在养、敬、葬、祭等诸多方面制定了一系列的孝德礼仪和规范。如在《袁氏世范》中，袁采便针对为子者提出其应该履行的规范：父子贵慈孝；父兄不可辨曲直；家长尤当奉承；顺适老人意；孝行贵诚笃；人不可不孝……①只要遵从这些孝德礼仪和规范行事，便是孝，否则便是不孝。

其可重复性主要体现在：家规族法为不同家族甚至不同家族成员都提供了一个可重复使用的行为标准，任何人都可以通过遵守家规族法而成为孝子，同时，任何家族长者都可以通过执行家规族法而进行孝德教育。在日常的家庭孝德教育实践中，各家长、族长往往通过定期对全体家庭成员宣读家规族法来倡导、强化孝德。定期宣读家规族法，能够使家庭成员认识和了解行孝的重要性，并且知道应该怎样行孝。而在某些特定的场合（如祠堂、家庙、祖宗灵前等）宣读家规族法，则能够使家族成员对这些家规族法产生一种由衷的敬畏感和崇敬感，并因此在以后的家族生活、社会生活中自觉地遵循它们，从而更有效地达到孝德教育的目的。

其激励性主要体现在：家规族法以奖励和惩罚作为工具，强化了那些日常生活中符合孝德规范的行为，而那些违背孝德规范的行为则在各个层面受到禁止和惩罚。奖励的方式一般包括当众表扬、赏银、送匾额以及旌表等方式，并使全族皆知。而惩罚则包括训斥、责骂、责打、逐出家族等方式。如宋代赵鼎的《家训笔录》规定："子孙所为不肖，败坏家风，仰主家者集诸位子弟，堂前训饬，俾其改过，甚者影堂前庭训，再犯再庭训。"②

① （宋）袁采：《袁氏世范》，转引自王云五主编《黑心符及其他三种》，商务印书馆1939年版，第1—25页。
② （宋）赵鼎：《家训笔录》，转引自王云五主编《黑心符及其他三种》，商务印书馆1939年版，第2页。

　　自宋代以后，惩罚越来越严厉，甚至达到"令其自尽""送官究办"的程度。如清代《毗陵长沟朱氏祠规》便规定对那些不孝不悌的子弟要严加惩罚："族中子弟以孝悌为先。如不孝不悌，确有实据，或父兄出首，或乡党公举，不孝责四十板，不悌责二十板；再犯复责；三犯为人类所不耻，逐出祠外。"① 清代太平李氏的《李氏家法》中的惩罚更为严厉："如果有不孝情事，无论嫡继，一例治罪"；"如有子媳不孝公婆，初犯则带入祠堂，轻罚重责，使其悔过自新；若重犯，则捆入祠堂杖责；情重者令其自尽，凶狠不服者送官究办"。② 由此，家规族法从单纯的以道德训诫为主要内容，演变为在进行道德训诫的同时，利用各种奖励和惩罚手段对家族成员加以约束和控制，具有明显的激励性。尽管这种"激励"往往以牺牲子孙的尊严和权利为代价，却在客观上使孝行在日常生活中得到更广泛的实践，其对孝德教育的保障作用非常突出。

　　纵观历代家规族法，无不把孝德教育作为重要内容，几乎篇篇都要提及"孝悌忠信，敦宗睦族"。如被称为"家训之祖"的《颜氏家训》开篇即提出要"教人诚孝"，《袁氏世范》明言"人不可不孝"，宋人赵鼎在《家训笔录》中第一项便指出："闺门之内，以孝友为先务。"③ 明代庞尚鹏的《庞氏家训》说："孝友勤俭四字，最为立身第一义。必真知力行。"④ 清代张英在《聪训斋语》说："但当教之孝友，教之谦让……其成败利钝，父母不必过为萦心。"⑤ 在家规族法这种非正式制度的约束和保障之下，古代家庭的家长或者长辈一般能够自觉、主动地对子孙进行孝德教育。

　　回观当代，随着家庭的小型化、松散化，家族式的生活和教育早已不

---

　　① 《毗陵长沟朱氏祠规》，见费成康主编《中国的家法族规》，上海社会科学院出版社 2002 年版，"附录"第 296 页。

　　② 《李氏家法》，转引自魏英敏主编《孝与家庭伦理》，大象出版社 1997 年版，第 77—78 页。

　　③ 郭齐宗、李茂旭主编：《中华传世家训经典》（第 3 卷），人民日报出版社 2009 年版，第 938 页。

　　④ 允生、包伟民、许建平、舒仁辉选编：《中国传统家教宝典》，中国广播电视出版社 1992 年版，第 163 页。

　　⑤ （清）张英、张廷玉著，江小角、陈玉莲点注：《聪训斋语澄怀园语——父子宰相家训》，安徽大学出版社 2013 年版，第 29 页。

复存在，族法亦随之销声匿迹。在绝大部分家庭中，亦不再讲究家规，部分接受过传统教育的耄耋老者口中的"规矩"被年轻人视为古板而嗤之以鼻、不屑一顾。当代家庭中的孝德教育通常以讲道理为主，而不再有硬性的制度规定。这样的教育往往由家长的观念所决定，在不同的家庭受到不同程度的重视。而且，相关研究表明，多数家长更为重视子女的学习成绩，这一点与古人恰恰相反。在古人看来，"人之百行，莫大于孝"，"五伦之大，孝友为先"，培养子孙孝德，是家庭教育的核心与基础。而在当代，家长往往不太关心子女的品德成长，包括孝德培养。一项以青少年为调查对象的研究发现，青少年认为父母对自己的学习成绩最关心的比例占20.55%；认为自己的家长第一最关心学习成绩、第二最关心思想品德的比例占26.59%；认为家长把思想品德教育放在中心位置或列于第一位的比例仅为48.08%。可见，青少年家长中普遍存在着重智育而轻德育的观念。[①]

所谓"家规"，其作用具有两面性。古代那种烦琐、僵化、愚昧的规矩自是不足取，但完全摒弃同样过犹不及。在亲子之间，建立一种轻松的、人性化的"规矩"在当代仍有必要。这种"规矩"可以表现为必要的礼节、礼貌，可以表现为生活细节上对父母的照顾和体贴。若毫无"规矩"，则子女对父母的孝便无着力处，从而失去表现孝行的载体。在现实表现上，有些孩子知孝而不知行孝。若问他爱不爱父母，答案多是肯定的，这种感情无疑也是真挚无伪的。可是当父母病了，大部分孩子不知道端水、送药和安慰；当父母给买了好吃的，大部分孩子只顾自己吃，不礼让父母。这样的孝德教育又怎能养成真正的孝德呢？

3. 社会孝德教育制度的断裂

古代在社会孝德教育方面，形成了为孝立传、训谕、敬老诏等制度，与此同时，惩治不孝行为的法律制度也起到了重要的保障作用。

"为孝立传"，记述和宣扬孝子事迹，借以正风训人，鼓励百姓行孝，这在我国旧时似乎是既成定例，历代皆然。在官修的正史中，自魏晋以降，均辟有专章，或曰《孝友传》，或曰《孝义传》，或曰《孝行传》，或曰《孝感传》，或曰《列女传》，等等，其中记载了大量的孝子孝行事

---

① 吴潜涛等：《当代中国公民道德状况调查》，人民出版社 2010 年版，第 226 页。

迹。各类孝子传记不仅为孝德教育提供了丰富的资料，同时为孝德教育对象树立了具体的孝行榜样，有利于促进孝德的践行。此外，青史留名作为一种巨大的荣耀也对孝德教育对象产生了重要的激励作用。

"敬老诏"主要体现在历代朝廷均会对年老的人赐给一定的财物、给予一些尊荣或法律方面的宽待和照顾。除了赐物之外，统治者还以"赐官爵"的形式表示对老年人的尊重与优待。例如，汉文帝曾诏令赐予三老、孝者每人帛 5 匹，悌者、力田每人帛 2 匹，像这样的物质奖励各朝各代均有很多。敬老诏将敬老养老落实为制度，为实行孝德教育创造了良好的社会环境。

训谕是指通过官方颁布的规诫劝谕文，对臣民或所属地方百姓进行孝德规劝，讲明孝德事理。规诫劝谕文大体分为两类：一类是以皇帝名义颁发的规诫劝谕文，一类是由地方官员发布的规诫劝谕文。明太祖颁布的《圣训六言》、清代康熙帝撰写的《圣谕十六条》以及清雍正帝所撰的《圣谕广训》均属此类。训谕实际上是一种制度化的伦理灌输，其形式包括广泛刊刻颁发《圣谕广训》等规诫劝谕文，定期向士庶宣读和解说其条文，等等。通过训谕，由执政者全面系统地宣扬孝德。

惩罚不孝的法律和制度，是从反面促进百姓行孝的另一种示范匡正措施，用以赏功诛罪、以化天下。在中国古代，孝德观念深深地渗透到了法律条文及法律实践过程当中。在古代法律的刑事方面、民事方面、婚姻家庭方面以及行政法方面，均有体现孝德的法律规定。原本作为家庭伦理的孝德不仅为法律所推崇，而且上升为整个国家法律的原则。在刑事方面，不孝被列为大罪，触犯者要受到很严厉的惩罚，甚至被判为死刑。在民事方面，古代法律着力维护父母及家族宗长的独尊地位，家长在财产权、子女人身权方面掌握着绝对的占有权和支配权。在婚姻家庭方面，奉行"父母之命，媒妁之言"的准则，父母包办了子女的婚姻大权，既包办子女的结婚，还包办子女的离婚。在古代社会的法律实践中，当法律与孝道发生冲突，一般的处理原则是孝道至上，即不惜违反法律也要维护孝道的首要地位。古代法律实践中的容隐原则、子弟代刑、存留养亲、血亲复仇等，均体现了孝道至上的原则。古代社会的孝法，详细规定了父家长在家族之内的管理和司法权力，强制子女执行孝敬父母的道德义务，由此强化了父子长幼的等级秩序，体现出古代社会对孝德的推崇和贯彻。

而在当代社会，与孝德相关的社会制度却少之又少。除了与敬老相关的《老年人权益保障法》之外，言及孝德的法律和制度几乎空白。尤其是对虐待老人的问题，我国现行的法律及相关制度规定得过于笼统，往往只是原则上的表述，而缺乏具体的量刑规定和量刑尺度，这就让一些虐待老人的人逍遥法外。老龄组织虽有实行强硬手段的职能，却在实施过程中，受到诸多环节的制约，无法很快到位，甚至根本不能发挥作用。很大程度上来说，尊老敬老养老还只是"软"任务，执行的人不一定会受到表彰或者激励，不执行的人也不会有什么损失，往往也不会受到惩罚。长此以往，受教育者不免产生疑惑：既然孝德是必须践行的，为什么不践行孝德的人却那么逍遥，践行孝德的人却处于困境？显然会对孝德教育产生不利影响。

现实中曾有这样的一个事例：老两口育有一子，儿子在外地成家后，以嫌弃二老不中用为由，不给二老生活费，老两口只能靠种地艰难维持生活。后来，当地乡政府为了提高农村留守老人的养老水平，颁布了一项新政策：凡是在外打工的青年如果能够回乡工作，照料自己的父母，青年所在的家庭每个月就能够得到一定数量的资金奖励和物质奖励。在这一政策影响下，老两口的儿子回到了家乡，不再嫌弃父母，不但给老人生活费，还悉心地照顾老两口。村里其他在外打工的青年也陆陆续续地返乡工作，使父母得到了更好的照顾。① 可见，增强孝德的约束力不能只靠教育或者简单的说教来进行，还要有良好的社会环境，要通过其他方面来积极引导。要让子女认识到，行孝的同时其自身利益能够得到保障，因而增强孝德伦理的约束力。总之，社会教育的作用更多地表现在，它可以对生活在社会中的人提供某种氛围和指向。特别是对于道德而言，如果缺少了制度方面的保障，社会孝德教育很难真正发挥作用。

（二）孝德教育思想理论的断裂

如前所述，孝德教育思想理论在先秦时期已经比较完备，自汉代开始

---

① 李国珍：《新农保体制下农村老年人养老研究》，世界图书出版广东有限公司2013年版，第151页。

得到全面实践。其中,《孝经》作为孝德教育的经典读本,历经诸朝诸代,不仅受到一般社会成员的高度重视,而且得到历代朝廷的无比青睐。历朝统治者都鼓励学者注释《孝经》,以阐发其中的孝德学说。因而,历代学者注释《孝经》的著述和版本之多,不可胜数。许多帝王甚至亲注《孝经》,如晋元帝作《孝经传》、晋孝武帝作《孝经讲义》、梁武帝作《孝经义疏》、梁孝明帝作《孝经义记》、唐玄宗作《孝经注》、清顺治作《孝经注》、清雍正作《孝经集注》,等等。这些帝王们亲自撰注并用来作为对臣民进行孝德教化的教材,其中充满了如何做忠臣孝子的道德观念。除了亲自作注,历朝统治者们还下令在各级学校开设《孝经》课程,把《孝经》作为科举取士的必读书目。诸多帝王还下达行政命令,要求"天下家藏《孝经》",镌石立碑令天下官民习行。

除了《孝经》之外,儒家传统经典著作(如四书五经等)亦作为学校教育的必修内容而备受重视。即使是接受初级教育者,亦对《弟子规》《三字经》《幼学琼林》等相对熟悉。

而在当代,文献典籍只是掌握在少数知识分子手里,大多数知识分子则被西化,很少接触文献典籍。与孝相关的经典文献典籍学习的缺失,在中小学教育中表现得尤为明显。从当前中小学学校教育的教材来看,与孝德相关的内容并不多见。在中小学的各门课教学中,语文和思想品德是最有可能融入孝德内容的课程。而无论是语文教材,还是思想品德教材,孝德相关内容都不多,涉及孝德的文言文经典篇目则更少。

有学者通过对中学语文教材中的人伦篇目进行梳理,得出这样的结论:与"社会生活""革命年代""人生理想"等内容相比,人伦教育处于相对薄弱状态,人伦篇目在总篇目中只占少数。以 2003 年苏教社、人教社出版的两套初中《语文》(它们均以主题来组织单元)为例,十二册课本中只有四个单元以人伦为主题(分别是苏教版七年级下册第二单元"童年趣事"、八年级上册第三单元"至爱亲情";人教版七年级上册第二单元"爱"、八年级上册第二单元"爱"),而且没有形成独立体系,即人伦篇目分散于其他单元,难以给读者留下深刻印象。此外,涉及的人伦篇目多是现代文,以初中阶段为例,涉及亲情、友情的人伦篇目包括《木兰诗》《陈情表》《游子吟》《背影》《回忆我的母亲》《我的叔叔于勒》《纸船》《爸爸的花儿落了》《这不是一颗流星》《散步》《羚羊木雕》《金黄的大斗笠》《挖荠菜》《我与地坛》，等等，其中只有《木兰诗》《陈情表》《游子吟》为古文名篇，且非儒家典籍。①

小学语文教材表现出同样的特点，有研究团队从"人教版""苏教版"和"北师大版"3个版本的小学语文教材中分别精选出24篇、17篇和27篇（包括课文、选读课文、略读课文和习作）涉及母亲与母爱的文章，对其进行打分和评价，指出其中存在的"四大缺失"，分别是经典的缺失、儿童视角的缺失、快乐的缺失和事实的缺失。②

从思想品德教学来看，尽管由教育部制定并施行的《小学品德与生活课程标准（2011版）》、《初中思想品德课程标准（2014版）》分别提出了"爱亲敬长""孝敬父母"的教学目标，但在教材中却体现不多。以小学教材为例，人民教育出版社、江苏教育出版社和山东人民出版社3版教材中都是在与家庭相关的单元之下，作为二级标题或三级标题出现，且多数以"尊敬父母""理解父母""感受父母之爱"等表述出现，"孝"字完全没有出现。在孝德经典方面，只有苏教版通过呈现《弟子规》的形式，使学生知道尊敬长辈的礼节。③

可见，尽管孝德内容见缝插针式地在中小学教材中有所体现，但却若隐若现地表现为爱的教育、感恩教育或责任教育，而且其载体主要为现代文或者零星教育活动，而非文言文名篇或者文献典籍，因而往往显得空洞、零散而难以给人留下深刻印象。

（三）大众孝德教育观的断裂

与孝德教育制度、孝德教育思想理论相区别，大众孝德教育观是指不成文的孝德教育观念，如渗透于风俗习惯、家族传统中的民众心目中的孝德教育观念。这些孝德教育观念往往由于更贴近实际生活、更现实而与士绅阶层所倡导的观念有所区别。

在由传统向现代变革的过程中，大众孝德教育观中与传统社会联系

---

① 龙文：《中学语文教材中人伦篇目选材研究》，《贵州教育学院学报》（社会科学版）2005年第3期。

② 郭初阳、蔡朝阳、吕栋：《救救孩子：小学语文教材批判》，长江文艺出版社2010年版，第8页。

③ 衣艳艳：《小学〈品德与社会〉教材比较与分析》，2011年硕士学位论文，山东师范大学，第23—26页。

较为紧密的部分（尤其是消极内容），呈现出日渐消亡的趋势。主要体现在：

第一，孝德教育目的中的"劝忠"成分大为下降。当问及"如何认识孝的含义"这个问题时，97.7%的被调查者选择了"孝顺父母"，选择"忠于国家"者仅为56.5%。① 可见，孝在人们心目中已经由无限泛化、无所不包的广义之孝回归到家庭中"善事父母之孝"。尽管在大众孝德观念中仍有"忠"的成分，但比例已经大为下降。从这种教育结果倒推可知，孝德教育更倾向于培养家庭中善事父母之孝，而其"劝忠"成分已然下降。

第二，孝德教育内容中的宗法性、等级性、专制性成分日渐消亡。在宗法制度中，传统孝德教育主张子女与父母同居共财，强化传宗接代、为亲留后，长子负有主要尽孝责任等行孝观念。而调查显示，上述观念在当代均有不同程度的弱化。从"同居共财"观念来看，对于"子女与父母分开居住是不孝"的观点，只有1.45%的调查对象持肯定态度，子女与父母分开居住、财产相互独立已经成为常态，并不意味着不孝②；从尽孝主体来看，只有4.47%的调查对象同意"赡养父母是儿子的责任，与女儿无关"，只有3.14%的调查对象同意"赡养父母是长子的责任"——人们普遍认为，儿子与女儿、长子与其他儿子在尽孝责任和养老义务上是平等的③；对于"传宗接代"，有59.13%的老年人将其列入孝的内容，而在子女眼中，无人将其列入孝的内容④。

同时，对于"孝顺父母就是顺着父母"这一观点，绝大多数人并不赞成（比例为82.82%）。在老年、中年和青年三个人群中，随着年龄的减小，对该观点持否定态度者比例升高（分别为81.16%、82.61%和84.62%）。这说明，顺从父母的倾向在当代已经削弱，并且还将进一步削弱。⑤ 与此同时，诸如"谏亲以理""为亲留后""祀之以礼""随侍在侧""继承志业""葬之以礼"等，这些包含着较多等级性与专制性的传

① 陈功：《社会变迁中的养老和孝观念研究》，中国社会出版社2009年版，第225页。
② 同上书，第183页。
③ 同上书，第176页。
④ 同上书，第258页。
⑤ 同上书，第166页。

统孝德内容，其认同率均已降至1%以下。①

第三，孝德教育方式中的强制性逐渐弱化。孝德教育方式不再具有明显的强制性。传统大众孝德教育观主张"棍棒底下出孝子"，在孝德教育中往往无视子孙的尊严和权利，动辄打骂，强制性特征非常突出。而当代民众则普遍尊重儿童的主体性，不再具有明显的强制性。

与此同时，大众孝德教育观中的部分合理性内容尽管仍然存在，却不同程度地出现了"量"上的减损。具体表现为以下两个方面：

第一，对孝德教育的重视程度不比从前。根据相关调查，只有57.63%的被访者表示，曾经听父母讲过孝的故事；同时，87.5%的被访者认为，有必要从小就对子女进行孝德教育。可见，尽管绝大多数人仍然认为孝德教育有必要，但与传统社会将孝德教育放在首位相比，在重视程度上已然下降。而且，在老年、中年、青年三代人中，从老年人到中年人，再到青年人，认为孝德教育有必要的比例呈现出显著降低的趋势（分别是90.32%、88.46%和83.78%）。② 这说明随着时间的推移，人们对于孝德教育的重视程度可能还将继续降低。

第二，孝德教育内容中的一些合理性成分日趋弱化。研究表明，对于孝德传统中的合理性内容——如"敬爱双亲""奉养双亲（养体与养志）"等，当代人虽然多数认同，但在认同比例上已经明显下降（分别是71.19%、50.51%）。而对于"使亲无忧""思慕亲情""显扬亲名""娱亲以道""爱护自己"等合理成分，认同率均降至10%以下。③

大众孝德教育观中消极内容的日渐消亡，从实证角度说明了孝德教育传统本身所具有的发展性和适应性。孝德教育传统"像一棵大树，不断吸取外在的阳光、空气和水"，它会"不断调整自己，以适应外部环境的变化"，"它的枝叶不断伸展，'今日之树'已不复'昨日之树'"。④ 因

---

① 陈功：《社会变迁中的养老和孝观念研究》，中国社会出版社2009年版，第161页。

② 陈功：《社会变迁中的养老和孝观念研究》，中国社会出版社2009年版，第366—377页。

③ 同上书，第160—161页。

④ 乐黛云：《文化冲突及其未来》，转引自季羡林、张光璘编选《东西文化议论集》（下），经济日报出版社1997年版，第528—529页。

此，在当代提倡孝德教育，并不会像某些人所担忧的，是"倒行逆施"，是在"走老路"，会引起"文化的倒退"；而是可以在当代社会中发展出新的内涵和内容，并发挥出孝德教育本身特有的功能。

而大众孝德教育观中部分合理性内容的削弱，则从现实角度对当代孝德教育的构建和设计提出了要求。在当代孝德教育中，应自觉加强孝德教育中合理性内容，使其得以更好地传承。

二　孝德教育传统的"自发传承"

尽管当代孝德教育传统在外力的冲击下产生了"相对断裂"，但由于传统的"惯性"，它不会因为受到冲击便轻易垮掉。事实上，渗透于文化、民俗当中以及积淀于日常生活、市井之家中的孝德观念始终在"自发传承"。根据相关调查，当代人对孝德的基本内核有着相当高的认同率：82%的被调查者认为，赡养父母是子女应尽的义务，子女应该无条件地孝敬父母①；86%的被调查者认为，自己周围不孝父母的子女不多②；68%的被调查者认为，现在社会上子女仍然孝顺老年人③。"孝的具体内涵虽有部分转变，泛孝主义的强度与广度虽已逐渐衰减，但就其整体而论，孝仍然是一项家庭生活的主要价值或原则。"④

孝德观念的"自发传承"，显然有赖于孝德教育传统的"自发传承"。这种"自发传承"更多地表现为习惯性地、无意识地传递着孝德观念，而非系统化的正规教育。在一项调查中，当被问及"从哪里知道古代孝的故事"时，被访者提出的主要途径是"读书""听说""电视""上网""戏剧"。其中，"读书"和"听说"所占比例分别为61%和31%⑤。这说明受教育者主要通过自学或者非正式途径接触孝的故事，而非正规的教育途径。

与此同时，当要求访谈对象明确表达孝的内容和表现时，访谈对象所

① 陈功：《社会变迁中的养老和孝观念研究》，中国社会出版社 2009 年版，第 178 页。

② 同上书，第 192 页。

③ 同上书，第 195 页。

④ 叶光辉、杨国枢：《孝道的认知结构与发展：概念与衡鉴》，《"中央研究院"民族学研究所集刊》1989 年第 65 期，第 131—169 页。

⑤ 同上书，第 358—359 页。

进行的表述非常纷杂、散乱，所用的词语和短句居然达到了 112 项。① 其中，表述用词出现频率比较高的有：孝敬、（尊）敬、孝顺、尊重、赡养、吃食（喝）、照顾、穿衣、关心、好、顺（从）、住、体贴（善解人意）、听话、行、谈心交流、让父母高兴快乐（愉悦开心顺心如意）、不让操心（担心）、惦记（想到）、干活做事、关爱（爱）、服侍伺候照料（护理）、尊老爱幼、安度晚年、关怀、探望、拜望、帮助、给钱、买东西、说话和蔼……表述用词的多样性，一方面说明了孝本身含义的复杂性和人们对孝理解的个性化；另一方面也说明当代人对孝的认识比较模糊、含混，对孝的理解不够明确。而这种认识上的模糊性，从教育结果上反映出孝德教育内容的分散，说明孝德教育缺乏系统性。

这种"自发传承"的状态，导致当今人们的孝德观念存在着两种错误倾向。一方面，部分大众虽然在孝德行为"惯性"的影响下，能够自觉行孝，并且以孝德要求他人，但其孝行观念往往呈现出守旧的特点。比如有些人仍然信奉"不孝有三、无后为大"的孝德观念；有些人坚持认为"孝就是顺，无条件地顺从"；有些人平常不见得孝敬父母，却一定要把葬礼搞得无限风光……出现这些情况的原因，主要在于他们在孝德方面缺乏外在的指导和自身的思考辨别。另一方面，部分大众（以青少年为主）则比较容易受外来文化和生活方式的影响，形成一种逆反心理，自觉不自觉地拒斥传统孝德（包括传统孝德中的合理部分）。这两种倾向无疑都是错误的，需要通过正规的、系统的孝德教育加以纠正。

不过，无论如何，在一代代的口耳相传、言传身教当中，孝德教育毕竟在传承着。正因为如此，普通百姓皆能知孝（无论是否认同），多数民众亦能自发传孝（也许观念内涵不同、规范上不够明确）。也正因为如此，今天重新发扬孝德教育传统才具有可行性和必要性。

第二节　中国孝德教育传统面临的社会困境

马克思主义认为，人的本质是社会关系的总和。亲子关系作为社会关

---

① 陈功：《社会变迁中的养老和孝观念研究》，中国社会出版社 2009 年版，第 153 页。

系的一部分，必然受到社会环境的深刻影响，而不仅仅取决于亲子双方的个人情感与意愿。孝德及孝德教育传统源自于传统社会，必然是与传统社会的客观条件相适应的。当社会发生变迁，条件发生改变，而孝德教育传统没有来得及跟上社会条件的变化，便必然会不可避免地面临一系列的社会困境。在当代，孝德教育传统所面临的社会困境主要体现在：现代家庭结构的变化弱化了孝德存在的现实基础；市场经济的负面影响对孝德教育造成一定冲击；老龄化的到来使行孝压力骤然加大。

一　现代家庭结构的变化弱化了孝德教育存在的现实基础

　　家庭是一种以血缘关系为基础、共同居住、经济独立的社会组织形式，是孝德得以产生和存在的现实基础。在氏族社会，人们共同生活在氏族公社中，没有独立的家庭，子女对父母并无特殊的责任和义务。那时尽管人们也有亲近、爱敬父母的孝德意识，却并没有产生真正的孝德观念。直到独立的个体家庭产生，父母与子女之间的权利义务才开始形成。父母有抚养教育子女的义务，并拥有要求子女奉养的权利；子女则负有奉养父母的义务。由此，孝德作为善事父母的道德才得以产生。作为孝德的存在基础，家庭结构的变化必然会对孝德产生重大影响。中国传统家庭模式一般至少包括夫妻和子女两代人，并普遍存在三世同堂、四世同堂甚至五世同堂的现象。大家庭往往备受推崇，而"分家异炊"则被认为是可耻行为。历代法律也给予大家庭以有力支持。如《唐律疏议·卷十二》规定："诸祖父母、父母在，而子孙别籍、异财者，徒三年。"① 宋律、明律、清律都有类似规定。在传统社会，一个村子几乎就是一个宗族，几代人生活在一起，尽享天伦之乐。

　　然而，随着社会进步和时代变迁，中国的家庭结构逐渐由结构复杂、规模庞大的大家庭向结构简单、规模较小的核心家庭转化。现在中国最普遍的，是一对夫妻一个孩子的核心家庭。现代家庭结构由人口众多的大家庭转变为三口之家的核心家庭，总的来说弱化了孝德教育的存在基础。其表现包括以下三个方面。

---

① 转引自骆明、王淑臣主编《历代孝亲敬老诏令律例》（先秦至隋唐卷），光明日报出版社 2013 年版，第 217—218 页。

（一）核心家庭经济独立，与其父母的家庭空间分离，亲子之间的关系相对疏离，不利于孝德的形成与践行

传统的大家庭中，父母子女是一个经济共同体，双方有着共同的经济利益，彼此联系很深。老年人由于他们过往对家庭的付出以及他们积累的经验、知识、判断能力和社会关系而受到敬重。现代的核心家庭则往往经济独立，和父母的家庭之间经济上的联系减少。老年人由于经验、知识已经过时，而成为社会上的弱势群体。

传统的大家庭中，父母子女共同居住。即使子女结婚以后有了自己的孩子，也仍然和父母、兄弟姐妹生活在一起，或是住得很近。像这样始终生活一起，就有充分的机会保持亲密往来，增进彼此的情感。现代的核心家庭则往往与父母分开居住，偶尔彼此看望一下，与父母的空间距离拉大，代际情感逐渐淡化。在核心家庭中，维系家庭关系的纽带从亲子之间的孝德变为夫妻之间的爱情。所有这些都使亲子之间的关系相对疏离，不利于孝德的形成。

（二）核心家庭崇尚自由、重视独立，往往忽视孝德的培养

在传统的大家庭中，孝德对于家庭有着相当重要的功能。一是保证家长的权威，使家族成员自觉服从父家长的统治；二是增强家庭成员的凝聚力——"亲亲"的血缘观念必会导致尊祖敬宗，既然同出一源，那么在关键时刻便能团结起来，一致对外；三是使家族成员自觉维持家族等级秩序——任何宗法家族都有一整套长幼尊卑的家族秩序，以及维护这种等级秩序的礼仪制度。而是否遵行这套秩序、礼仪、规范，往往是检验一个人是否具备孝德的标准。想要做一个孝子，便必须自觉维持家族等级秩序，严格遵守家族内的礼仪规范。因此，传统家庭几乎无一例外地把父慈子孝放在家庭道德的首位加以强调。所谓"人之百行，莫大于孝""五伦之大，孝友为先"，孝德作为子孙修身齐家的根本，备受家长的重视。

而在现代的核心家庭中，家庭成员关系相对简单，孝德的功能便随之减弱。随着家庭结构的变化，中国人的家庭观念也发生着急剧变化。从"以家为本""家庭至上"的传统观念，转变为"以人为本""个人和家庭兼顾"的现代观念。现代家庭观念强调个人在家庭中的独立地位、自主权利和个性的自由发展，要求家庭关怀每个成员的需要和利益，为每个

人的身心健康成长服务。孩子和长辈之间不再是传统社会中那种依附关系，而是逐渐摆脱"养儿防老"的窠臼，获得了更广阔的发展空间。由此，与鼓励孩子自由飞翔、实现个人价值相比，家长往往忽视孝德的培养。

（三）核心家庭本身的孝德教育功能弱化。

首先，子家庭与母家庭之间关系疏离，幼儿缺少与成人接触的机会。其实，孩子与老人相处可以培养很多优秀的品质，比如关心别人、合作、分享等，尤其有利于孝德的培养。在祖孙三代人的相处中，孩子还可以从父母如何孝敬祖父母的言行中，耳濡目染地学会如何孝敬长辈。而子家庭与母家庭之间的疏离，却使得孩子丧失了这样的成长机会。同时，孩子与父母的相处时间也越来越少。一个刚刚学会走路和说话的孩子，会被送到幼儿园里，在那里接受教育。他们一整天都在学校生活，与老师同学在一起，到晚上才能见到父母。此后的成长中，孩子大部分时间都在学校，与父母接触的时间与空间均较古代大为缩减。在这种情况下，如何创造机会，让孩子多与父母长辈相处，多适应、多体验孝德，这是当代孝德教育必须思考的问题。

其次，在独生子女核心家庭中，孩子没有了兄弟姐妹，甚至与其他同龄人相处也很少，这就失去了生活中的同伴教育资源。儿童有很多规矩与行为并不是外人教的，而是从兄弟姐妹的共同生活中潜移默化得来的。家庭成员，尤其是同辈成员的行为就是"榜样"，对儿童行为的养成起着无声的示范与监督作用。而目前独生子女的生活环境缺少了同伴共同生活中的教育影响，就缺少了习得这些道理与规矩的机会。同时，古代孝德教育中往往"孝""悌"并提，"孝"是对父母的爱敬，"悌"则是对兄长的爱敬。二者在形成过程中，往往会相互影响、相互促进。独生子女由于没有兄弟姐妹，便缺少了"悌"这一维度，这使孝德的培养显得比较单薄。

再次，传统大家庭中的很多孝德教育途径和方法都不再适用于现代家庭。在中国古代的家庭教育实践中，人们创造了很多培养孝德的途径和方法。如通过家训类读物教子行孝之理，讲述行孝的重要性、怎样行孝以及怎样分辨一些孝行等。综观历代家训，无不把传播孝德作为家庭教育的根本宗旨，几乎篇篇都要提及"孝悌忠信，敦宗睦族"。为了充分发挥家训的教育作用，在日常的家庭孝德教育实践中，各家长、族长往往通过定期对全体家庭成员读家训来宣传、倡导孝德。再如通过祭祖追孝，让人们知道姓氏、明辨血统。在隆重的祭祖活动中，家族成员会带有对其祖先及逝去父母的感恩和敬畏的情感，由此使子孙们自然而然地产生对祖先、父母的孝敬情感。中国古代的任何一个家族，可以不崇拜释迦牟尼，可以不崇拜太上老君，但绝不会不崇拜自己的祖宗。以上的这些孝德教育途径，曾经发挥过重要的教育作用，但却不再适用于现代家庭。这就使现代家庭的孝德教育功能进一步弱化。

二 市场经济的负面影响对孝德教育造成一定冲击

市场经济对现实道德观念的负面影响，主要体现为个人主义、拜金主义、享乐主义等思潮不断蔓延。这种价值观念上的变化对现代孝德教育也是一个冲击。在新的价值观念的审视和估价之下，人际关系变得越来越现实和具体。经济学表明，每个商品生产经营者的目的，都是为自己赚取利润，实现利润最大化、价值最大化，这就容易产生极端个人主义的倾向。同时，由于市场经济遵循价值规律，注重经济效益，一些人便产生了金钱至上、唯利是图的拜金主义想法。过去羞于启齿的"效益""经济"，今天成为冠冕堂皇的词语。他们拜倒在金钱之下，以金钱作为衡量一切价值的最高尺度。"金钱就是上帝""谁有钱谁就值得尊敬，属于上等人"，"认钱不认人，有钱才是老子""良心值几个钱"……为了片面追求金钱和个人享乐，他们忘恩负义、不择手段、重利轻义，否定和蔑视一切道德规范和法律法规。

孝德传统自然无所逃于其间，这使今天的父母子女关系不能不沾染上这个时代的色彩。一些不肖子孙图清闲、求享受，将老人视为包袱，不能自觉履行对父母、对老人的道德义务。在家庭中，有些子女对父母不关心、不尊重、不照顾，甚至对父母随意顶撞、蛮横无理、欺诈父母；有些子女对父母不孝敬、不赡养，甚至辱骂殴打、残酷虐待、逐出家门；在社会上，有的青年人对老人不尊重、不照顾、不扶助，甚至嘲弄讥讽、蛮横无礼、欺辱老人。从某种意义上说，对父母的孝敬，人们并不是不明白，并不是不懂和不能接受，只是那工具理性占据了人们的整个心灵，从而丧失了那颗保持道德信念的孝心。

同时，经济领域内的等价交换原则渗透到人与人关系的各个方面，这使家庭代际关系也涂上了浓厚的利益色彩。最突出的表现是，当代人行孝时的条件性和功利性色彩越来越浓厚。当父母没有为子女出彩礼、买婚房，当父母没有为子女带孩子、免费做家务，当父母没有满足子女的任何一种要求，子女都可能会一拍桌子、理所当然地放弃孝敬父母的义务；当父母有一定收入或者有劳动能力，子女尚能奉养，一旦父母年迈、无钱而又需要照顾，一些子女便翻脸不认人，百般刁难、推诿甚至遗弃；一些子女的"孝"并非出自真心，而是为了获取老人的财产或者其他资源，一旦达到目的，便与父母形同陌路、置之不理……上述现象中的子女有一个共同的特点：有"好处"才肯行孝，没有"好处"绝不肯行孝，其条件性、功利性显而易见。

最令人担忧的是，少数学者对孝的理解和阐述中也夹杂了"交换原则"。有的学者认为，抚养和赡养是一种公平的代际交换关系，包括经济和物质性的交换、仪式性的交换、情感性的交换、文化资本的交换和象征性的交换等内容。这种观念把亲子关系简化成了等价交换，忽略了其中包含的纯粹的利他性及由此所带来的幸福感，忽略了亲子双方内心的情感。这样一来，温暖的亲情变成了冷冰冰的物质交换，无论是父母的付出，还是子女的孝敬，都成了非道德性的行为。将等价交换原则引入家庭孝德伦理的论证，表面上看似乎合情合理，实则抵消了孝德的伦理性。代际之间的亲情关系毕竟不同于市场交换关系。这种论证无意中接受了功利主义的评判标准，并把功利主义引入亲子关系之中，使家庭代际关系开始蒙上利益的色彩，表面上是倡孝，实则冲淡了人们对长辈的义务观念和责任意识。

三　老龄化的到来使行孝压力骤然加大

如前所述，2000 年的人口普查数据即已显示出，我国进入了老龄化社会。同时，相关研究表明，与世界上其他国家和地区的老龄化相比较，我国的人口老龄化具有规模大、速度快的显著特点。2010 年，我国大陆地区 65 岁以上老年人口数量就达到了 1.19 亿，是世界上唯一一个老年人口过亿的国家。[①] 我国人口老龄化的速度也非常快，发达国家老年人占总

---

① 全国老龄办：《中国人口老龄化发展趋势预测研究报告》，《中国妇运》2007 年第 2 期。

人口的比例从 7% 上升至 14% 大多用了 45 年以上的时间，其中瑞典用了 85 年，法国用了 115 年，而我国却只需要 27 年。[①] 老年人口的骤然增多，并且增到如此之多，使我国青壮年人口的行孝压力骤然加大。具体表现在以下三个方面。

（一）行孝主体日益缩减

行孝主体的缩减状况可以通过老年抚养比加以分析。所谓老年抚养比，是指人口中非劳动年龄人口数中老年部分（即 65 岁及以上人口）对劳动年龄人口数（即 15—64 岁人口）之比，用以表明每 100 名劳动年龄人口要负担多少名老年人。如表 3—1 所示，从 1982 年、1992 年、2002 年、2012 年的统计数据来看，老年抚养比呈现出明显的上升趋势。1982 年，每 100 名劳动年龄人口负担 8 名老人，到了 2012 年已经上升为近 13 人。平均到每名劳动年龄人口身上，他们需要负担的老人数量明显增加。

表 3—1 　　　　　　 30 年来我国老年人口抚养比变化情况统计

年份	1—14 岁		15—64 岁比重（%）	65 岁及以上比重（%）	老年抚养比
	人口数	比重（%）			
1982	34146	33.6	61.5	4.9	8.0
1992	32339	27.6	66.2	6.2	9.3
2002	28774	22.4	70.3	7.3	10.4
2012	22287	16.5	74.1	9.4	12.7

资料来源：根据《中国统计年鉴（人口）》整理。中国统计年鉴网站：http://www.stats.gov.cn/tjsj/ndsj/2014/indexch.htm.

从每个家庭来看，这一趋势表现得更加明显。计划生育政策实施前，通常由兄弟姐妹数人共同赡养和照顾两位老人。在此过程中，兄弟姐妹们之间可以相互帮助、轮流照护，因而人均养老压力并不甚大。如今，计划生育政策实施近 40 年，第一代独生子女逐渐步入结婚高峰期，"421 家庭"由此产生。所谓"421 家庭"，即在一对由独生子女夫妇组建的家庭

---

① 邹沧平、谢楠：《1980—2010：中国人口政策三十年回顾与展望》，《甘肃社会科学》2011 年第 1 期。

中，他们往往要同时赡养四位老人和抚养一个孩子。一对成年夫妇需赡养
4 位老人，人均承担的养老压力骤然增大。

这里举两个常见的例子：

①每当春节，小林都会为到底回谁家过年的问题而烦恼。她和丈
夫都是独生子女，无论去哪方的父母家过节，另一方的父母都会独守
空巢，可是又分身乏术。春节到底回谁家过年，已然成为每个"421
家庭"要面对的既现实又烦心的问题。

②小汪的父亲患心脏病住进了医院，她和丈夫的几万元积蓄几乎
都交了手术费和住院费。与经济压力相比，看护是个更大的问题。小
汪的妈妈身体也不好，家里又只有小汪和丈夫两个年轻人，他们只好
到医院轮流护理。虽然很辛苦，却没有其他的兄弟姐妹相互替换，只
能硬撑着。后来两个人实在撑不住了，加上担心经常请假会被公司辞
退，他们只好花钱请了护工。小王虽然知道父亲还是希望他们过去，
也心疼父亲，可是却没有办法。

上述两个例子中，主人公均面对着极大的行孝压力。而这样的情况，
在当代社会中非常多见，以后还将进一步增加。

行孝主体的缩减还有一个常常被人忽视的表现，那就是很多表面上属
于行孝主体的成年子女纷纷走出了家庭，与父母分居两地，导致很多本来
应该实践的孝行都因为距离被抹杀，事实上无法成为真正的行孝主体。如
果不在父母身边，即使他们怀有孝敬之心，又能为父母做些什么呢？恐怕
少之又少。而统计数据显示，我国老年人口空巢化趋势明显，即子女不在
父母身边的情况不在少数。第五次和第六次全国人口普查数据表明，2000
年我国 65 岁及以上老年人口中的"独居户"所占比例为 11.46%，2010
年提升至 16.40%，上升了近 5 个百分点；2000 年老年空巢夫妇所占比例
为 11.38%，2010 年提升至 15.37%，提升了近 4 个百分点。[①] 空巢老人
被外出打工或工作的子女独自留在家里无人照看，只能在人去房空的寂寞

---

① 王德文、谢良地：《社区老年人口养老照护现状与发展对策》，厦门大学出版社 2013 年
版，第 18 页。

里独自度过晚景生活，更有甚者，老人死在家里很久之后才被发现。这些老人虽有子女，却只是聊胜于无而已，并不能指望他们的子女能够尽到孝的义务和责任。

（二）行孝成本显著增加

我国的人口老龄化是在经济发展水平不高的情况下到来的，养老保障体系尚不完善。尽管我国已于2012年基本实现了全国范围内养老金的全民覆盖，但是不同种类养老金相差悬殊。尤其在农村地区，养老保险明显偏低，远远不能满足基本养老需要。第六次人口普查数据表明，我国农村60岁及以上老年人口的主要生活来源，排在第一位的家庭"反馈式"供养，占47.74%；第二位为自己的劳动收入，占41.18%。① 相关调查亦显示：虽然我国实行了新农保，但是社保金太低，老人无法依靠其养老，仍然必须依赖自己的子女。② 与此同时，子女数量的减少必然导致人均承担养老费用的增加。加之生活水平的提高和医疗费用的增加，都使子女行孝成本显著增加。当没有医保的老人生病时，所有费用都要由子女承担，确实是普通收入家庭难以承受的，因病致贫、因贫致病的现象仍然存在。除了经济成本之外，时间成本、精力成本都足以使有心行孝者倍感压力。

（三）行孝时间严重不足

现代社会快速的生活节奏和高强度的工作压力，使子女们即便与父母同居一个城市，亦常因各种客观原因而无暇陪伴父母。中央电视台曾播放过这样一则公益广告：一个独居的老母亲，准备好了一桌子的饭菜，满心欢喜地等候孩子们回来团聚。她先是等来了儿子的电话："妈，我忙着，不能来了！"接着是儿媳妇和小孙子电话分别打来，都说忙，不能来了。老母亲面对着一桌子饭菜，失望地感叹着："忙……都忙……"最后的画面里，空留着一桌母亲为儿女备好的饭菜，还有老母亲孤独地倚门张望的身影……现代人的生活状态就是一个"忙"字。子女们忙着与时间比拼，忙着工作、赚钱。于是年老的父母只能孤独地想念着子女与孙辈，却相聚渐少。这则广告的本意是提醒子女们多回家看望父母，可是殊不知子女们

---

① 王德文、谢良地：《社区老年人口养老照护现状与发展对策》，厦门大学出版社2013年版，第130页。

② 李国珍：《新农保体制下农村老年人养老研究》，世界图书出版广东有限公司2013年版，第22页。

亦有子女们的难处。尤其是对独生子女夫妇来说，他们往往面临着两难的选择：一方面他们要养家，要负担起4个老人的养老重任和一个孩子的抚养教育责任，必须努力地工作；另一方面如果在照顾父母、照顾家庭方面付出太多的精力，就有可能在激烈的社会竞争中被淘汰，有可能失去工作，使父母和家庭面临更大的困境。尤其是当夫妻二人的父母都身体不适时，他们的压力会更大，无暇照顾老人的矛盾愈发凸显。

显然，受教育者行孝压力加大，势必对孝德教育造成消极影响，使孝德教育陷入困境，难以产生良好效果。从事教学工作的人都有这样的体会：在课堂教学中，应事先确定适合学生的教学目标。若目标过高，学生觉得太难，则会望而却步；若目标过低，学生觉得太易，则会松弛懈怠。因此目标必须切合学生实际，难易适中，让学生觉得可望又可及才好。在适当教学目标的激励下，学生学得愉快，教师教得开心，双方才能享受到课堂上师生互动与知识传递的愉悦。对于孝德教育来说，行孝压力过大必然会使受教育者望而却步，甚至下意识地对行孝产生抵触。孝德的真正养成不只包括掌握孝德知识、拥有孝德情感，还包括孝德行为的付诸实践和长期坚持。当一个人既要应付工作压力，又要照顾好子女成长，还要应付家庭琐事，又有多少精力和时间能够用于照顾好父母生活的方方面面呢？短期尚可为之，长期恐怕大打折扣。

有研究显示，子女越多，家庭养老中老年人生活满意度越高，老年人的晚年生活越幸福。[①] 很明显，在子女数较多的情况下，每个子女只需做到几分，加起来就有了十分，亲子双方都可以比较轻松地实现良性互动。在这样的孝德践行过程中，不论是亲代，还是子代，双方都会得到幸福感的满足。同时，子女之间可以做到相互配合，使对父母的照顾达到一加一大于二的整合效果。而对独生子女来说，对父母的孝之责任完全由自己一肩承担，遇事无人商量、无人分担，加上行孝成本的增加与行孝时间的严重不足，其心理压力之沉重不难想象。这种沉重的心理压力容易使年轻人内心产生矛盾——一方面认同孝德，觉得应该孝敬自己的父母；另一方面，当现实的诸多困难摆在面前时，又不免因为难以承受之重而部分地甚至完

---

① 李国珍：《新农保体制下农村老年人养老研究》，世界图书出版广东有限公司2013年版，第23页。

全地逃避孝敬责任。在畏难情绪的影响下，不排除有些人选择西方的某些文化价值为自己辩白——这样一来，既彻底逃避了义务，又不会感到良心不安，于是孝德便被彻底摒弃，从小接受的孝德教育也将化为泡影。

与此同时，子女骤然加大的行孝压力，老人们也都看在眼里。可怜天下父母心，对子女的心疼与不舍使老人们只要尚能自理，便不愿意给子女增加负担。他们不但常常拒绝子女的照顾，甚至反过来通过经济资助、做家务、带小孩等方式去照顾子女。然而，从孝德养成的角度来看，这样的做法是非常不利的。因为孝德的养成不是一夕即成、一蹴而就的，它需要在长期的共同生活中，真正了解父母之后，去承他们的欢，做到自己的心安。它没有一个万能的行为模式，而只能在与父母的相处中，不断去摸索，不断去调整。正因为如此，《论语》当中，孔子在不同人面前解释孝的意义时，回答都不相同。可见，养成孝德需要有践行孝德的时间、空间和机会。如果父母不给子女这样的机会，则往往容易产生如下后果：第一种是让子女认为父母为自己做的一切是天经地义的，而自己当下的种种被照顾是理所当然的；第二种是子女即使愿意行孝，亦不知当如何行孝，或者即使知道如何行孝，却难以落实到行动，难以长期坚持。一旦老人年龄越来越大，劳动能力越来越弱，甚至有朝一日生活不能自理时，子女便无法提供体贴细致的具体支持和照顾。

第三节　中国孝德教育传统面临的文化困境

道德并非无源之水、无本之木，而是根植于某种文化形态中，并受其影响和制约的。"任何一个社会中特定历史时代的文化环境都构成了这个时代青少年道德发展和道德教育最直接、最具体也最具有影响力的生存土壤。"① 孝德作为一种道德，孝德教育作为道德教育的一部分，同样受到所处其中的文化环境的影响和制约。在当前文化全球化背景下，以文化殖民的出现与文化路向的迷失为表征的文化困局，给中国孝德教育传统带来多重困境。

---

① 唐汉卫等：《全球化、文化变革与学校道德教育的文化使命》，新华出版社 1998 年版，第 12 页。

一　中华优秀传统文化影响式微

继承孝德教育传统，需要放在弘扬中华优秀传统文化的大背景下进行。因为孝德传统并非孤立于传统文化而独立存在，而是深深融合于传统文化当中。"个体的道德生活继承和拓展了传统，而传统则向它提供了反复挪用和拓展各种各样的往昔生活之教益与初始语境。因此，个体道德生活的探究与过去的传统一起延续，而这种生活的合理性既体现在传统之中，又通过传统来传承。"① 如果中华文化传统被湮灭，那么孝德传统亦不可能有存在的空间；同时，如果中华文化传统被重视和弘扬，那么作为其重要组成部分的孝文化亦自然能够重新焕发活力。所谓"皮之不存，毛将焉附"，脱离传统文化的温床，单独提倡孝德教育是不现实的。

近代以来，很多人片面认为西方文化即"先进文化"，将中国文化视为"落后"的代名词，将以孔子为代表的整个中国传统文化皆视为糟粕，整体批判。"文化的空场意味着道德教育意义世界的缺失，道德教育蜕变为没有文化内容的枯燥的道德说教，成为政治宣传的工具。"② 由于文化精神的缺席，使得道德教育往往缺乏文化底蕴，出现了只知自己身居何处，而不知从何而来的怪异景象。

孝德教育方面同样如此，很多人被问及孝时只知道"应当孝"，只知道"孝是中华民族传统美德"，对于"何为孝""为何孝"却不甚了然。在这种情况下，持不同观点者只需一句"孝是封建文化的内容，是糟粕"，便让人不知如何应对。知其然却不知其所以然，这样的认知只是外在的、表层的，难以稳定和持久。正如费孝通先生所指出的那样：生活在一定文化中的人对其文化应有"自知之明"，明白它的来历，形成过程，所具有的特色和发展的趋向，如此方能加强文化转型的自主能力，取得决定适应新环境、新时代文化选择的自主地位。③ 只有充分了解和认知自己

---

① ［美］阿拉斯代尔·麦金太尔：《三种对立的道德探究观》，万俊人等译，中国社会科学出版社 1999 年版，第 143 页。

② 石美萍：《文化全球化境遇下道德教育的困境与出路》，《继续教育研究》2014 年第 5 期。

③ 费孝通：《反思·对话·文化自觉》，《北京大学学报》（哲学社会科学版）1997 年第 3 期。

的传统文化，才能知道孝德从何而来，应如何发展，才能使孝德教育因立足于自身的文化根基而拥有充足的养分，进而茁壮成长、枝繁叶茂。古代先贤所倡导的"自强不息"的进取精神、"厚德载物"的仁爱精神、"见利思义"的立身之道、"仁者爱人"的人道主义、"勤俭节约"的生活理念、"推己及人"的宽恕之道等，这些思想资源和价值观念对于继承孝德教育传统具有重要意义。失之，孝德教育便只能是空中楼阁，只能是为孝而孝的空洞说教，难以产生很好的效果。

然而，当代学校教育普遍重视科学知识的传授和专业技能的培训，却不重视人文精神的培育，致使学生人文素养不容乐观，国学知识严重匮乏。有学者梳理和分析了多份以"高校大学生传统文化态度"为主题的调查报告后发现，当代大学生对中国传统文化虽然关心，但认知的程度有限。[①]

当前社会上的"国学热"，从另一个侧面映照出当代学校教育的明显缺失，即缺少良好的传统文化教育。正是因为人们在学校中没有得到足够的传统文化教育，才会充满渴望地到社会上寻求传统文化知识的给养。"国学热"虽然在一定程度上有助于传统文化的弘扬，但是由于主讲者水平参差不齐，加之快餐文化的哗众取宠，不免容易让人对传统文化产生误读，反而不利于优秀传统文化的发展。笔者曾在出租车上看到一部所谓的传统文化教育片：篇首以阴森诡异的音乐为背景，讲述当代各种癌症多发，接着以一个中年妇女的遭遇为例，讲述其如何不孝、如何冷漠地对待母亲，最后遭到报应，得了绝症。司机告诉笔者，这套光盘名为"圣人教你如何做人"，并认为内容讲得特别好。笔者听后却百感交集，五味陈杂。一方面，笔者为人们能够主动接受传统文化教育而感到欣慰、喜悦；另一方面，也为这种所谓的传统文化教育在社会上流传感到无奈、叹息。这件事让我更加体会到，加强优秀传统文化教育不仅意义重大，而且已经迫在眉睫。

二 后喻文化色彩日益淡化

根据文化传播的方式和变迁的快慢，文化可分为三种类型：后喻文化

---

① 饶品良：《当代大学生对中国传统文化的认知现状分析》，《教育探索》2014 年第 6 期。

（post – figurative culture）、同喻文化（co – figurative culture）及前喻文化（pre – figurative culture）。所谓后喻文化是指文化按照自上而下的方向传递，即年幼者向年长者学习的文化类型；所谓同喻文化是指同辈人之间相互学习的文化类型；所谓前喻文化是指文化按照自下而上的方向传递，即年长者向年幼者学习的文化类型。

后喻文化具有以下几个典型特征：一是文化变迁的速度极为缓慢；二是至少有三代人的共同生活，即存在社会学上所说的扩大家庭；三是小辈毫无疑义地接受长辈的行为规范、价值观念和礼仪准则等，长辈在家中具有绝对权威；四是其成员具有强烈的文化认同的意识，对本社会文化有一种保持终生的、绝对主义的归属感。①

从特征来看，传统中国社会的文化显然属于典型的后喻文化。在后喻文化中，由于文化变化极为缓慢，"老年人无法想象变化，所以只能把这种持续不变的意识传给他们的子孙……孩子的基本训练开始得很早，这种训练难以言传，但却十分确定。他们的长者表达了这样一种意识：事情就该是这样"②。人们世世代代居住在同一片土地，从每个人可能得到的经验来说，几乎是同一方式的反复重演。正如费孝通先生所说的那样："同一戏台上演着同一的戏，这个班子里演员所需要记得的，也只有一套戏文。他们个别的经验，就等于世代的经验。经验无需不断累积，只需老是保存。"③ 这样一来，"每一代儿童都能不走样地复制文化形式"④，包含在文化传统中的孝德及孝德教育传统因而得以世代绵延。

而在当代，随着祖辈人逐渐淡出家庭的视野，儿童与过去的联系便缩短了一代，受过去的影响便随之变小——"凡是在没有祖辈人或祖辈人失去控制权的地方，年轻人便会堂而皇之地蔑视成年人的标准，或采取不同于他们的态度。""一度曾由活着的人所代表的过去变成了模糊的、易于抛弃和易于篡改的回忆……居民中的大部分人或每一代人都必须学习新的生活方式"⑤，文化传统在人们心中尤其是年轻人心中的地位大不如前。

---

① 金坚：《前喻文化·同喻文化·后喻文化》，《上海青少年研究》1986 年第 10 期。
② ［美］玛格丽特·米德：《代沟》，曾胡译，光明日报出版社 1988 年版，第 21 页。
③ 同上。
④ 同上书，第 22 页。
⑤ 同上书，第 52 页。

"他们以全新的眼光对他们的所见所闻进行思考和判断，去审视一个以前从未有过的世界。这是一个全体青年人同时踏入的世界，不管他们的国家如何古老，如何不发达。"① 即便是成年人，也不得不承认，"所有孩子们的经验与他们自己的经验已经不同了"，因而认为下一代应具备独立的价值观，而不是循旧和依从。而孝含有服从、顺从和无违之意，自然不可避免地受到质疑与挑战。在一项针对老中青三代人的调查中，当问及"孝是否是封建的东西"时，老年人中只有 2.9% 的人回答"是"，青年人中回答"是"的比例却高达 11.6%。② 可见，年轻人对孝的质疑程度明显超过老年人。

与此同时，对孝德教育传统影响更为直接的是，作为文化传统传播者的祖辈和父辈的权威逐渐消解。在后喻文化当中，"历史对于个人并不是点缀的饰物，而是实用的、不可或缺的生活基础……当一个人碰着生活上的问题时，他必然能在一个比他年长的人那里问得到解决这问题的有效办法"③。在这种变化很少的社会里，文化是稳定的。生活基本依靠一套传统的办法，很少产生新的问题。因为年轻人的路都是年长者走过的，年长者不仅可以帮助年轻人解决当前所遇到的问题，甚至可以预知他们将来可能要碰到的问题并为他们提早写下应对问题的"锦囊妙计"。这就使具有丰富经验的年长者同时具有权威，正所谓"不听老人言，吃亏在眼前"，遵循年长者的指导说话行事，生活会比较顺利，反之往往会碰壁。长此以往，每一个年长者都有教化年幼者的权力，"入则孝，出则悌"，孝顺、恭敬父母及年长者，实质上源于顺服这种权力。

而当后喻文化色彩弱化，文化极不稳定，传统的办法不足以应对当前的问题时，年长者的教化权力必然跟着缩小，年长者的权威亦会随之消解。在同喻文化及后喻文化中，"年轻一代的经验与他们的父母、祖辈和社团中其他年龄较大成员的经验有着极为显著的不同……他们必须根据自己的经验发展新的形式，并向同代人提供榜样"④。而这种发展新形式的能力"和年龄的关系不大，重要的是智力和专业，还可加一点机会。讲

---

① ［美］玛格丽特·米德：《代沟》，曾胡译，光明日报出版社 1998 年版，第 8 页。
② 陈功：《社会变迁中的养老和孝观念研究》，中国社会出版社 2009 年版，第 191 页。
③ 费孝通：《乡土中国·生育制度》，北京大学出版社 1998 年版，第 21—22 页。
④ ［美］玛格丽特·米德：《代沟》，曾胡译，光明日报出版社 1988 年版，第 46 页。

机会，年幼的比年长的反而多。他们不怕变，好奇，肯试验"①。于是乎，在现代社会中，孩子不再对父亲毕恭毕敬，可以对父亲直呼其名，这不但不会受到父亲的呵责，反而让父亲觉得亲热和没有距离。尊卑不在于年龄，长幼也成为没有意义的比较，长幼之序便失去了存在的空间。长者从权威的高台上走了下来，在年幼者心目中，长者不再有那种"什么都知道"的知识权威。一些年轻人甚至认为长者思想保守、过于谨慎，是不合时宜的"老古董""老封建"，对他们的话再不如从前那般信服。于是，包括孝德教育在内的由长者所进行的教育，其效果不免大打折扣。

调查显示，56.5%的人表示孩子教父母的现象比较常见或很常见，认为不常见的只有25.1%。② 可见，在当今的中国，文化已经发生了剧烈变化，不同的文化价值被纳入进来；家庭结构以核心家庭为主，长辈的权威大大消减，人们对于文化的归属感亦不再如往日那般稳固而强烈，后喻文化色彩已经逐渐淡化。

三　乡土社会中的阿波罗式文化日渐消解

费孝通指出：乡土社会是阿波罗式的，而现代社会是浮士德式的。阿波罗式的文化认定宇宙的安排有一个完善的秩序，这个秩序超于人力的创造，人不过是去接受它，安于其位；浮士德式的文化则把冲突看成存在的基础，生命是阻碍的克服，没有了阻碍，生命也就失去了意义。③

在传统中国的乡土社会中，生活的各个方面，人和人之间的关系，都有着一定的规则。行为者对于这些规则从小就熟习，不问理由而认为是当然的。加上长期在熟悉的地方与熟悉的人相处，人们对于行为规矩熟悉到不假思索，不难做到"从心所欲不逾矩"，甚至到某种程度使人感觉到是自动的。"老年人、中年人和年轻人所接受和传授的都是同一套信息"，"无数含糊而又难以言喻的知识"就这样得以持续性地代代相传。④ 对儿童来说，这套"规矩"是先于他而存在的，是宇宙本身固有的秩序，根

---

① 费孝通：《乡土中国·生育制度》，北京大学出版社1998年版，第67—68页。
② 韩妹：《63.3%青年遇重大问题不首先求助父母说明什么》，《中国青年报》2010年5月25日。
③ 费孝通：《乡土中国·生育制度》，北京大学出版社1998年版，第44页。
④ ［美］玛格丽特·米德：《代沟》，曾胡译，光明日报出版社1988年版，第25页。

本不需要他承认或者认同，他的任务只是去熟习。"他闯入进来，并没有带着创立新秩序的力量，可是又没有个服从旧秩序的心愿"。① 在这些现实的规矩面前，他既不会主动去推翻，也不会由衷去赞同，只是自然地、自动地去做而已。"一个群体中至少有三代人信奉这一文化。故此，儿童在成长过程中，对周围的人所毫无疑义地接受的一切也毫无疑义地接受下来。"② 儿童就像一个机器人，被人设定好了程序，自动完成他需要完成的任务。并且，当外界规矩与自身发展产生矛盾时，他们的态度往往是以克己来迁就外界，改变自己去适应外在的秩序。

在这种文化背景下，教育者只需告知教育对象怎么做，在他头脑中输入孝德程序，他便在漫漫时光中自然而然养成孝德习惯。至于为什么要孝，教育者完全不必细说，只是一句"天经地义"便足可使人信服。这样的教育，其效果好坏，更多地取决于教育者而非受教育者。因为教育者只要肯教、认真教，受教育者便坏不到哪里去。所以，"子不教"成了"父之过"，父亲在儿童的教育中起到最重要的作用，也负有最主要的责任。旧时儿童间互骂时会经常骂一句："有爹养没爹教"，便是细节上对父亲教育责任的反映。儿子做了坏事情，父亲得受刑罚，其老师也难辞其咎，这在传统社会是有一定合理性的。反观当代，感动中国、最美孝心少年中因孝行被表彰者，多来自贫穷落后地区或者贫穷落后家庭。湖南卫视《变形计》栏目中来自农村的农家孩子普遍比城里的同龄孩子懂事、孝敬，似乎也在一定程度上说明了这个问题。因为在贫穷落后地区更多地保留了乡土社会中的一些特征。生活在那里的人们，思想观念受其他文化浸染的程度较低，依然认为孝是天经地义的、理所当然的，无须多假思索与选择。

在阿波罗式文化中，现存的一切规则都是不容置疑的、是绝对的，因而不会受到分析的威胁。可是随着工业化、城镇化的发展，阿波罗式的文化正在逐渐消解。孩子们生活在他们的长者未曾经历过的世界，不再单调地重复长者们已经经历过的一切，长者们的经验、教导和行为模式对孩子的未来不再具有决定性的适用价值。"他们的旧经验不仅对新的情境毫无

---

① 费孝通：《乡土中国·生育制度》，北京大学出版社1998年版，第66页。
② ［美］玛格丽特·米德：《代沟》，曾胡译，光明日报出版社1988年版，第39—40页。

用处，而且他们封闭式的价值观几乎构成一种威胁。"① 祖辈们一味地回忆过去，试图强化旧有的文化价值，这点常使年轻人反感甚至排斥。尽管"父母一代的人仍然靠着一套后象征性的价值在生活着。在这种文化中，孩子从父母那里得知世上有着一些不容置疑的绝对价值"，可是当这些父母准备重建这些绝对价值时，他们会发现"这些因素远不象过去那样好驾驭了，因为在这个世界中，人们普遍乐意接受各种观点相互冲突的局面，而不是正统观念"。②

就孝德教育来说，当孩子面对与孝不同的其他文化价值时，他们会产生困惑、纠结，他们会问：中国式的孝德传统是不是真正的大孝？西方人是不是就不孝？在如何对待父母的问题上，西方所提倡的"爱父母"与中国所提倡的"孝敬父母"，哪一种更为本质地反映了父母子女之间的人际关系？哪一种更适应于现代社会因而更为合理？能否以西方的"爱父母"教育取代中国的"孝敬父母"教育呢？一旦这些问题得不到满意的答案，某些受教育者便不免对孝德产生怀疑。

在实践当中，孝德教育者要回答很多看上去简单却不容易回答的问题。比如说，为什么要孝？对于这个问题，古人没有对它进行太多的解释和论证。董仲舒和朱熹虽然曾将孝德归为"天道"或者"天理"，使之在古代具有一定的哲学根据，但这些理论在现代人眼中均已不再具有说服力。现代人之所以仍然奉行孝德，一是传统使然，二是相信人的本性就是那样，就应该那样——如果一个人不孝敬父母，便会感到良心的不安和遭到谴责。而现代西方理性主义哲学则拒斥独断论，坚持追究一切现象的最终根据，一切都必须作出科学的说明并接受逻辑的检验。这样一来，孝德仅仅凭借感情和良好的愿望而存在，在理论上便必然显得苍白。同时，类似疑问不仅存在于孝的意义，还存在于面对孝的内容、孝的种种行为规范，以及孝德教育的途径、方法等方面。对于这些疑惑，教育者不仅要给出答案，而且要给出让孩子信服的答案，否则便很难取得效果。这一切无形中增加了孝德教育的难度。很多父母尽管自己认同孝德，可是在进行孝德教育时却显得不再那么笃定——"他们不知道如何教诲这些与自己童

① 金坚：《前喻文化·同喻文化·后喻文化》，《上海青少年研究》1986 年第 10 期。
② ［美］玛格丽特·米德：《代沟》，曾胡译，光明日报出版社 1988 年版，第 80 页。

年大相径庭的孩子", "大多数儿童也无法向与自己毫无共同之处的父母或长者学习"。①

总之，如果说中华优秀传统文化就像一棵大树的根基，那么孝德教育传统便如同这棵大树的树枝，一旦根基营养不良，枝叶便会枯萎发黄；而后喻文化色彩的日益淡化则使孝德教育中以长者面目出现的教育者权威被大大消解，教化权力大大削弱；乡土社会中阿波罗式文化的日渐消解则使孝德教育中的诸多价值受到质疑，无形中增加了孝德教育实践的难度。所有这一切，使孝德教育传统失去了原有的诸多软性支撑，变得十分单薄和脆弱。

综上所述，在当代中国，孝德教育传统既存在源于惯性的"自发传承"，又在各种客观因素和人为因素的作用下发生了严重的"相对断裂"。"自发传承"主要表现为大众孝德教育观的传承，而"相对断裂"则主要体现在孝德教育制度、孝德教育思想理论与大众的孝德教育观三个方面。与此同时，由于社会的变迁和文化的变革，从传统孝德教育中延续而来的孝德教育传统，不可避免地面临一系列的社会困境与文化困境。社会困境主要由现代家庭结构的变化、市场经济的负面影响和老龄化的到来所引发，而文化困境则主要表现为中华优秀传统文化影响式微、后喻文化色彩日益淡化和乡土社会中的阿波罗式文化逐渐消解。

然而，实践证明，尽管孝德教育传统面临诸多困境和不利因素，却并不意味着孝德教育传统在当代社会走入了死局。在韩国、日本、新加坡等经济比较发达的现代化国家，孝德观念被民众普遍认同，孝德教育依然受到高度重视，这说明来自于传统的孝德与起源于西方的现代化并非水火不容。这既增强了我们继承孝德教育传统的信心，也促进了我们去深入思考应当如何继承孝德教育传统。

当代孝德教育必须正视其所面临的困境，以当今时代的重大理论问题和现实问题为突破口与着力点，找到保持孝德教育生命力的活水源头。面对市场经济的负面影响，当代孝德教育应着重强调孝德作为一种道德的非功利性，反对把经济领域内的价值准则引入伦理问题中。代际亲情是世间最为宝贵的财富，是不能用金钱以及物质来衡量的。亲情的温暖和由此给

---

① ［美］玛格丽特·米德：《代沟》，曾胡译，光明日报出版社1988年版，第81页。

亲子双方所带来的幸福感是金钱买不来的，也是物质及享乐给人带来的愉悦所无法比拟的。一个人如果不珍惜亲情，不懂得及时孝敬父母，那么等到感受到"树欲静而风不止，子欲养而亲不待"的遗憾时，已经悔之晚矣。在当代孝德教育中，强调孝之情感的抒发与实践带给人的超越物质、超越功利的幸福感，强调孝德对于完善个体品性与提升个体境界的作用，这对于消除市场经济的负面影响至关重要。

要降低受教育者行孝压力加大对孝德教育所造成的消极影响，政府和社会应注意减轻子女的养老负担，如进一步完善社会保障体系、建立和完善社会养老服务体系等。由此，便可以将以往由众多兄弟姐妹承担的那部分责任，转移到特定的社会机构当中，实现子女尽孝职责与社会机构职能的优化整合，为子女尽孝创造良好条件。

要使孝德教育走出当前的文化困境，必须转变孝德教育理念，建立起与当代文化相适应、相协调的理论体系，同时注意整合当代的某些文化元素，创设有利于新的孝德教育传统生根发芽的文化环境。

总之，在现代化背景下，如何对孝德教育传统进行创造性的转化，努力使其与现代化"兼容"，即解决孝德教育传统与现代化的适应性、兼容性甚至促进性，这是继承孝德教育传统的关键所在。同时，继承与创新孝德教育传统的重点不在于"引经据典"，不在于将孝德地位恢复到如从前一般（这既不现实，也没有必要），而是进行具有时代特色的解释和阐发，使其古为今用，充分发挥其应有的功能。

第四章　养老视阈下中国孝德教育传统的继承与创新

对于传统儒学，一些学者将其区分为哲学儒家与"政治化"儒家。哲学儒家主要指作为一种哲学和宗教信仰体系的儒家思想，它服务于文化，作为文化的一种灵感资源在创造和延续文化变更中扮演至关重要的核心角色；而"政治化"儒家主要是指被许多中国家庭践行以及政府所征用的儒家实践。① 儒家实践中很多专制的、愚昧的态度和行为，不仅不可能适用于当代，而且多数不为哲学儒家所提倡。

与此相适应，传统孝德教育相关内容亦可分为两种类型：一种是与传统儒家实践紧密相连的专制的、愚昧的、落后的内容；另一种是具有一定科学性或者合理性而杂糅于孝德教育传统中的精华性的内容。从历史实践来看，二者常常混杂一处、难以分割。本章并不试图对传统孝德教育做条分缕析式的梳理，而是在养老视阈下，以现代人的眼光去审视孝德教育传统（即哲学儒家的那部分），从中找寻能够服务于当代文化的一种灵感资源，对其进行创造性转化的同时，融入新的孝德教育理念或者说推动产生新的孝德教育功能。至于传统孝德教育中那些属于"政治化"儒家的内容，本章会在必要时有所提及，但不作为分析重点。

具体来说，本章将从目标、内容、主体、途径和方法五大基本要素出发，来探讨养老视阈下孝德教育传统在当代的继承与创新。

---

① ［美］罗思文（Rosemont），安乐哲（Ames, R. T.）：《生民之本》，何金俐译，北京大学出版社 2010 年版，第 6 页。

第一节　孝德教育目标的继承与创新

孝德教育目标是指教育者对受教育者在孝德方面所需达到之要求的设想或规定。作为一种有目的、有计划的教育实践活动，目标的确立在孝德教育中至关重要。它指导和影响着孝德教育的全过程，决定着孝德教育内容、主体、途径等其他要素的选择。综合考察孝德教育传统和当代社会现实，我们将当代孝德教育目标分为两个层次，即微观层次和宏观层次。微观层次的目标是使个体具备善事父母之孝德，宏观层次的目标是充分发挥孝德教育传统的养老功能。

一　微观层次的目标：养成个体善事父母之孝德

回顾传统，无论是哲学儒家还是"政治化"儒家，均未曾提出明确的孝德教育目标。但是，略加梳理分析便不难发现，二者在孝德教育方面的目标不仅客观存在，而且是显著不同的。从微观层次上看，"政治化"儒家在孝德教育中常忠孝并论，旨在以孝劝忠，培养孝亲忠君之顺民；哲学儒家则旨在使个体具备"善事父母、尊祖敬宗"之孝德，并按照"修身、齐家、治国、平天下"的顺序，促进个体自我道德人格的完善。

在哲学儒家的文化设定中，自我并非单指当下这个己身之存在，而是关涉过去和未来的"扩大之我"。这个"扩大之我"比我们本身大得多，在我们来到这个世界之前就已存在，且在我们身后还将长存。[①] 宋代大儒周敦颐的祭祠（名为"爱莲堂"），建成至今七百年仍屹立不倒，主要源于周氏族人的维修和保护。2010年年底，当爱莲堂面临开发而即将被拆之际，周氏族人撰写了《告周敦颐后裔一书》，希望居住在周边的后裔"在周子祠被毁之际能挺身而出"，以求"上对得起列祖列宗，下对得起子孙后代"。[②] 面对周氏族人的强烈反对，那些试图以拆旧建新说服他们

---

① 罗思文：《理性与宗教经验》，转引自［美］罗思文（Rosemont）、安乐哲（Ames, R. T.）《生民之本》，何金俐译，北京大学出版社2010年版，第80页。

② 王珏：《大爱：〈孝经〉的密码》，广西师范大学出版社2011年版，第113—114页。

的人不会明白，这座祠堂不只是所有周氏家族后裔的精神支柱，更被视为扩大之自我的一部分。在他们看来，好好的手足长在自己身上，即使不那么灵便了，也不该轻易被砍掉。砍去之后再装上的义肢，即使做得再完美，亦不再具有原初的意义。

扩大之自我，不仅仅是指当下之己身，还可追至列祖列宗，延至子孙后代。因而，中国人所称自尊、自爱、自强的范围往往要比西方人所理解的大——不仅涉及自身，更涉及家族脉系的绵延（甚至还可由己身发散至家庭、团体、民族以至国家）。正因为如此，在中国人的日常生活中，夸赞一个人的子女是恭维他的最佳方法，而对一个人的父母长辈表示尊敬亦可迅速拉近与他的距离；正因为如此，当一个人失去至亲时，往往会感到有什么东西从身体内被抽离般的疼痛与失落；正因为如此，即使在民众普遍信奉无神论的今天，民间仍有很多家庭保留着定期祭祖的习俗。在笔者家乡，大年三十的傍晚，人们会来到空旷的地方，燃放鞭炮，向祖辈所在的墓地方向跪拜，并呼唤逝去的长辈回家过年；从大年三十到正月初三，家里的灯必须长明不灭，以防长辈回家找不到路；家中摆放着三代祖宗的牌位，牌位前摆上新鲜的水果和糕点；年夜饭的饺子煮出来，第一盘必须供奉祖先；年夜饭之前，全体家人必须在祖宗牌位前磕头拜年；正月十五晚饭之后，人们会在路边放灯，护送长辈离开。事死如事生，年复一年奉行此风俗的人们相信，长辈并未远去，而是一直在他们身边，在他们心里。

对于每一个个体来说，自我不仅需要对己身负责，还需要对上之父母及列祖列宗负责，需要对下之子孙后代负责。既然父母和子女都是扩大之自我的一部分，那么对他们好就等于对自己好，孝敬父母便成为自然而然的一件事。对上负责，因而有"孝"；对下负责，因而有"慈"；对己身负责，因而有"修齐治平"。同时，对上、对下均需以对己身为基础和目的，所谓"身体发肤，不敢毁伤"，孝之始也；"立身行道，以显父母"，孝之终也。毕竟，个体的存在和健康发展是其行孝和行慈的客观基础。因而，孝虽"始于事亲，中于事君"，却是"终于立身"。可见，个体并不是扮演为人子、为人父的角色，亦不是拥有向上或向下的父子关系，而是由包含父子关系在内的各种角色和关系所建构的。换言之，只有能够尽孝、为慈时，个体才成为其所是，才能成为"人"。故《孝经》云："天地之性，人为贵。人之行，莫大于孝。"①

　　"事亲"是"立身"的基础，孝是个体完善自我的必经途径和内在动力。正是在行孝的过程中，个体得以提升自我、实现自我。有的人没有认识到这一点，父母在的时候不懂得珍惜，不去孝敬父母，等到父母去世了，往往追悔莫及，枉自发出"树欲静而风不止，子欲养而亲不待"的感叹。之所以会有这种悔恨的感觉，就是因为父母是他们自我的一部分，当这部分不在了，人自然会有切肤之痛。这就如同一个人不爱惜自己身体，结果生了病，肺被切去半边儿，这时候才发现自己身体这部分原来这么重要。可是已经为时过晚，尽管每次想起来心都会痛，却已经无法挽回。

　　而有的人能够及时行孝，便能够体会到自我提升后的平和充实。笔者同一个朋友交流这一观点时，她因感同身受而非常赞同。她从小由祖母带大，和祖母感情很深。上班以后、结婚以后，她仍然经常去看望祖母。在祖母去世之前的半年，她几乎把所有的业余时间都用来陪祖母、照顾祖母，给祖母做饭，给祖母买食物和日常用品。祖母去世之后，虽然她很悲伤，但更多的是想到在一起时的开心时光，心里很平和，很安心。回想起这一切，她觉得很欣慰，幸好当时及时行孝，否则如今一定会后悔。而且，在照顾奶奶、孝敬奶奶的过程中，不知不觉间充实了自我，提升了自我。此时此刻，当她在审视自我时，觉得自己是对的，是向善的，因而觉得平和安心。

　　《孝经·开宗明义章》云："立身行道，扬名于后世。"② 用现代的话来说，就是自立自强，努力实现自我价值。对儿女来说，建功立业，实现自我价值，让父母看到他们的孩子是个出色的人，是个对家庭、对社会、对国家有用的人，这是最好的孝行。在中国历史上，很多仁人志士认识到这一点，以孝励志，建功立业，为国家、为民族做出了不可磨灭的贡献。岳飞一生精忠报国，虽然壮志未酬身先死，却成为名垂青史的民族英雄，他没有辜负母亲刺字教诲的苦心，将对母亲的炽烈孝心转化为同样炽烈的报国之志，是为至孝。抗日战争时期，马本斋率领河北献县回民支队因孝

---

① 汪受宽：《孝经译注》，上海古籍出版社 2004 年版，第 42 页。

② 同上书，第 2 页。

而勇，奋勇杀敌，为母亲报了仇，同时也为祖国母亲出了一口气。可见，不管是否认同，人们在潜意识中已然将孝作为自我完善之必不可少的内容。中国人对家的这种奉献，并非像某些人所批判的那样，全然是自我牺牲或自我放弃，而在很大程度上是充分表达个人价值的途径和动力。

尽管社会已经发生巨大变迁，但是个体追求自我完善这一点不会改变。当代孝德教育应当继续发挥孝亲与自我完善之间的相互作用机制，以养成个体善事父母之孝德为目标，使受教育者将孝德的形成及道德人格的发展作为自身的需求。不过，必须承认的是，随着家庭规模的缩小和人口流动的加快，当代人尊祖敬宗的意识较传统社会已经大大淡化，扩大之自我的范围已然缩小（一般局限在祖孙三代以内）。因而，这里所说的"善事父母"，虽然以父母为孝的主要对象，但亦可延伸至祖父母、曾祖父母及其他长辈。

"善事父母"之孝德，以"善事父母"为核心内涵与衡量标准，表现为一切"善事父母"之情感、心理、知识与行为的集合。它不是固定不变的终成之物，也不是某些特定的具体行为或者规范之集合。具备孝德的人，不需要刻意用语言或行动来表现它，而是处于一种"善事父母"的生命状态。在这种状态下，为子者总是能够认识到亲子关系的重要性，主动自觉地建立父慈子孝的和谐关系，并且有能力维系和强化这种良性互动。

《说文解字》言，"仁"字由"人"和"二"两部分组成。因而，有学者指出："对孔子来说，除非至少有两个人，否则就不能言'人'。"[①] "人"由其所处的关系建构而成，而现实中关系是不断变化的，因而"人"在本质上是不断"生成着的人"。所谓"仁"，必须根据特定人的特定的具体情况来理解，既没有既成公式，也没有最终目标。仁就像一件艺术作品，是一个揭示而非闭合的过程，它抗拒固定的定义与临摹。[②]

作为"仁"之本，孝同样是关系性的（以亲子关系为主），是历史性的、动态的概念，既具有持续性又充满变化。孝中的共性是"善事父

---

① ［美］芬格莱特：《孔子谈人性音乐》，转引自［美］罗思文（Rosemont）、安乐哲（Ames, R. T.）《生民之本》，何金俐译，北京大学出版社2010年版，第100页。

② ［美］罗思文（Rosemont）、安乐哲（Ames, R. T.）：《生民之本》，何金俐译，北京大学出版社2010年版，第102页。

母"，但于每个个体而言，其含义是不尽相同的。每个人是不同的，每个人的父母是不同的，因而其关系的处理必然带有个人化的色彩，这就决定了孝德不可能是固定不变的。正因为如此，为孝德列出一套标准的内涵或行为规范，是一件吃力不讨好的事情。正如杨国枢等学者所指出的："有些学者与有心人士所编选之现代孝道的行为与项目，最多只能供人参考，可说既无规范性的约束力，也不可能适合广大的民众。每个为人子女者，都必须自己创造一套既能实现自我又可适合父母的孝道。"①

金文的孝字为"𡥕"，上面是一个老人，下面是一个孩子，二者合而为一则构成孝。因此，孝代表了父与子的共同体。在这个共同体中，父与子既独立存在又相互依存。在这种相互依存中，父与子构建自己存在的同时发现生命中某种深刻持久的幸福感。无论是传统社会中那种"父为子纲"的绝对服从、子因父而有之种种压抑牺牲，还是当代社会在一定范围内存在的亲代义务畸重、啃老现象，在根本上都忽略了亲子间的和谐共生状态。无论纯粹"装样子"敷衍孝的责任，还是完全放弃孝的义务，或者以"孝"的名义僵化地执行伤己害亲的愚孝行为（如郭巨埋儿），都绝不会让人变成真正的君子。孝敬之道不是既定的、先在的。孝者必须同时是个创造者，根据自身的情况和亲子关系的状况，去找到亲子都感到愉快的互动之道。

那么，既然孝德的外在表现是一种状态而非某些行为模式，应当如何判断一个人是否已经具备孝德呢？或者说，怎样判断孝德教育目标是否实现或者是否取得实效呢？由谁来做出判断呢？对此，我们也许可以从清朝姚廷杰之《教孝编》中得到一些启示。《教孝编》将人之孝行概括为14个方面，其中，第一方面为"全天性以乐其生"，文中论述道："如果能自全其固有之天性，而实尽其孝，则父母自有生人之乐、而无悒郁之伤矣。"② 父母作为孝的对象，是子女孝行的直接感受者，自然理应成为子女孝行最权威的裁判者。当有子女忤逆不孝时，父母会怒骂："我怎么会生了你这么个孽障""我真是后悔生了你"……诸如此类的斥责除了表达

---

① 杨国枢、叶光辉：《孝道的心理学研究：理论方法及发现》（第五篇），杨中芳、高尚仁主编：《中国人，中国心（上册）——传统篇》，远流出版社1991年版，第249页。

② （清）姚廷杰：《教孝编》，转引自向燕南、张越《劝孝——仁者的回报 俗约——教化的基础》，中央民族大学出版社1996年版，第43—51页。

愤怒之外，也是对子女孝行最真实的评价。《孝经·士章》云："无忝尔所生。"① 不要让父母后悔生了你，让父母觉得生了你是此生最大的骄傲与幸福，这就是实现孝了。因此，在孝德教育中，完全可以把"父母是否乐其生"作为判断一个人是否具备孝德的标准。

综上，孝德并非源于外在，而是发自于心的。追求孝德是人对自身的不断完善，是不断向善的过程，而非一条存在终点的道路。通过这种不断向善的过程，人生得到幸福，达到圆满。当代孝德教育在微观层次的目标，就是通过适当的途径与方法，引导个体在了解善事父母之孝德的核心内涵和基本内容的基础上，通过自身的不断探索，建立、维系和强化自己与父母之间的良性互动，使自己始终处于一种"善事父母"的生命状态。

二 宏观层次的目标：充分发挥孝德教育的养老功能

从宏观层次来看，传统孝德教育的目标包括维护专制统治和解决养老问题两大方面。如前所述，在传统社会，孝德教育曾对养老问题的解决发挥过巨大作用——通过培养"宗法人伦"，维护了老年人的权威地位；通过强化"同居共财"，保障了老年人的经济；通过养成"事亲之礼"，照护了老年人的日常生活；通过强调"诚敬之道"，慰藉了老年人心理和情感；通过强化"尊老意识"，优化了养老环境。所有这一切，为传统社会中的老年人提供了基本的保障体系，解决了中国历史上的养老难题。

时至今日，孝德教育传统对于改善老年人慰藉困境、照护困境、临终关怀困境以及经济支持困境仍然具有重要的现实价值。经济支持方面，即使将来养老保障制度和医疗保障制度相对完善，亦会在某些情况下需要子女支持；照护方面，即使社会养老服务系统相当完善、相当专业，亦往往不如子女照护更加贴心，更令老人在心理上和情感上感到满意知足；精神慰藉方面，子女的作用则更加重要而且不可替代。随着人们生活水平的提高，老年人的精神需求问题越来越突出。面对着生理上的变化和社会角色的转换，老年人尤为需要心理上的慰藉和情感上的关怀体贴。而孝德传统中大量关于"养志之孝"的内容对于解决上述问题大有裨益。这不仅是因为种种"养志"的具体行为能够让老年人得到慰藉和体贴，更因为这

---

① 汪受宽：《孝经译注》，上海古籍出版社 2004 年版，第 22 页。

些行为来自老年人最疼爱的子女，能够使老年人倍感行为背后所饱含的细腻、温暖。

如果说改善老年人慰藉困境、照护困境、临终关怀困境以及经济支持困境，是从孝德教育传统中生发出来的养老价值，那么当代养老的现实需要则历史性地赋予孝德教育新的功能——通过培养子女的"责任人"意识，使其成为老人各种养老支持资源的整合者，避免老人陷入"结构洞"困境。

罗纳德·伯特的"结构洞"概念指出："社会网络中的任何主题与其他每一主体发生联系，但与其他个体不发生直接联系。这种无止境联系或关系间断的现象，从网络整体来看好像网络结构中出现了洞穴，因而被称作'结构洞'。"[1] 在当代中国的养老实践中，"结构洞"现象大量存在着。如图4—1所示，如果把老年人看作社会网络中的一个"主题"，那么提供社会养老支持的政府、社区、子女等便可看作社会网络中的不同"主体"。这些"主体"与老年人这个"主题"之间都存在着联系，老年人的养老支持网络表面上已经建立。但由于多种原因，各方支持力量却不强（有时甚至发生断裂）。

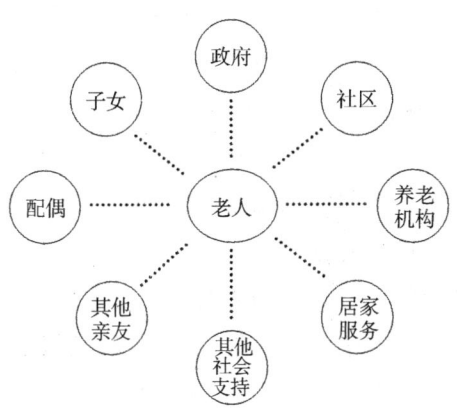

图4—1　养老支持"结构洞"困境示意图

从政府、社区、养老机构、居家服务机构及其他社会支持资源来看，老人虽与"主体"发生联系，却与"主体"中的"个体"不发生直接联

---

[1]　转引自周长城《经济社会学》，中国人民大学出版社2005年版，第102页。

系。对老人来说，政府、社区等都只是抽象的组织概念，而不是具体的某个人或者某些人。举例来说，当老人的养老金给付出现问题，尽管确实有"相关部门"会予以解决，但"相关部门"是哪个部门？具体找谁？对于脱离社会日久、信息闭塞、沟通能力日渐下降的老年人来说，这些不起眼的细节都会成为问题。尤其是对于独居的高龄老人来说，这些问题更为严重，常会让老年人有种求助无门的感觉。实际上很多时候"并非无门"，只是他们"找不到门"。如果老年人总是"找不到门"，再健全的社会养老支持体系也只能形同虚设。更何况，由于我国当前的社会养老支持体系尚不健全，有些时候老人确实"求助无门"。

从子女、配偶及其他亲友等家庭支持资源来看，老人与"主体"中的所有"个体"都比较熟悉，一般能够建立直接联系。但是，这种联系的强弱往往取决于支持者的支持意愿与支持能力，并不完全可靠。当"主体"支持意愿不足或支持能力不足，甚至根本没有支持意愿或支持能力时，老人与"主体"之间的联系便被削弱甚至切断，由此失去与家庭支持资源的联系。

当老人与图中所有"主体"间的联系都被削弱或者切断时，老人便如同身处"虚线"形成的"洞"中，处于孤立无援的境地。与此同时，各"主体"虽然明知自己没有尽到责任，却"以为"或者"期望"其他"主体"能够尽到责任，由此有意无意地免除自己的责任；甚至在自己有能力尽到责任的时候，也会下意识地推脱。很多时候，"主体"或者不知道老人身处"结构洞"中孤立无援，或者即使知道也推脱不是自己的责任而置之不理，于是使老人陷入其中而无法自拔。

那么，如何使老年人摆脱"结构洞"而真正与各"主体"建立联系呢？最理性的途径是，构建以老人为中心、以"责任人"为媒介的"立体养老支持网络"（如图4—2所示）。在这个支持网络中，从老人的所有养老支持"主体"中选出一个"责任人"，由其担任老人与其所有养老支持"主体"之间的媒介，并对老人的养老负起主要责任。"责任人"的主要职责是：①在自身与老人之间建立并保持稳定联系，并完成自身作为养老支持"主体"的责任；②建立并保持自身与其他"主体"的联系；③帮助老人建立并保持老人与其他"主体"的联系。由此，老人与各"主体"之间的联系真正得以建立并保持稳定，甚至有所加强。在老年人的整个养老过程中，"责任人"的支持贯穿始终并对老人养老负主要责任。这样一来，无论在何种情况下，老人至少有一个"责任人"与其保持联系，不至于完全孤立无援，从而最大程度地避免了"结构洞"困境的出现。

该"立体养老支持网络"以老人为中心。老人可以在"责任人"的帮助下，根据自己养老的现实需要和个人意愿，在众多的养老"主体"中选择与哪个"主体"或哪几个"主体"建立或强化联系，使养老生活更加符合个人意愿，提升养老质量。

该"立体养老支持网络"以"责任人"为媒介，能够有效整合老人的各种养老支持资源。在没有设置"责任人"时，老人的各支持"主体"之间通常没有联系，处于彼此分离、各自为政的状态，难免相互推诿；而有了"责任人"之后，各主体可经由"责任人"的沟通，实现互通有无、优势互补。尤其是在"责任人"主体和其他"主体"之间建立有效联系后，当"责任人"主体与老人之间的联系，由于时间、精力、经济状况等客观原因而被削弱时，其他"主体"可根据"责任人"主体提供养老支持时遇到的困难情况及时补位；同时，当其他"主体"在老年人的养老支持中出现空位，或者所提供的支持无法满足老年人需求的时候，"责任人"主体亦可及时发挥作用。如此一来，既可以充分发挥"责任人"主体的作用，又可以尽量减轻"责任人"主体的负担。

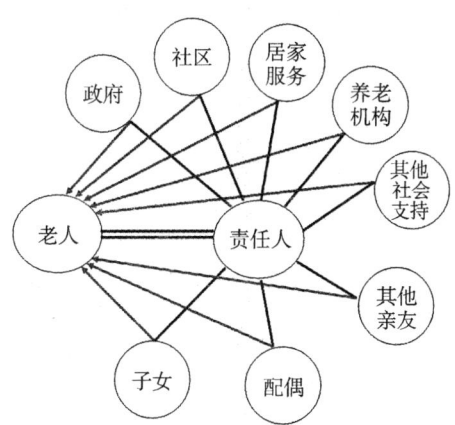

图4—2　以老人为中心、以"责任人"为媒介的立体养老支持网络

接下来的问题是，由谁来担任"责任人"呢？首先，"责任人"必须是"主体"中的"个体"，因为只有"个体"才能与老人进行真实有效的沟通；其次，"责任人"最好与老人比较熟悉，且具有担任媒介的意愿和责任心；再次，"责任人"能够积极主动地维护老人权益，而非出于功利目的。基于以上三点考虑，适合担任"责任人"的范围如下：子女、配偶、其他亲友、公职人员、志愿者。

其中，由子女作为老人养老的"责任人"，具有以下独特优势：其一，在孝德伦理的作用下，子女普遍具有相当强的养老意愿；其二，子女与老年人情感深厚，对老年人非常了解，可以更周到地进行全面的、长期的养老支持；其三，与其他养老支持"主体"中的"个体"相比，老年人最信赖的就是子女；其四，与老年人及其配偶相比，子女一般正当壮年——作为社会的中流砥柱，他们拥有更多的社会资源，可以解决很多老年人不能解决或者无力解决的问题。可见，在老人的立体养老支持网络当中，子女最适合担任"责任人"。必须强调的是，当子女担任"责任人"时，其养老支持"主体"的责任并没有被免除，而是与"责任人"角色同时存在。在没有子女的情况下，可以依次选择配偶、其他亲友、公职人员、志愿者作为"责任人"。

当由子女作为"责任人"时，子女是否具备"责任人"意识，便成为"立体养老支持网络"能否发挥作用的重要决定因素。子女们具备了"责任人"意识，便能够担负起"责任人"兼养老主体的责任；子女不具备"责任人"意识，以子女为"责任人"的养老支持网络便无法建立。而子女的这种"责任人"意识，完全可以纳入当代新型孝德的基本内容当中，于是，孝德教育便成为培养子女"责任人"意识的最佳途径。

反过来说，当代孝德教育由于能够培养子女的"责任人"意识，有利于消除老人养老的"结构洞"困境，而产生了新的养老价值。这一养老价值有必要单独提炼出来，并加以高度重视，融入孝德教育实践中使其充分发挥作用。发掘孝德教育的这一养老价值，不仅仅有利于消除"结构洞"困境，更为孝德教育传统本身找到新的生长点，即借助其养老功能而使其自身价值得以重现，使这颗覆满尘垢的宝石得以重现光辉。

但是，从潜在价值到功能实现，需要人们付出更多自觉的、有意识的努力。要真正实现孝德教育在改善养老慰藉困境、照护困境、临终关怀困境、经济支持困境和"结构洞"困境等方面的价值，便需要在孝德教育中融入上述方面的内容，并在上述方面有所侧重。因此，从宏观层次来说，应当把充分发挥孝德教育的养老功能作为目标，将其作为确定孝德教育具体内容、选择孝德教育途径和方法时的重要导向。

第二节　孝德教育内容的继承与创新

孝德教育内容是孝德教育目标的具体化，它随着具体教育目标的变化而变化——有什么样的教育目标，就会有什么样的教育内容。传统孝德教育实践中的教育目标更多地体现为"政治化"儒家以孝劝忠、培养孝亲忠君之顺民的目标，同时，其中也贯穿着哲学儒家使个体具备"善事父母、尊祖敬宗"之孝德、促进个体自我道德人格完善的目标。与此相适应，传统孝德教育内容从"事亲"即孝敬父母开始，由事亲而知事君，由事君而知立身，教育内容逻辑清晰，论证有力，极具系统性。从教育内容的性质来看，传统孝德教育同时具有人民性和封建性。其人民性的内容主要包括：爱亲养亲；尊敬父母及由此推及的敬老精神；思亲念亲、慎终追远；谏诤即孝；立身扬名、光宗耀祖等。其封建性的内容则主要包括：移孝作忠、绝对服从、父子相隐、厚葬久丧、"孝感"迷信和"愚孝"观念。①

当代孝德教育以养成个体善事父母之孝德为微观层次的目标，以充分发挥孝德教育的养老功能为宏观目标。与此相适应，孝德教育内容以培养善事父母之孝德为主。然而，即使只是"善事父母之孝德"，其内涵和实践规范亦大大不同于往日。在剥除了附着在其外围的宗法的、专制的东西之后，当代孝德以"善事父母"为核心，以爱敬父母、感念亲恩和赡养父母为基本内涵。它根源于人们对父母返本报恩的心理意识，体现着子女爱敬父母的道德感情，表现为子女赡养照顾父母的道德行为。当代"善事父母之孝德"以情感为纽带，以感恩等现代公民意识为依托，亲子双

---

① 肖群忠：《孝与中国文化》，人民出版社 2001 年版，第 341—344 页。

方在人格和地位上处于平等地位。

就个体来说，一旦养成孝德，便会表现出"一种稳定的浑然一体的结构形态"①。这种结构形态中，"包含一定的道德认识、道德情感、道德意识、道德行为方式等四种基本成分，简称为品德结构的知、情、意、行"②。

从品德结构培养的侧重点来看，传统孝德教育侧重于知与行的培养。孔子曰："有德者必有言"③，又曰"君子欲讷于言而敏于行"④，指出道德认知与道德行为在品德形成中的重要作用。后世大儒朱熹、陆九渊、王阳明等亦多次论证知与行的关系及其重要性。从传统孝德教育实践来看，灌输孝德经典理论和养成孝德行为习惯是最为重要的内容。孝德经典理论的灌输体现为重视讲授《孝经》以及其他儒家经典中关于孝德的部分，致力于教会学生读经、解经。这样的教育过程，变成了对"知识化了的道德"的逻辑分析和训练。学生对孝德的"知"的多少和能力以及"知"的程度和水平成为衡量孝德教育的主要标准。孝德行为习惯的养成在普通百姓的家庭教育中更受重视。家长们往往制定出种种"家规""家法"等，让孩子从小按照这些"家规""家法"中的规矩说话办事。这种教育培养出来的孝子，虽然表面上能够言孝行孝，却往往由于内心缺乏对孝德的真正情感体验而表现出言行脱节、虚情伪饰等情况，难以养成真正的孝德。

与传统孝德教育不同的是，当代孝德教育应当更加重视孝德情感与孝德行为能力的培养。英国教育家威尔逊提出：受过道德教育的人，应是关心别人利益并体察他人的情感的，并且还应具备符合逻辑的道德事实知识，具有将这些知识转化为技能，再迁移到适宜的道德行为的能力与信念。⑤ 在品德结构当中，道德情感和道德行为能力具有至关重要的作用。尤其对于孝德而言，更是如此。因为孝德本身就是基于人类相生相养的自然情感而形成，是建立在血缘亲情基础上的一种最自然、最淳

---

① 杨韶刚：《道德教育心理学》，上海教育出版社2007年版，第140页。
② 陈泽河、威万学主编：《中学德育概论》，山东教育出版社1991年版，第46页。
③ 金良年：《论语译注》，上海古籍出版社2004年版，第161页。
④ 同上书，第38页。
⑤ 袁桂林：《当代西方道德教育理论》，福建教育出版社1995年版，第158页。

朴的德行。很多时候，一个人并不懂得各种看似高深的道理，仅仅由于亲子之间感情深厚，便能够作出适当孝行，并逐渐具备孝德。正如卢梭所指出的：知善不等于行善。知善或认识善都是理智问题，而行善、爱善、向善、求善则属情感或行为的问题。① 因此，当代孝德教育应当更加注重孝德的情感性和自主性，以激发孝德情感和提高孝德行为能力作为主要内容。

一　激发以爱敬父母为核心的孝德情感

美国教育家诺丁斯指出："教育的主要目的应该是培养有能力、关心人、爱人并且可爱的人。"② 在其提出的关怀理论中，她强调：关心和被关心是人类的基本需要，对于大多数人而言，没有什么比一种稳定的充满爱的关系更为重要。关心者与被关心者的人际关系是一种情感交融，以情促德的关系。在这种关心建立的过程中，情感的作用高于认知。推动我们前进的力量不是理智而是情感，是我们对任何人和事所持的感情。

事实上，道德情感体验是受教育者能否接受道德教育内容的关键因素。在观念、情感和行为这三者当中，孝德情感在孝德养成中发挥着基础、动力和决定作用。在孝德教育中，只有充分关注人们现实生活中的情感需要和情感体验，才能使孝德的养成获得良好的心理基础和赖以生存发展的现实土壤。总的来看，当代孝德教育所要激发的孝德情感，应主要包括爱、敬、亲、感恩、责任等成分，其中爱和敬是核心。

（一）爱

爱是指对人或事物有很深的感情。就爱父母而言，主要含有"喜爱""爱惜""爱护"之意，是子女对父母的一种发自内心的情感与意向。子女对父母的爱之情感几乎是与生俱来的，是一种生物性的社会情感。从古至今，爱作为孝德中最核心、最基本的成分，一直备受重视。"心乎爱矣，遐不谓矣，中心藏之，何日忘之。"③ 正所谓"爱亲者，不敢恶于人；

---

① 袁桂林：《当代西方道德教育理论》，福建教育出版社1995年版，第4页。

② ［美］诺丁斯（Noddings, N.）：《学会关心：教育的另一种模式》，于天龙译，教育科学出版社2014年版，"致中国读者"第1页。

③ 汪受宽：《孝经译注》，上海古籍出版社2004年版，第82页。

敬亲者，不敢慢于人"①、"不爱其亲，而爱他人者，谓之悖德"②，正是由于孝德中天然具备这种诚挚、自然之爱，因而"教民亲爱，莫善于孝"③。孝德由此被统治者看中，成为其教化天下之"至德要道"。不过，在"爱"与"敬"两种情感当中，"敬"在君与父之间的桥梁作用使其在"移孝作忠"中的作用更为突出，因此便更加受到传统孝德教育的重视，"爱"的本质反而被逐渐埋没。

事实上，传统孝德中这种具有普世性的"爱"之情感，方是我们最应当珍视的。亲子之爱作为一种纯洁而真挚的感情，是人生最可宝贵的情感之一。通常情况下，每个人都是在父母的精心爱护下长大的，在他懂事成人后，又担负起对父母及他人的照顾与爱护。人们正是在这种相互的帮助与爱意中才能顺利成长，才能战胜生活中的种种困难，才能克服种种精神迷茫，才能完成健康明朗的人格修养，才能从平淡的生活中找到生命的快乐与意义。因此，孝德的传承本质上是爱和责任的传承。更为可贵的是，孝德中的爱是超越了家庭关系的普世之爱。老吾老，以及人之老——由孝德而引申出的关怀天下的爱人之心，在现代社会生活中是必不可少的。因为，即使在高度发达的物质文明中，人仍然具有精神需求，仍然希望得到感情寄托。无论何时，人类的生存，人的幸福感受，都要靠人类的相互扶助与爱心滋养才能获得。因此，当代孝德教育应当更多地发挥其"亲亲"之"爱"，将子女对父母的爱作为孝德中最核心的本质。

值得注意的是，尽管"爱"的情感是孝德中最为核心的内容，却不意味着可以用"爱父母"教育代替孝德教育。其一，爱只是情感的泛泛表达，爱的对象可以是父母，也可以是一切人，甚至可以是各种事物，而孝则只适用于长者与幼者之间（尤其是亲子之间），具有特定的适用对象、适用情境，而且指向明确、一目了然；其二，与爱相比，孝作为中国文化语汇中一个具有特定含义的术语，有着丰富得多得多的文化内涵。即便是在岁月磨砺中，孝中的有些内容已经逐渐消解，但至少仍包含着爱、敬、感恩、责任、赡养等诸多内容，包含着追祖寻根的生命意识、深深的

---

① 汪受宽：《孝经译注》，上海古籍出版社 2004 年版，第 9 页。
② 同上书，第 43 页。
③ 同上书，第 61 页。

文化内涵和哲学意识，并不是一个"爱"字可以诠释得了的。毫不夸张地说，就子代对亲代的关系而言，一个孝字便可以完全概括。而爱只是一种情感，仅有此不足以行孝。如果对子女进行"爱父母"教育，则需要同时进行感恩教育、责任教育、养老教育等多种教育，如此方能部分地实现孝德教育的内容。可见，以"爱"代替"孝"，等于将"孝"生生分解，无异于杀鸡取卵，这种做法并不可取。

（二）敬

子女对父母的"敬"是一种自下而上的情感，含有"重视""戒慎""尊敬""尊重""恭敬"之意。《孝经》中将"敬"与"爱"置于同等重要的地位，多次并提，如"生事爱敬，死事哀戚，生民之本尽矣，死生之义备矣，孝子之事亲终矣"①；"若夫慈爱、恭敬、安亲、扬名，则闻命矣"② 等。

"敬"与"爱"一样，是孝德中最核心的内容。在应用当中，二者有所差别。一是情感指向的对象稍有不同——尽管不论对父还是对母，都须既有"爱"又有"敬"，但是"敬"侧重于对父，"爱"则侧重于对母。如《孝经·圣治章》中曰："圣人因严以教敬，因亲以教爱。"③ 《红楼梦》中，宝玉见了父亲便如同老鼠见了猫，大气都不敢出，显然"敬"多于"爱"；见了母亲则完全是另一番情景，"不过规规矩矩说了几句，便命人除去抹额，脱了袍服，拉了靴子，便一头滚在王夫人怀里……扳着王夫人的脖子说长道短的"④，一举手一投足之间显然"爱"多于"敬"。二是从情感产生的顺序来看，"爱"先于"敬"。一个人的爱亲之情，是从小在父母怀里便有的、近乎天生的生物性情感。"爱"之真，则生"敬"。随着父母将其渐渐养育长大，敬亲之情方才一日一日地增强，其中社会性成分比较多。《孝经·士章》曰："资于事父以事母，而爱同；资于事父以事君，而敬同。故母取其爱，而君取其敬，兼之者，父也。"⑤ 母亲取其"爱"，君主取其"敬"，并且"教以孝，所以敬天下之为人父

---

① 汪受宽：《孝经译注》，上海古籍出版社 2004 年版，第 86—87 页。

② 同上书，第 72 页。

③ 同上书，第 43 页。

④ （清）曹雪芹：《红楼梦》，人民文学出版社 2010 年版，第 336 页。

⑤ 汪受宽：《孝经译注》，上海古籍出版社 2004 年版，第 22 页。

者也"①。可见，与"爱"相比，"敬"中包含着更多的等级性和社会性。

值得注意的是，虽然"敬"中包含着严肃和庄重，是一种"自下而上"的情感，但这种"自下而上"如今更侧重于"尊重"二字，而非传统中所包含的等级性的压制和强迫。在高扬平等旗帜的今天，很少人质疑：平等是否总是一种纯粹的善？我们面对祖父母时的态度言行，真的可以和我们面对同学时的态度言行完全一致么？毕竟我们的祖父母与我们的同学之间，隔着长长的一段岁月与各种人生历练，将他们完全等同是真正的平等么？事实上，年幼者在父母、祖父母面前持有和表达适当的尊重，更多的是体现着对长者情感、经验或价值的某种认同与肯定。这种认同与肯定不仅会给长者带来快乐，而且能给年幼者带来成长的快乐，这是一种来自生活的深刻持久的幸福感。尤其是对未成年人与中青年父母而言，适度的敬不仅是亲子双方的快乐源泉，更有利于未成年人的教育与成长。从这个角度讲，脱离了专制土壤的子对亲之"敬"，不仅无害，反而有益。

（三）亲

子女对父母的亲，包含着"爱""爱护""亲近""亲密""亲切"之意，代表着至近至密的情感。金文𡥈 = 𡥈（辛，受刑、受监）+𧢲（见，探望），表示探监，本义是探视狱中受监的家人。在专制文化深入人心的古代，一个人一旦被投狱入监，就成其终生耻辱，一般只有被血缘联系着的至近至密者，才可能探监慰问。因此，亲字与血缘关系密不可分。古人常用其描述亲子关系，如五伦讲"父子有亲"，孟子曰："人人亲其亲、长其长而天下平。"② 《孝经》中亦将亲作为孝的重要情感成分，所谓"教民亲爱，莫善于孝"③。亲与爱有共通的部分，因而有时可相互替代，有时可相连使用，如"亲爱""相亲相爱"等。亲与爱均属生物性情感，是与生俱来的。即使是刚刚出生没几个月的婴儿，也会自热而然地依赖母亲的怀抱。同时，亲与爱亦有着不同之处。与爱相比，亲更温和持久。就情感指向的对象来看，亲侧重于血缘关系，比爱的范围小。与敬相比，亲的距离则更近更平等。

---

① 汪受宽：《孝经译注》，上海古籍出版社 2004 年版，第 65 页。
② 金良年：《孟子译注》，上海古籍出版社 2004 年版，第 156 页。
③ 汪受宽：《孝经译注》，上海古籍出版社 2014 年版，第 61 页。

（四）感恩

子女对父母的感恩之情是指感觉到父母的恩情，为之感动并努力回报的情感。感念亲恩是孝德情感中非常重要的成分。古人常说"乌鸦知反哺之义""牛羊知跪乳之恩"，并通过这些动物的本能意识来证明，人更应该对父母有感恩回报之心。韩德民指出：人在幼小的时候，对父母普遍地表现出孺慕依恋的感情，成年后，则会有感恩的心理，并想有所回报，这就是孝的本义。[①]

感恩之情中所感念的恩一般来源于两个方面：一是父母生养之恩。在医疗水平不发达的古代，生育不仅要忍受怀胎分娩过程中的诸多不适痛苦，还常常要冒着难产而死的生命危险。正所谓"儿身将欲生，母身如在狱。惟恐生产时，身为鬼眷属"[②]。即使在医疗发达的当代，难产而死的案例亦偶有发生。这样的恩情怎能不思回报呢？《礼记·祭义》曰："君子反古复始，不忘其所由生也。是以致其敬，发其情，竭力从事以报其亲，不敢弗尽也。"[③]《诗经·小雅·蓼莪》颂曰："父兮生我，母兮鞠我。拊我畜我，长我育我。顾我复我，出入腹我。欲报之德，昊天罔极！"[④] 上述语句中都强调了父母的生养之恩。二是父母关爱呵护教育之恩。如果说对未成年人而言，生和养是父母应尽的法律义务，那么，如何养则更多体现了父母的道德责任。在现实生活中，多数父母会极尽所能给孩子提供更好的生活，好吃好用都先给孩子，为孩子的成长费尽心力，而这一切仅仅建立于舐犊情深。对于这样如海深的恩情，身为子女者自然应当深深感激并力图回报。可惜，当今时代的很多子女，由于从小在家中备受溺爱，便以为自己的索取与长辈的付出都是天经地义的事，对父母、长辈毫无感恩之情。要改变这种只想索取、不思回报的观念，当代孝德教育必须重视激发子女的感恩之情。

在激发子女感恩之情的过程中，必须注意以下两点：一是"'欠'恩情完全不同于欠'债'"。欠债是一种一对一式的完全对等的兑换，所

[①]　韩德民：《孝亲的情怀》，北京语言文化大学出版社 2001 年版，第 1 页。

[②]　《劝孝歌》，转引自谢宝耿编著《中国孝道精华》，上海社会科学院出版社 2000 年版，第 390 页。

[③]　陈戍国点校：《四书五经》，岳麓书社 2014 年版，第 606 页。

[④]　程俊英：《诗经译注》，上海古籍出版社 2004 年版，第 341 页。

"欠"的"债"通常是可以量化的实物；而感恩则是情感上的感激、感动，是不能够量化的。父母的恩情是永远还不清的。对父母的感恩之情虽然离不开特定态度和行为的表示，离不开时间、金钱和精力的投入，但绝不是把父母花在我们身上的金钱、时间或关怀，一一锱铢必较地还了回去。对父母的感恩更多地体现为一种关心父母、帮助父母时内心的真实感受，"立基于认识到父母为我们所做纯粹是为了我们，而非他们自己"。①

二是要求子女有感恩之情，并不等同于主张父母有索取回报的权利。所谓"滴水之恩，当涌泉相报""知恩不报非君子"，饮水思源、知恩图报是中华民族的优良文化传统。感恩、报恩的情感与行为，是对他人给予自己的方便和恩惠的由衷认可，因其对利他行为的关照与回馈而有益于人与人之间的交往和互动。子女对父母的感恩之情发自个人的良心，是自觉自愿的，其中凝结着深厚的道德感情，这种感情超越功利、拒绝交换。子女的自觉报恩行为是对父母施恩的道德回应，体现了身为子女应有的道德责任。同时，父母对子女的养育和情感，是自然而然地发生而不图回报的。一旦身为父母者将子女的感恩看作对自己付出的回报，并认为自己拥有索取回报的权利，便将亲子之间至亲至近之情演变为功利化交换，这无疑是对血缘亲情的最大伤害。

当自觉自为的感恩演变为强制要求的报恩行为，感恩的道德价值便发生了变异，偏离了感恩教育的德性目的。"恩惠的本质是仁慈与爱，'仁慈'与'爱'是判断和接受'恩惠'的指导原则。"② 只有源自仁慈与爱的恩惠和帮助才是道德，否则便是以"恩惠"形式表现出来的伪道德，是应当抵制的。因此，当代孝德教育一方面要激发子女的感恩之情，另一方面绝不能认同某些父母要求回报的功利行为。

（五）责任感

对于责任感，林崇德主编的《心理学大辞典》将其定义为："个体在道德活动中因对自己完成道德任务的情况持积极主动、认真负责的态度而产生的情感体验。反映个体对承担任务负责的积极情绪体验和明确归因。

---

① ［美］罗思文（Rosemont）、安乐哲（Ames，R. T.）：《生民之本》，何金俐译，北京大学出版社 2010 年版，第 71—72 页。

② 向康文、吕耀怀：《感恩的道德价值与当代大学的感恩教育》，《现代大学教育》2010 年第 1 期。

决定道德任务的完成程度以及在没有完成时个体感觉到有过错或罪过的程度。"①

儒家依据人们在伦理生活中所承担的角色，规定了相应的责任，如"父慈，子孝，兄良，弟弟，夫义，妇听，长惠，幼顺，君仁，臣忠"②，等等。可见，父母和子女分别需要履行不同的道德责任，即父母须"慈"，子女须"孝"。因而，责任感其实是对亲子双方的情感要求。只是"痴心父母古来多，孝顺儿孙谁见了"。人类舐犊情深的本性使得父母普遍天然具备责任感，而子女尽孝的责任感则需要格外加以强调和培养。

子女对父母是否具有责任感以及责任感的强弱，直接影响着子女是否关注父母并在父母需要时作出积极反应。责任感使子女能够自觉地关心父母，在必要的时候成为依靠，而不是放弃父母不管。同时，一个对父母有着强烈责任感的人，会积极履行赡养、照料、慰藉父母的道德义务，并且在圆满完成该义务之后会有强烈的满足感。正因为如此，"一个健康的孩子绝不会怨恨社会认为她应该关怀自己的母亲，而会发现这种关心实乃个人愉悦之无上源头"③。所以，在孝德情感中，责任感是一种必不可少的成分。如果一个人声称对父母有着爱、敬、亲、感恩等诸多情感，却毫无责任感，无疑是不可能具备孝德的。

孝德中的责任感具有以下特征：

一是无条件性。"这里没有'什么人类的交易'，也没有什么责任心的简单交换！成为自我——人质的条件或无条件——永远是具有一种多一点的责任心"，"无限的责任心，它不像是一种债务，因为人们总是可以清偿债务的；而跟他人，人们永远也两清不了"④。作为非理性的情感中的一种成分，责任感往往不需要理由，不是理性的权衡和计算。一篇名为《新三娘教女》的文章中这样写道：

① 林崇德、杨治良、黄希庭主编：《心理学大辞典》，上海教育出版社2003年版，第1652页。
② 陈戊国点校：《四书五经》，岳麓书社2014年版，第516页。
③ ［美］罗思文（Rosemont）、安乐哲（Ames, R. T.）：《生民之本》，何金俐译，北京大学出版社2010年版，第8—9页。
④ ［法］勒维纳斯：《上帝·死亡和时间》，余中先译，生活·读书·新知三联书店1997年版，第212、159页。

出嫁的女儿回来对三娘说:"我对婆婆已够好了,但她对我不好。"三娘说:"婆婆对你不好是她的事,但你对婆婆好是你的本分事。"①

三娘的回答便体现了孝德责任感的无条件性。无论长辈对我们好不好,我们都应当尽到孝的责任。这样的理念相较于信奉等价交换、无利不起早的人们来说无异于一汪能够洗涤心灵的清泉。父母的爱与关怀虽然是子女形成孝德情感的充分条件,却不是必要条件。我们不能因父母的爱不够多,或者没有达到自己的预期,就认为自己没有尽孝的责任。正如《弟子规》中所言"亲爱我,孝何难;亲憎我,孝方贤"②。当父母喜爱我们时,孝是很容易做到的事情;当父母不喜欢我们或者管教过于严厉时仍然尽孝,这才是难能可贵的。人伦之道的关键是先尽自己一方的责任,而不能以他人尽责与否作为我们是否尽责的前提条件。

二是单向性。它是子女发出的,指向父母的情感,是子女认识到自己应尽责任和可尽责任时的情感体验。

三是自觉性。即子女自愿承担和履行孝的责任,而非为了某种功利目的而履行责任,否则便不具有道德性。

四是主体性。责任感往往反映着子女主体意识的强弱。一般来说,子女的主体意识越强,其责任感也会越强;反之,主体意识越弱,其责任感也会随之减弱。只有子女始终把自己当作道德主体时,才会积极主动地承担孝的责任,并且敢于负责;否则便只是消极被动地接受孝的任务,而无法形成责任感。

二 提高善事父母的行为能力

清末思想家章太炎曾说过:坐而言,要在起而能行。③ 只有当内在的孝德情感外在表现为一定的孝德行为之后,孝德才真正养成。考察一个人

① 王珏:《大爱:〈孝经〉的密码》,广西师范大学出版社2011年版,第4—5页。
② (清)李毓秀原著,张兴东主编:《弟子规》,宁波出版社2013年版,第22页。
③ 王珏:《大爱:〈孝经〉的密码》,广西师范大学出版社2011年版,第156页。

的孝德水平，一是看其能否将孝落实到行动上，二是看其是否懂得怎样将孝落实到行动上。从一定程度上说，孝养是一种能力，并非主观上愿意尽孝就一定能在客观上尽到孝。笔者曾见过这样一个事例：

> 一个儿子陪父亲去看病，却让其老父亲亲自排队挂号，自己只是在旁边打电话。老父亲一边排着队，一边暗自嘟囔："连队都不排，过来干啥的！"

这个儿子能陪父亲看病，自然比那些不肯陪父母的子女强很多。但是客观地说，他并没有照顾好父亲。他没有考虑到，父亲既已生病，怎有力气排队？即便有力气排队，被忽视的感觉怎能让人心里舒服？可见，即便有一定的孝德情感，如果没有相应的行为能力，也难以很好地践行孝德。

关于孝的行为认知，分为"何为孝""为何孝"以及"如何孝"三个方面。而"日常知识体系多是'应如何'这样的实践性知识，而较少'为什么'这样的理论知识"①。孝行作为一种生活性极强的品行，其重心在于"如何孝"，即善事父母的行为能力。因此，当代孝德教育应当把"提高善事父母的行为能力"作为主要内容之一。

提高善事父母的行为能力，首先是使个体明确善事父母之行为的基本内容，其次是选择特定行为并以自己的方式予以践行的能力（即践行善事父母之行为的能力），核心是道德判断和推理能力的培养和教育。

（一）明确善事父母之行为的基本内容

在当代，多数人尽管对于孝有着较高认同，却对"如何孝"不甚了然。尤其是提及孝的具体行为实践，很多人往往说不出所以然。

黑龙江人大代表翟玉和，因曾撰写一份以万人为调查对象的《孝道调查报告》而广为人知。其儿孙们曾召开过一个家庭讨论会，议题是如何尽孝。最后达成的共识是：不让老人生气，就是尽孝。②

北京大学陈功博士，曾以"年轻人应该如何孝顺老年人"为题展开调查。结果显示，排在前几项的依次是："照顾日常生活"、"提供经济支

---

① 高德胜：《生活德育论》，人民出版社 2005 年版，第 62 页。
② 王岳：《大爱：〈孝经〉的密码》，广西师范大学出版社 2011 年版，第 142 页。

持""带着去医院看病""经常看望""不惹老人生气"。①

一项以认知及表达水平较高的大学生为对象进行的调查表明，大学生孝道价值观体现为四个方面：尊重父母、履行子女对父母的责任、爱父母以及报偿父母。②

可见，对于如何尽孝，人们要么只限于感性的描述，要么片面强调某些方面，而且多项调查角度不同，众说纷纭。理论认知上的不明确，必然在实践上导致怎样都行的混乱或者没有标准的虚无。受教育者缺乏原则性、规范性的指导，便会出现不知所措、茫然无从的现象。这样的孝德教育又怎能取得好的效果呢？

因此，当代孝德教育必须首先明确善事父母的基本行为内容，使受教育者能够有所依凭，进而据之行孝。而关于善事父母之行为，孝德教育传统中蕴含着养体、养志、送终、追孝等极为丰富的内容，这些内容在当代仍有重要价值。如前所述，践行养志之孝有助于改善老年人慰藉困境，强化养体之孝有助于改善老年人照护困境，转化和提升送终观念有助于改善老年人临终关怀困境。在当代养老的现实困境中，慰藉困境可借助孝德传统直接解决，而照护困境、临终关怀困境、经济支持困境亦可间接借助孝德传统加以改善。因此，笔者以古代善事父母之行为的内容为基础，依据当代孝德教育的目标，将当代善事父母的基本行为内容确定为以下四项：养体、养志、伴终、追思。

也许会有人提出这样的质疑：古代善事父母之行为内容离不开尊卑等级、家族整体、祖宗崇拜、传宗接代等标签，而当代则强调独立、平等、自由、个体化、人性化等价值理念，倡导古代的行为内容难道不会引起文化的倒退么？对此，我们认为不足为虑。理由有三：

一是经过历史的沉淀和时光的洗刷，古代善事父母之行为内容中的宗法性、专制性内容已被基本淘汰。相关调查表明，在当代社会，随着民主平等、独立自由、个人价值本位等价值观念的渗透以及社会基础和家庭结构的改变，人们在孝德行为和观念上日益独立自主，已经基本抛弃了传统

---

① 陈功：《社会变迁中的养老和孝观念研究》，中国社会出版社 2009 年版，第 205—206 页。

② 邓凌：《大学生孝道观的调查研究》，《青年研究》2004 年第 11 期。

孝德中专制性、愚昧性的一面。有学者以"关于'孝'的内容，受访者认为最为重要的一项"为题进行调查（在有效样本量 5951 人中），选择"关心父母的健康和起居"和"尽量与父母住在一起或常回家看看"两项的人数共达到了 62.94%；选择"用自己的成功来回报父母的养育之恩"的人数达到了 28.62%；而对于"传宗接代，延续香火""完全服从父母的意见"两项，只有 0.72% 和 1.65% 的人选择。① 可见，人们对于充满宗法性和等级性的观念，认同率已经变得极低。

二是部分残存内容可经由教育予以转化。尽管在善事父母之行为内容中仍然存在一些落后的成分，但这种成分毕竟不多。而且，教育本身具有纠正功能，完全可以将其进行转化，甚至按照时代要求生发出新的孝德精神。以"顺从父母"为例，调查表明：年龄越小的人，越趋向反对。② 这说明传统社会中"无原则顺从父母"的他律性状态，已经逐步向"以自己的原则对待父母要求"这种自律性状态转变。

三是本节依据传统善事父母之行为所梳理出的孝行内容，在教育实践中只是作为指导性内容供受教育者参考，并不加以硬性规定。受教育者可以参考这些内容，综合分析自身情况、父母情况和亲子关系状况之后，做出自由的、适合自己的选择。而且，当代善事父母的基本行为虽然在表述上基本沿袭了以往内容，但在具体行为方式和内涵上还是会予以转化。

总之，当代善事父母的基本行为内容，包括养体、养志、伴终、追思四大项。以下分而述之。

1. 养体

养体主要是指为父母提供物质奉养与身体照护，其核心内容是让父母吃饱穿暖、健康舒适。其中，物质奉养倡导在满足父母温饱需求的基础上努力给父母提供更好的生活条件，身体照护则包括日常生活中的照护和父母生病时的照护与治疗。养体之孝作为最基本的孝行，对于经济拮据的老年人来说尤为重要。

与传统的养体之孝不同的是，当代养体之孝强调平等、共享与照护。

---

① 完颜华：《中国公民家庭道德观现状调查报告》，《中州学刊》2006 年第 6 期。

② 邓希泉、风笑天：《城市居民孝道态度与行为的代际比较》，《中国青年研究》2003 年第 3 期。

联合国第四十七届大会提出"建立不分年龄人人共享的社会",这是建立现代老少关系的一个价值基础。代际之间是独立、平等和互助的关系,应该在互惠和公平的原则下相互支持。一方面,养体之孝不是老年人处于弱势时的乞求,而是为人子女者发自内心的付出;另一方面,养体之孝是具有独立人格的主体对父母的主动奉献,而不是被迫的交纳和无偿的索取。

子女践行养体之孝不一定非要亲力亲为,而是可以整合社会资源来解决,必要的时候可以借助各种社会化养老服务和医疗服务代己尽孝。因此,为父母购买合适的保险、定期带父母做体检、为父母请保姆或护工、送父母去专业医疗机构疗养等,都可以作为养体之孝的具体行为方式。

2. 养志

养志主要是指体贴父母心意,使父母精神愉悦、满足,不让父母牵挂、烦心。传统孝德教育的"养志之孝"中,规定了大量详细且极具操作性的内容(如图2—1所示)。尽管时代变了,孝行是要随着改变的,但其基本精神是不变的。按照现代人的思想观念来加以审视,"养志之孝"中的大部分内容可以延续,部分内容需加以调整,少数内容需摒弃,同时可根据时代特征和需要生发出新的"养志之孝"。

(1)延续的内容

传统"孝亲态度"中的敬亲、关心体贴、思慕亲情,"孝亲行为"中的娱亲陪伴、和睦团结、使亲无忧、游必有方、显亲扬名,"以子女为着眼点"的爱惜身体及生命,都可以直接延续使用。

在人口流动日益频繁的当代社会,人们对于"父母在,不远游"的认同率已经大为降低——据调查,不同意"父母在,不远游"的比例已经达到88%①。诚然,从社会发展、经济繁荣、子女发展等角度考虑,人口的流动在所难免,"父母在,不远游"确实已经不再适用于当代社会。但是,从老年人的角度出发,尤其是对独生子女的父母来说,子女在他们身边,确实有利于提供更好的照应。因此,在当代社会,仍然有必要提倡"父母在,不远游"的后半句——"游必有方"。当子女不得不离开父母的时候,应当想办法把父母安顿好。这样既不会影响子女发展,也在一定程度上保障了老人的照顾问题。

---

① 陈功:《社会变迁中的养老和孝观念研究》,中国社会出版社2009年版,第181页。

（2）调整的内容

第一，将"孝亲态度"中的"无违"调整为"容让"。"无违"一词含有等级制度下的"惟命是从"的意味，很难被当代人所接受。而传统"无违"态度的合理性仅在于：当因生活琐事与父母持有不同意见时，不妨包容忍让一些，顺着老人一些；没有必要同老人无谓争执、求得统一。因此，当代完全可以用"容让"一词来表述和要求。

第二，将"孝亲态度"中的"色难"调整为"和颜悦色"。孔子原话是："色，难"，本意是对父母有好的脸色是最难的，即强调对父母应该有好的脸色。因此"和颜悦色"一词既可以表达出该孝亲态度，也更容易为现代人所理解。

第三，将"孝亲行为"中的"以礼事亲"调整为"礼貌事亲"。"礼"的含义主要是指包括生居礼在内的传统"礼仪"，因其形式上的烦琐性和压迫性，传统礼仪已经不适用于当代。因此，当代的"礼"应指"礼节""礼貌"，故调整为"礼貌事亲"。

第四，将"孝亲行为"中的"事父母几谏"调整为"沟通劝诫"。事父母几谏主张对父母不合乎规范的行为，要敢于以温和委婉的方式进行谏劝，避免父母陷于不义。这一孝亲行为是有积极意义的——当父母有错或者行为不当（如犯法、赌博等）时，做子女的确实不能不管。但由于"事父母几谏"理念当中具有很强的等级意味，是处于弱势的子女对处于强势的父母小心翼翼地表达己见，而且含有冒犯父母之意。因此，在当代孝德教育中宜调整为更具平等性的"沟通劝诫"，在与父母的平等沟通中，使父母认识到自己的错误或者不当。

第五，将"以子女为着眼点"的"安分守己"和"忠君爱国"调整为"遵纪守法""爱国敬业"。"安分守己"和"忠君"思想中包含着浓厚的专制意识和等级意识，已然不适用于当代。但上述孝行中，部分内容是有一定合理性的。这部分内容用现代语言可分别表述为："遵纪守法""爱国敬业"。子女能够做到遵纪守法，便不会去贪污腐败、作奸犯科，不至于让父母为其提心吊胆；子女能够做到爱国敬业，便能实现安身立命的同时，让父母感到欣慰。二者均可纳入当代养志之孝当中。

第六，将"以子女为着眼点"的"立身行道与建功立业"调整为"自我实现"。与"立身行道与建功立业"相比较，自我实现具有更强的主体性与主动性，也更加符合当代人的价值追求。真正的孝子不仅应把父母照顾好，更应实现自己的自立自强，为实现自我价值而奋斗不息。

（3）摒弃的内容

传统"孝亲行为"中的"传宗接代""继志述事"等内容，要么与当代经济和社会发展不相容，要么因过于保守而不利于社会的发展和进步，当代孝德教育不宜再加以提倡，应予以摒弃。

（4）新增的内容

在当代，养志之孝可以加入"征询建议""教亲知新""尊重自由"等孝亲行为和"耐心细心"的孝亲态度。

"征询建议"。当今时代，文化变迁速度日益加快，这使老年人经常感到措手不及。加上身体机能下降、社会交往日益减少，老年人常会产生"老来无用"的感慨与失落。因此，当代孝德教育应当引导子女关注这种状况，并根据生活实际和老人特长，有意地多向老人征询建议，保持并强化他们的价值感，以减轻其失落感与自卑感。

"教亲知新"与"耐心细心"。随着现代科技的发展，各种各样的新事物层出不穷（如全自动洗衣机、能上网的电视等高科技电器以及 QQ、微信等现代沟通软件），给人们的生活带来了种种便利。但是，在年轻人眼里简单方便的新事物，在父母长辈面前却显得非常高深莫测、难于操作。在这种情况下，如果子女能够主动教他们接触新事物、使用新事物，便能够让他们更好地适应数字时代的生活，更轻松地以现代方式交往，进而感到自己没有与时代脱节，心理上得到慰藉的同时也能在事实上缩小与子女的代际距离。有位记者就"是否有意愿使用电子产品"这一话题，随机采访了近 30 名 55—75 岁的老人。采访发现，六成以上老人对电子、科技产品有着比较强烈的使用欲望，而这些老人的子女大多为"80 后""90 后"群体。老人们希望使用电子产品的原因近乎一致：赶上时代的步伐，和后辈们贴近距离。① 可见，"教亲知新"应该成为当代养志之孝的基本内容。

与此同时，"教亲知新"并不是一件很容易、很轻松的事情。多数老

---

① 《数字时代：你有耐心教父母那些"新事物"么？》，http://news.guilinlife.com/n/ 2014—04/17/344540.shtml。

年人在学习数码和电子产品时存在着沟通困难、接受能力不足和认知能力不强等诸多困难。笔者在教父亲使用电脑时，仅"开机、关机、鼠标单击、鼠标双击、键盘字母"等简单的基本操作，就花费了一个多月。其间，很多步骤需要重复数十遍，确实需要付出很多时间和精力，而且需要保持极大的耐心和细心。相关调查也反映出这一点——针对"父母使用电子产品你是否愿意教他们"的话题，记者随机采访了17岁到40岁之间的19名市民。结果显示，19名市民都表示愿意教父母数码产品操作和应用，但惭愧的是对父母的耐心不够。① 可见，"教亲接触新事物"的孝亲行为，必然要求子女在孝亲态度上要有耐心细心。因此，"耐心细心"理应纳入新的"养志之孝"。

"尊重自由"。自由不只是年轻人的权利，也是老年人依法拥有的权利。这里所指的自由，主要是指老年人拥有结婚自由、离婚自由以及其他选择自己生活方式的自由。作为子女，应当尊重父母的自由，如支持父母的业余爱好、支持单身父母再婚、不反对感情已然破裂的父母离婚、不勉强父母为自己带孩子，等等。否则，老人不可能拥有属于自己的幸福晚年。即使子女好吃好喝地奉养，也不能算是真正的孝敬。

经过调整和增删，当代养志之孝的具体内容如图4—3所示。

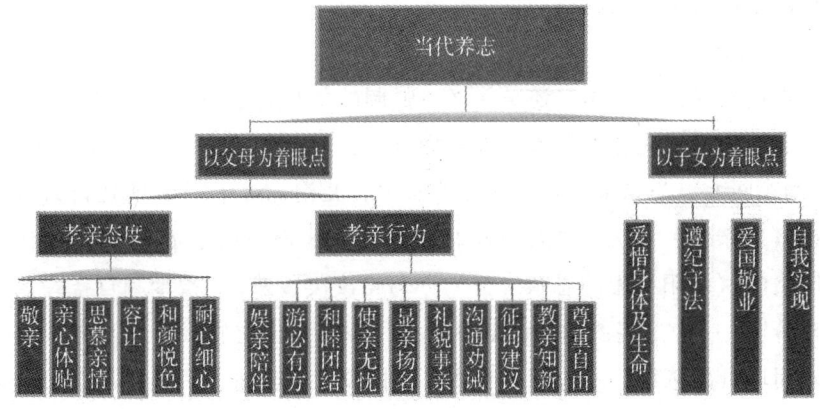

图4—3：当代的养志之孝

---

① 《数字时代：你有耐心教父母那些"新事物"么？》，http://news.guilinlife.com/n/2014—04/17/344540.shtml。

3. 伴终

伴终这一概念来源于孝德传统中的"送终"观念。不同的是，"送终"虽然有时亦指长辈亲属临终时的照料，但更多地是指为长辈亲属办理丧事；而"伴终"则强调老人生前的陪伴与照料，重点在于帮助临终老人消除心理忧伤和精神肉体痛苦，让其带着温暖、满足和微笑走向生命终点。在生命的最后时期，老年人尤为需要心理上的慰藉和情感上的关怀体贴。而子孙的随侍在侧，既可以为老人提供身体上无微不至的照顾，使其减轻生理痛苦，更可以大大减轻老人独自离去的孤独寂寞之感，使其减轻心理痛苦。

与其他时期一样，"伴终"包含着养体和养志两个方面的内容。但是，照顾临终老人并非易事（尤其是高龄的、失能失智的临终老人）。由于身体机能的退化，他们往往会性情大变，变得偏执、不讲理；一些失智老人甚至认不出自己的亲人。照顾和陪伴这样的老人，需要子女付出更多——更多时间、更多精力以及更多经济支持。正因为如此，"伴终"应当作为一种与养体、养志并列的内容。现实的生命总是有限的。人之"善事父母"，首先要养亲——与其祭之丰，不如养之厚。让父母在有生之年享受到儿女的孝心，生活得好一些，这既是对父母生命的尊重，也是对自己生命质量的提高。①

4. 追思

不论是养体、养志，还是伴终，强调的都是对老年人生前的孝行，可是子女的孝行不应随着老人的离去而终止。元代陈高在《思亲词》中曰："泪滴东瓯水，思亲欲见难。水流终有尽，儿泪几时干"②；明代诗人段继芳在《思亲歌》中云："人遇岁时歌且乐，我遇岁时心如灼"③；明代诗人周怡的《端阳节用韵思亲二首》亦写得凄凄戚戚，"素琴聊自抚，谁续断挖音"④……这些诗句如诉如泣，道尽思念亲之情，感人至深。这种真诚而珍贵的感情，不应随着现实环境的变化而消逝。因此，对父母的追

---

① 肖群忠：《孝与中国文化》，人民出版社 2001 年版，第 155—156 页。

② （清）曾唯辑：《东瓯诗存》（上册），上海社会科学院出版社 2006 年版，第 566 页。

③ 转引自宁业龙、宁业高、宁业泉《中国孝文化漫谈》，中央民族大学出版社 1995 年版，第 162 页。

④ 同上。

悼与思念，应当作为当代孝行的重要内容。

综上所述，当代善事父母之行为的基本内容包括养体、养志、伴终与追思四个方面。其中，伴终主要是对老人临终前这一特殊时期的孝行，追思则是老人去世后孝行的主要表现，而养体与养志则应相互结合并贯穿整个养老过程。

在孝德教育中，除了明确孝之当为，还应明确孝之不当为，即不孝的行为包含哪些内容。概括来说，当代不孝的行为包括以下五大方面：第一，剥夺父母。近年来，许多社会调查的结果表明，城市老年人的工资收入和离退休后的其他收入虽然不断提高，但消费水平却提高缓慢。其主要原因是子女的羁绊——年轻人就业或成家与老人分居后，还常年在父母处吃饭，却不交或者很少交伙食费。而同父母居住在一起的，向父母所交的生活费往往低于实际支出额。许多年轻人结婚费用的大部分甚至全部都由父母承担。第二，不养父母。子女互相推诿，使老人孤苦伶仃、无家可归。第三，虐待父母。视父母如奴婢仆人，稍不顺心就打骂，让父母终日胆战心惊。第四，对父母漠然不顾。有些子女对长辈在物质上勉强赡养，但在精神上不赡养，无视长辈的情感和愿望。长辈虽有温饱，但是心灵孤独，精神空虚，生活枯燥无味。第五，有些人不思上进，游手好闲，变卖家财，作奸犯科，成为社会渣滓，使父母痛心忧虑。

（二）提升践行善事父母之行为的能力

"所有有认知能力的人都在关心着人或者事物，这是人之为人的标志。但并非所有人都具备了关心别人的能力。"① 同时，"道德的问题不是在知识上得到了就具备的问题，知善、认识善的人，并不一定能行善"②。个体要真正养成孝德，除了要明确善事父母之基本内容，还要具备从这些基本内容中选择特定行为，并根据具体情境加以践行的能力。

孝行是应然的，而不是必然的。人与人是不同的，有不同的思想、不同的习惯、不同的价值观，这就决定了人与人尽孝的方式也不是千篇一律的。子辈有充分的权利选择以什么样的行为和方式表达自己的孝心，而不

---

① ［美］诺丁斯（Noddings, N.）：《学会关心：教育的另一种模式》，于天龙译，教育科学出版社 2014 年版，第 33 页。

② 袁桂林：《当代西方道德教育理论》，福建教育出版社 1995 年版，第 8 页。

应受到过多的条条框框的束缚。但是，选择的自由要求主体必须具备选择的能力，"当我们关心时，我们必须利用推理来决定我们该做什么及如何才能做得更好，而不应在盲目的情感冲动下做出反应"①。在当代孝德教育中，提升主体善事父母之行为能力应作为重要内容。

个体道德品质的形成，相当程度上依赖于个体在生活实践中的积累和体悟。因此，善事父母之行为能力的提升，应以对善事父母行为内容的认知为基础，应以现实生活亲子互动中的种种体验为途径。通过实践具体的孝亲行为，引导个体在做中学，在学中做，并在此过程中不断体验、反思、调整自己的行为，进而逐步提高其孝德行为能力。

第三节　孝德教育主体的继承与创新

如果说孝德教育目标旨在解决"为了什么而教"的问题，孝德教育内容旨在解决"教什么"的问题，那么孝德教育主体则旨在解决"由谁教"的问题。广义地说，凡是有意识地养成个体孝德或改善个体孝德水平的人，都可以成为孝德教育主体。在传统社会，孝德教育主体既包括各级各类学校中的教师，又包括家族或家庭中的家长，还包括皇帝、部分官员以及文人学者。上述主体在孝德教育中有一定的分工，担负着不同的任务。教师主要传授以《孝经》为主的孝德理论，确立受教育者的孝德观念；家长主要培养受教育者的孝亲情感和养成受教育者的孝亲习惯；而天子和官员则主要采取各种手段加强受教育者的孝德意识，并且坚定他们践行孝德的意志。无论哪一类主体，无不把受教育者作为被动的"驯服工具"而加以规训，强调学生对教育内容的机械接受与无条件执行。时至今日，随着教育观念的发展与变革，孝德教育中无论是教育者的范围、地位和作用，还是受教育者的地位和作用，抑或是教育者和受教育者的关系，均应发生重要变革，否则孝德教育便难以产生效果。

在当代，越来越多的人认为："教育是教育者和受教育者通过以教育资料中介的有目的的交往而实现的受教育者的自我建构的一种实践活

---

① 陈喜林：《诺丁斯关怀伦理对我国道德教育的启示》，《湖北社会科学》2009年第8期。

动。"① 受教育者的自我建构在教育过程中起着决定作用，因而亦应作为主体。以受教育者为中心分析教育主体，我们认为当代孝德教育的主体应包括自我主体和外在主体两大类。

一 自我主体

著名教育家苏霍姆林斯基说："道德准则，只有当它们被学生自己追求、获得和亲身体验过的时候，只有当它们变成学生独立的个人信念的时候，才能真正成为学生的精神财富。"② 从品德形成的心理机制来看，品德形成过程是一个"从外部他律转向内部自律，进而通过自我建构达到道德升华和超越的持续不断的发展过程"，"是一个循环往复、螺旋式上升、否定之否定的发展过程"。③ 换句话说，"品德主要是通过个体的主体性道德建构形成和发展起来的"，在这一过程当中，受教育者自身对自我孝德的养成起着决定作用，因而我们将受教育者自身称为"自我主体"。

自我主体在孝德教育中的作用主要体现为：通过主动的认知、选择、实践、体验和反思以及这一过程的循环往复来建构和维持孝德。一般来说，在某一社会条件下，孝德规范既具有普遍性又具有相对性。一方面，孝德规范对于受教育者整体而言具有普遍性，即每个人都可以选择这些孝德规范；另一方面，对于每一个受教育者而言，孝德规范又是具有相对性的，即每个人都应当根据个人情况选择其中的某些规范，而另外一些规范对他也许并不适用。这就要求，每个受教育者需要根据具体情境选择特定孝德规范。在选择了特定的孝德规范之后，受教育者需要通过实践、体验和反思，来确定所选择的孝德规范是否能够实现尽孝目的，即自己通过这一规范所实践的孝行是否能让父母愉悦，或者是否有益于维系亲子关系的良性互动，进而决定是否将这一孝德规范纳入自身的德性结构当中。将具有普遍性的规范予以个性化的实践与应用，这一过程只能由受教育者自己来完成，任何人都无法替代。并且，由于"现实生活永远是未完成的生活"④，随着人的生活情境的变化，孝德中施与受的双方都在发生变化，

---

① 冯建军：《现代教育原理》，南京师范大学出版社 2001 年版，第 28 页。
② 戚万学：《冲突与整合——20 世纪西方道德教育理论》，山东教育出版社 1995 年版。
③ 杨韶刚：《道德教育心理学》，上海教育出版社 2007 年版，第 18 页。
④ 高德胜：《生活德育论》，人民出版社 2005 年版，第 20 页。

这就决定了受教育者选择、实践、体验与反思的过程并非一个静止的、客观的过程，而是动态的、不断发展变化的过程。在这一过程中，绝不可能离开受教育者自身的发现和超越。否则，个体所表现出来的孝德要么是出于权威压力下的虚假态度和行为，要么尽管出于真诚却达不到孝行本来的目的。

总之，"在本源的意义上，德性意味着自我实现，意味着存在和生活境界提升"①。马克思也指出："道德的基础是人类精神的自律。"② 当代孝德教育应当重视发挥自我主体的作用，让受教育者得以"始终是按照他自己的思想而不是按照别人的思想进行活动"③，如此方能养成真正的孝德而不是虚假的孝行。

充分发挥自我主体的作用，不仅符合教育规律，有利于个体孝德的真正养成，同时能够最大程度地避免出现传统孝德教育压抑个体创新精神的现象，有利于个体形成独立自主之人格。传统孝德教育中讲求"无违"与绝对服从，教育者与受教育者之间是支配与被支配、控制与被控制的关系，这对青年一辈的人格发展与独立产生了巨大的束缚和制约。正如韦政通先生指出："孔子的'无违'之教，对中国人的人格特质有决定性影响，这影响就是使中国人权威主义人格的倾向特强，个人独特的行为，很少被允许。这种影响一直到现在，仍然存在。……孝道，似乎建立在无条件的服从上，不必有理性的基础。"④ 李大钊曾指出："……孔子所谓修身，不是使人完成他的个性，乃是使人牺牲他的个性。牺牲个性的第一步，就是尽'孝'。"⑤ 当代人强调个性独立，崇尚自由平等，必须改变上述状况。而要改变传统孝德教育的这些消极方面，除了在孝德教育内容中剔除"无违""盲从"等成分，还应适当消解父母与师长等传统孝德教育主体的权威性和支配性，赋予受教育者充分的权利，充分发挥受教育者自身的主体性。唯有如此，方能做到既保证父母受到子女应有的尊重，又保护子女们的创新精神不受到倾向保守的年老父辈的制约和束缚。

---

① 高德胜：《生活德育论》，人民出版社 2005 年版，第 33 页。

② 《马克思恩格斯全集》（第 1 卷），人民出版社 1972 年版，第 15 页。

③ ［法］卢梭：《卢梭全集》（第 6 卷），李平沤译，商务印书馆 2012 年版，第 168 页。

④ 转引自肖群忠《孝与中国文化》，人民出版社 2001 年版，第 221 页。

⑤ 李大钊：《守常文集》，北新书局 1950 年版，第 50 页。

二　外在主体

虽然自我主体在个体孝德养成过程中起着决定作用，但是自我主体发挥作用的前提是个体已有一定的道德知识和道德判断能力，而道德知识的灌输和道德判断能力的培养则离不开个体之外的其他主体发挥作用。个体之外的其他主体我们称其为外在主体。根据当前"后喻文化""同喻文化"和"前喻文化"并存的社会文化背景①，孝德教育的外在主体亦分为"后喻主体""同喻主体"和"前喻主体"三类。

（一）后喻主体

在"后喻文化"中，长辈向晚辈进行文化传喻，因而后喻主体是指父母、教师以及其他长辈。其中，教师既包括专门德育课程的教师，也包括学科教师和学校管理者。在孝德教育中，后喻主体是比较正式且具有一定权威性的主体。孝德观念和规范的传递、孝德行为习惯的养成以及某些情境下如何行孝的指导等，主要依靠后喻主体来完成。后喻主体在代际关系中处于高位，不仅是培育者，而且也是领路人，需要结合他们的生活经验和行孝体会，引导晚辈进行孝德的自我构建和发展。在学校教育中，作为后喻主体的教师和其他管理者，往往具有职业化、专业化的特点，对于孝德教育目标、内容和规律等知识，比其他主体更加丰富、全面和深入，能够保证孝德教育的传承性和权威性。

（二）同喻主体

同喻文化是同辈人之间互相学习的文化传递方式，因而同喻主体是指处于平行关系的兄弟姐妹、同事、同学以及其他同辈。随着长辈权威的渐趋消解，同辈中的先进者往往对个体的影响力日渐突出，也越来越受到人们的重视。由于网络的发展和科技的进步，世界各地的青年人都"共享着一种经验"，"这是老年人未曾有过的或将不会再有的经验"②。在这种情况下，很多青年人通过自己的探索和体验，产生了很多前人未曾有过的感受和想法。因此，后喻主体自上而下的说教式的教育方式，比以往任何

---

① 骆郁廷、史姗姗：《"三喻文化"视域下思想政治教育主体的多维透视》，《武汉大学学报》（哲学社会科学版）2012 年第 3 期。

② ［美］玛格丽特·米德：《代沟》，曾胡译，光明日报出版社 1988 年版，第 65—66 页。

时候更不容易为青年所接受。与后喻主体不同的是，同喻主体因同辈人之间较近的距离而更容易产生情感共鸣，容易产生较强的示范效应和激励作用，推动同辈人之间的互相学习、比较和竞争。尤其是在同龄人为主的教育情境中（比如班会活动、课堂讨论、朋友交往等），同喻主体所发挥的来自同龄人的榜样示范与激励带动作用更有感染力。

（三）前喻主体

在"前喻文化"中，文化知识主要由晚辈向长辈传递，因而"前喻主体"主要是指学生、子孙等传统意义上的晚辈。在文化剧烈变迁的今天，知识更新速度之快令人应接不暇，知识反哺的现象已经较为普遍。同时，老年人在旧有条件下所积累的知识和经验，很多时候并不能适应新的条件、解决新的问题。在这种情况下，与其无谓慨叹所谓"师道尊严"不再，不如面对并接受长辈向晚辈学习的现实，将两代人的双向影响作为当代孝德教育的重要特征。正如韩愈在《师说》中所言："无贵无贱，无长无少，道之所存，师之所存也。"① 只要晚辈拥有知识，便可以成为教育主体，对长辈发挥积极影响。在等级森严的传统社会，让晚辈作为孝德教育主体，是令人难以想象、难以接受的。而在当代，将晚辈作为孝德教育主体，恰恰可以发挥传统社会所没有的一些教育优势。

首先，子辈作为父辈最关心、最在意的人，在父辈面前往往拥有绝对的话语权。古代有这样一个广为流传的故事：父亲一直对年迈的爷爷不孝，用手推车将其推到荒郊野外抛弃。儿子知道后，悄悄跟着父亲，把手推车推了回来，对父亲说等他年老时也要用这个手推车将他遗弃。父亲由此悔悟，将爷爷接回来孝敬终老。这个事例原本意在说明言传身教的作用，却同时反映出儿子对于父亲的影响有多大。这种影响，在某种程度上大于某些长篇大论的说教。因此，在当代孝德教育中，注意引导青少年与父母一起去孝敬祖父母、外祖父母，或许会对其父母产生预想不到的效果。

其次，青少年子女思想单纯，未受世俗功利的浸染，有时比其父母更容易坚守孝行规范。孟子曰："仁、义、礼、智非由外铄我也，我固有之也。"② 人性本善，但是外部环境的浸染和主观的不努力，却可能使人丧

---

① 钟基、李光银、王身钢译注：《古文观止》（下），中华书局 2012 年版，第 484 页。

② 金良年：《孟子译注》，上海古籍出版社 2004 年版，第 336 页。

失"本心"，成为一个不道德的人。在市场经济条件下，很多人受到功利主义、利己主义的影响，认为孝敬父母不会带来物质上的好处，与其在父母这里浪费时间和精力，不如想方设法去多赚些钱、去谋取更多名利。而青少年子女在人际关系处理中，却往往以情感为考量，更能从情感上去亲近祖父母、孝敬祖父母。① 子女的这种单纯行孝，有利于其父母解除外在诱惑对道德本心的蒙蔽，激发其父母的孝德情感，进而对父母孝德水平的提升产生积极影响。

再次，子辈观念更新、更开放，有利于改变或消除父祖辈孝德观念中的落后成分。如果说在后喻文化中，文化价值规范的传递是连续性的，那么在前喻文化中，文化的传递就是间断性和跳跃性的。子辈是整个未来的象征，他们没有思想包袱、没有思维定式，对孝德规范中的新变化具有更强的适应性，因而更能产生适应于新时代的孝德观念。例如对于"不孝有三，无后为大"的观念，调查显示，老年人表示同意的占 9.72%，中年人表示同意的占 11.86%，而青年中表示同意的仅占 6.74%。② 可见，在传递新的孝德内容方面，前喻主体有着独特优势。

总之，在当代孝德教育中，长辈、同辈、晚辈都可以成为外在的教育主体，并且发挥着不同的作用。对于同一个受教育者而言，外在主体是相对固定的。其中，后喻主体是最主要的外在主体，其作用集中表现为提供教育内容并引导受教育者进行选择和反思，激发受教育者的孝德体验与实践；同喻主体是重要补充，其作用主要表现为与受教育者分享孝德实践中的感受和体验，就孝德内容进行交流和沟通，并在此过程中相互启发和帮助；前喻主体的作用主要在于影响、启迪和更新，使受教育者关注孝德内容中的新信息和新动向，并对自己的孝德建构予以及时调整与加强。

综上所述，从个体孝德养成角度来看，自我主体的作用主要是认知、选择、实践、体验和反思，而外在主体的作用主要是传授、引导、影响、激发和更新。"受教育者道德的发展，是受教育者的自我建构，是他人无法代替的"③，因而自我主体在孝德养成中的作用是决定性的，没有自我

---

① 张松德：《激发道德情感与投身道德实践辩证统一》，《道德与文明》2008 年第 4 期。
② 陈功：《社会变迁中的养老和孝观念研究》，中国社会出版社 2009 年版，第 168 页。
③ 冯建军：《人的道德主体性与主体道德教育》，《南京师大学报》（社会科学版）2002 年第 2 期。

主体的积极建构，孝德绝不可能真正养成。然而，自我主体能否发挥作用，取决于个体自我选择、自我决定的能力，而非人的本能的冲动，这就离不开外在主体的理性指导，即由外在主体向其传授社会的孝德要求，引导、激发和影响其孝德意识，培养他们面对不同孝德情境、不同孝德问题时的自我选择、自我判断的能力以及践行孝德的态度和精神，更新其孝德观念。换言之，外在主体的作用主要是引导自我主体在亲子情感互动与日常生活体验中理解孝的含义和意义，帮助他们选择和建构具有个性的孝德。当前，教师、家长等传统孝德教育主体的权威已经逐渐被解构，这对于专制性极强的传统孝德教育而言无疑是困境，但对于尊重受教育者主体性的当代孝德教育来说反而是好事。"教师的作用没有被抛弃，而是得以重新构建，从外在于学生情景转向与情景共存。权威也转入情景之中，教师是内在于情景的领导者，而不是外在的专制者。"①

从教育过程来看，道德教育是一个使受教育者从道德他律转向道德自律、最终走向自由发展的过程。"我关于这个世界的知识只有极小的一部分是从我个人的经验之中产生的。这种知识的更大部分来源于社会，是由我的朋友、我的父母、我的老师以及我老师的老师传授给我的。"② 在孝德教育过程中，最初是由外在主体（尤其是后喻主体）发挥主要作用——表现为选择加工教育资料并传授给受教育者，唤起受教育者主动养成孝德的意识，并创造条件满足他们发展孝德水平的需要。然后是由自我主体发挥主要作用——受教育者的主要任务不再只是背记各种具体的道德箴言和道德规则，不再只是机械地执行教育者让他们"做什么"的道德律令，而是转变为在一定认知和选择基础上的"我要做"，进而促进自我的建构和自主发展。正如德国著名宗教哲学家马丁·布伯（Martin Buber）所说："教育的目的非是告之后人存在什么或必会存在什么，而是晓喻他们如何让精神充盈人生，如何与你相遇。"③ 在追求自我完善的过程中，孝德成为受教育者自身的主动要求，成为他们表现自我和实现自我的重要途径和目标。

---

① ［美］多尔：《后现代课程观》，王红宇译，教育科学出版社2000年版，第238页。

② ［奥］阿尔弗雷德·许茨：《社会实在问题》，霍桂桓、索昕译，浙江大学出版社2011年版，第40页。

③ ［德］马丁·布伯：《我与你》，陈维纲译，生活·读书·新知三联书店1986年版，第60页。

第四节　孝德教育途径的继承与创新

"德育途径是为了达成一定的德育目标，采用一定的德育方法，实施一定德育内容所必须使用的渠道。"① 根据这一定义，孝德教育途径是指为了达成孝德教育目标，采用一定的孝德教育方法，实施孝德教育内容所必须使用的渠道。

从古至今，孝德教育的途径都可以从空间特点上分为学校、家庭和社会三个领域。在传统孝德教育中，学校授民以孝，家庭训子成孝，社会导民以孝，学校、家庭、社会三方面有着良好的相互配合与促进。

孝德教育途径必须与其目标及内容有直接的、具体的关联，否则便不会有什么生命力。因此，在当代孝德教育中，上述三种途径的地位和作用均需加以转化，同时，每一途径中的具体形式亦需要进行变革。传统孝德教育以家庭为主，社会次之，再次为学校教育；而当代孝德教育则应以家庭为基础，以学校为导向，建立家校良性互动机制的同时创造良好的社会教育环境。

一　家庭孝德教育

孝德最主要的实践场所便是家庭，孝德情感的激发与孝德行为的养成更是离不开家庭。因此，家庭教育这一途径在孝德教育中起着基础作用。

自古以来，人们便非常重视家庭中的孝德教育。如王夫之认为"孝友之风坠，则家必不长"②；明代庞尚鹏的《庞氏家训》说："孝友勤俭四字，最为立身第一义。必真知力行"③；清代张英在《聪训斋语》中说："但当教之孝友，教之谦让……其成败利钝，父母不必过为萦心。"④ 孝德

---

① 詹万生、张国建：《整体构建德育途径体系 全面提高德育工作实效》，《中小学管理》2004 年第 2 期。

② 张培峰：《人之子》，南开大学出版社 2000 年版，第 30 页。

③ 允生、包伟民、许建平、舒仁辉选编：《中国传统家教宝典》，中国广播电视出版社 1992 年版，第 163 页。

④ （清）张英、张延玉著，江小角、陈玉莲点校：《聪训斋语 澄怀国语——父子宰相家训》，安徽大学出版社 2013 年版，第 29 页。

是子孙修身齐家的根本，因而也是古代家庭教育的核心内容。

传统家庭孝德教育的具体形式包括两方面：

一是通过劝孝读物授之以理。传统家庭中常用的劝孝读物种类繁多，可概括为：家训类（如各类家法、家约、家范、家诫、庭训、家规、族规、族谱等）、蒙学类（如《孝经》《三字经》《百家姓》《千字文》《弟子规》等）两大类。上述读物中包含着丰富的行孝之理，如行孝的重要性、怎样行孝以及怎样分辨一些孝行等。

综观历代家训，无不把传播孝德作为家庭教育的根本宗旨，几乎篇篇都要提及"孝悌忠信，敦宗睦族"。《袁氏世范》提出"人不可不孝"，宋人赵鼎在《家训笔录》中第一项便指出："闺门之内，以孝友为先务。"①

关于怎样行孝的问题，劝孝读物一般是以儒家圣贤言论为依据，在养、敬、葬、祭等诸多方面制定了一系列的孝德礼仪和规范。只要遵从这些孝德礼仪和规范行事，便是孝，否则便是不孝。

对于"忠"与"孝"、"顺"与"谏"、"遵礼"与"诚笃"等实践中容易出现的两难问题，劝孝读物亦做出明确回答，以指导人们在面临这类两难问题时该如何取舍。

一般来说，蒙学类读物主要是由长辈教子孙识字为学的过程中加以讲授，而家训类读物则由家长、族长定期对全体家庭成员或家族成员宣读。定期读家训，能够使家庭成员认识和了解行孝的重要性，并且知道应该怎样行孝。而在某些特定的场合（如祠堂、家庙、祖宗灵前等）读家训，则能够使家族成员对这些家训产生一种由衷的敬畏感和崇敬感，并因此在以后的家族生活、社会生活中自觉地遵循它们，从而更有效地达到孝德教育的目的。

二是通过事亲之礼导之以行。如前所述（见第二章第二节），传统社会中的事亲之礼相当丰富，包括生居礼、丧葬礼以及祭祀礼等诸多方面。这些具体详尽的事亲之礼表现在子女的衣食、起坐、居常等各个方面，十分具体，便于履行，是传统家庭教育中养成孝德的重要方式。通过事亲之礼，子孙们把孝德落实到行动上，落实到一点一滴的生活中去，并在日复

---

① 转引自黄书光《中国社会教化的传统与变革》，山东教育出版社2005年版，第176页。

一日的践行当中积久成熟地养成孝德行为习惯。

传统家庭孝德教育非常重视孝德行为习惯的养成，从生活常规、日常小事入手，在不断的指导中反复强化，逐渐形成个体的孝德习惯，进而促成个体养成孝德。这一点非常值得我们借鉴。但是值得注意的是，为了促使儿童养成孝德，古人制定了很多严厉、刻板甚至不近人情的规范，极大地束缚了儿童的个性，抹杀了儿童的灵性。这些是需要加以摒弃的。

在当代家庭孝德教育中，同样应把孝德行为习惯的养成作为主要形式。同时，当代的孝德行为习惯应当通过人性化的礼节礼貌加以养成，重视生活性、实用性。在这方面，传统劝孝读物中提出的某些礼节在当代仍然适用，可根据情况予以选择。现将《弟子规》中的部分相关内容摘录如下：

> 父母呼，应勿缓。父母命，行勿懒。
> 父母教，须敬听。父母责，须顺承。
> 冬则温，夏则凊。晨则省，昏则定。
> 出必告，返必面。……
> 或饮食，或坐走，长者先，幼者后。
> 长呼人，即代叫，人不在，己即到。
> 称尊长，勿呼名，对尊长，勿见能。
> 路遇长，疾趋揖，长无言，退恭立。
> 骑下马，乘下车，过犹待，百步余。
> 长者立，幼勿坐，长者坐，命乃坐。
> 尊长前，声贵低，低不闻，却非宜。
> 近必趋，退必迟，问起对，视勿移。
> …………

文中所倡导的礼节非但毫无严厉、刻板之感，反而十分温暖贴心，符合人之常情。礼节中所隐含的尊重、关心之情，完全是洞察了为人父母者的心理和情感之后，对父母体贴入微的关切和抚慰。据此礼节而行，必然十分有利于亲子间的情感互动。并且，适用上述礼节的情形，在现代家庭生活中亦随处可见。

在当代，家庭关系中讲得最多的是"情"而非"理"，因而应将传统家庭孝德教育中的"授之以理"转变为"动之以情"。越来越多的研究表明,"道德情感对于人的道德认知和道德行为是至关重要的,它是道德认知和道德行为发生的内在动力"。"在情感上体验到遵守一种道德所带来的精神愉悦和自我肯定以及违背道德所带来的精神折磨和自我否定",能够使一个人自觉去追求道德、认同道德。然而,"道德情感并不是孤立自生的,而是在道德实践的过程中产生的",它来源于生活中的交往实践。①就孝德来说,个体的孝德情感只能来源于家庭生活中亲子交往的实践。因而,家庭作为激发个体孝德情感最主要的、最佳的途径,理所当然地应该在个体孝德情感激发中发挥最主要的作用。同时,激发孝德情感,理所当然地应该成为家庭孝德教育最主要的形式。

亲子之情的天然性和本真性,使得家长在动之以情方面具有天然优势。一方面,来自父母的关怀和照顾本身即容易激发子女的孝德情感;另一方面,根据诺丁斯的关心理论,在关心者与被关心者的关系中,关心者与被关心者处于同等重要地位。对于关心者来说,被关心者的接受、确认和反馈具有非常明显的作用。如果只是关心者长期默默地奉献关心,被关心者却一直坐享其成地接受关心,那么这种关心关系是不平等的,亦难以长久维持。

在孝德实践当中,子女是关心者,那么父母便是被关心者。父母的接受、确认和反馈既是子女评价自己孝行的标准,更是子女进一步行孝的动力。生活当中,很多时候问题并非出在子女一方,而是由于父母太固执、太不敏感,或者难以接受关心,由此使得孝德难以实践。试想一下,当女儿买了很多父母爱吃的菜回家看他们,父母却不冷不热,甚至谴责女儿浪费,那么女儿心里是什么感觉呢?——肯定会灰心丧气。因此,家长(主要是母亲)如果能够依据上述原理,对子女的孝行予以积极反馈,表现出微笑、感动、温柔注视等反应,让子女感受到他们的愉悦并从中获得对自己孝行的肯定,无疑能够大大激发子女的孝德情感。

家庭孝德教育途径与其他途径相比,具有如下特点:

①情感性。家庭孝德教育以血缘关系和深厚感情为基础、为动力,具有浓厚的亲情色彩。通过实践体验,个体学会关心和被关心,关心自己的

---

① 张松德:《激发道德情感与投身道德实践辩证统一》,《道德与文明》2008 年第 4 期。

自立、关心父母亲人，便能更容易接受和理解孝德。

②生活性。家庭孝德教育在时间和空间上均与生活相统一，是在家庭日常生活中或家庭成员共同参与的活动中，由家长利用各种机会对孩子施加的或明或暗的影响。在家庭孝德教育中，教育与个体的生活是相通的，而不是隔离的。这就使个体所接受的教育是具体的、可操作的，是依靠直接的体验和模仿来树立自身的孝德行为和观念，因而具有极强的生活性。

③渗透性。家庭孝德教育往往并不具体、明确，不像学校教育那样有组织、有计划，而是渗透在家庭的言论、行动和环境之中。孩子在与家庭成员的朝夕相处中，从父母与亲友、邻里的交往中，获得对孝德观念的理解和行为规范的认识，在潜移默化、耳濡目染中受到教育。

④针对性。家庭孝德教育的教育对象，不像学校孝德教育那样面对的是班级整体甚至是全校学生，而只是一个或几个特定的个体，因而可随时根据个体的孝德表现予以针对性的指导和纠正，具有较强的针对性。家长可以从具体环境和个体实际情况出发，及时发现问题，分析与解决问题。

⑤持续性。涂尔干认为："我们不能僵硬地把道德教育的范围局限于教室中的课时：它不是某时某刻的事情，而是每时每刻的事情。"[①] 家庭孝德教育便表现为"每时每刻的事情"，可以贯穿子女生活的每时每刻，具有明显的持续性。正因为如此，家长除了在必要的时候加以专门教育之外，还有责任建设好充满爱、温暖和欢乐的家庭环境，为子女的孝德养成培育适宜的家庭生活土壤。同时，家庭是人们最早接受孝德教育的地方，也是最久接受孝德教育的地方。即使已不再是学生，即使已垂垂老矣，只要父母健在，人们依然可以随时接受教育，以便调整和更新自己的孝德观念和行为。这也从另一个角度体现出家庭孝德教育的持续性。

二　学校孝德教育

在传统社会当中，学校教育并未普及，只有少数人有机会接受学校教育。因此，就孝德教育来说，学校并非主要途径。不过，由于"以孝入仕"和科举制度的影响，关于孝德的内容不仅在各级各类学校教育中属

---

① 涂尔干：《道德教育》，转引自高德胜《生活德育论》，人民出版社 2005 年版，第 97—98 页。

于必考内容，而且往往居于基础和首要地位。《孝经》作为孝德教育的经典读本，是历朝历代学校教育的必修内容。除了《孝经》之外，儒家经典著作（如四书五经等）亦作为学校教育的必修内容备受重视。即使是接受初级教育者，亦对上文提到的《弟子规》《三字经》《幼学琼林》等含有劝孝内容的蒙学读物相当熟悉。因此，传统学校孝德教育在传播儒家孝德理论、对受教育者"授之以理"方面起着举足轻重的作用。但是，传统学校孝德教育"授之以理"的形式，却只有诵读经典与解读经典，止于书本，形式单一。

与传统学校教育不同的是，当代学校教育已经普及，德育形式大大增加。据研究，当前学校德育的多种形式包括课程类、实践类、组织类、环境类、管理类、辅导咨询类和传媒类共 7 大类 20 多条。① 这些丰富的教育形式中，可以为学校孝德教育所用的主要包括以下三种形式：

（1）思想品德类课程教学

当前的各级各类学校中，均开设了诸如《品德与社会》《思想道德修养与法律基础》等品德类课程。在这些品德类课程中融入孝德内容，本应当成为当代学校孝德教育中最主要的形式。但是，现实情况却并不尽如人意。如前所述（第三章第一节），当前中小学品德类课程的教材中，与孝德相关的内容并不多见。大学品德类课程《思想道德修养与法律基础》教材中，亦只在三级标题下有一小段与孝德关系密切的关于"尊老爱幼"的内容，字数不及五百字②。在学校教育中，教师往往依照教学大纲和教材确定教学内容，教材中孝德内容的不足必然导致教学实践中相关教学内容的不足。因此，要加强学校孝德教育，必须在品德类课程教学中增加孝德内容的比重，尤其是在中小学品德类课程中增加孝德内容的比重。

目前，我国学校德育内容的设置存在着严重的本末倒置现象——对小学生进行的是共产主义道德教育，对中学生进行的是社会主义道德教育，对大学生进行的是社会公德和文明行为教育，严重违背了学生身心发展规律。众所周知，处在不同年龄阶段，学生的道德认知力与判断力有很大差

---

① 詹万生、张国建：《整体构建德育途径体系 全面提高德育工作实效》，《中小学管理》2004 年第 2 期。

② 《思想道德修养与法律基础》（2013 年修订版），高等教育出版社 2013 年版。

别。对中小学生来说，他们的思维尚处于感性认知或初步的理性认知层面，德育应从他们身边的人和事出发，逐层递进。而孝德的本质正是一种爱与敬的情感与行为，完全可以作为中小学生实践道德的起点。由孝心而亲亲，由亲亲而敬爱，由敬爱而仁德，这是一条很自然的道德成长途径。因此，在中小学品德教学中，增加孝德内容的比重尤其有重要意义。

（2）其他课程渗透

除了品德类课程之外，在语文、历史课程中亦应融入孝德内容。孝德作为一种传统美德，已经自然融入我国几千年的文明发展史及所使用的语言文字当中。因此，中国古代史和语文本来就是进行传统美德教育的重要资源。但当前的语文教材和历史教材对此均没有足够重视。

在这方面，新加坡学校教育的做法非常值得我们借鉴。新加坡语文教材中包含了很多中华民族的文化与传统价值观，包括节日、礼仪、风俗、家庭观念、奋斗历史、中国古代的神话、音乐、戏曲等。其主要目的在于，让学生了解中华民族文化，吸收蕴含在课本中的孝亲、礼让、睦邻、公德心等价值观。此外，历史、地理、宗教知识等科目也都规定了德育目标。① 这就使各科教学活动具有了一定的"载道作用"和"渗透作用"。

尤其值得一提的是，受到当前应试教育的影响，思想品德类课程往往不受重视。而作为中考、高考必考科目的语文课程则备受重视，因而在语文教材中适当选用《孝经》《论语》《弟子规》等内容，无疑可以使孝德观念更加深入人心。

（3）实践活动

主要是指课堂教学以外的各种活动，如主题班会、孝行生活实践、孝心日记等。主题班会可以就孝德主题展开演讲、辩论、讨论等活动；孝行生活实践主要是与家长相配合，给学生创造实践孝德的空间与机会；孝心日记则重在引导学生对自己的孝德水平予以反思和构建。当前，已经有一些学校开展相关实践活动，如河南省济源市第六中学所开展的"六心孝敬"活动（即让父母舒心、省心、宽心、放心、称心、顺心），从学生的真实生活出发引导学生进行孝德实践，便属于孝行生活实践类的活动。在各种实践活动中，应注意以学生为中心、以情境为中心、以活动为中心，

---

① 夏家春：《新加坡公民道德教育特色及对我们的启示》，《学术交流》2009 年第 3 期。

顺应学生的德性水平加以引导和提升。

学校孝德教育途径与其他途径相比，具有如下特点：

第一，专业性。学校是专门从事教育活动的场所，教育人员受过专业训练，懂得专业知识，因而具有较强的专业性。

第二，稳定性。学校孝德教育中有相对稳定的教师和学生，有相对稳定的教育时间、地点和教材，有相对稳定的教育目标和内容，因而具有稳定性。

第三，主导性。学校孝德教育的专业性和稳定性，决定了在孝德教育的三种途径当中应以学校孝德教育为主导。即由学校确定孝德教育的目标和内容，同时在与社会、家庭孝德教育途径相互配合的过程中，由学校起主导作用。这一特点决定，在学校孝德教育中，尤其要注意孝德教育的层次性。根据不同年龄段学生道德认知力与判断力的差别，进行由具体到抽象、循序渐进的教育。小学生处于感性认知阶段，孝德教育应从其父母长辈出发，侧重于引导他们形成良好的孝德行为习惯；中学生处于理性认知阶段，应对他们进行一定的孝德规范教育，并引导他们形成深厚的孝德情感；大学生认知发展基本成熟，应对他们进行完整的孝德规范教育，侧重于引导他们形成较高的道德认知力和判断力。

总之，如果说家庭孝德教育的主要任务是"动之以情"和"导之以行"，那么学校孝德教育的主要任务则是"晓之以理"。一是解决学生知不知、会不会的问题，二是为学生提供一个独立于生活之外去反思生活的场域，有利于学生反观自己的孝德实践和体验，理性建构孝德。

三　社会孝德教育

在传统孝德教育中，社会教育是仅次于家庭教育的重要途径。作为一种有组织的教育过程，传统社会孝德教育包括三种形式：

一是官方训谕。官方训谕的实施者包括皇帝和各级地方官员，训谕的方式主要是刊刻颁发规诫劝谕文、定期向士庶宣读和解说其条文等。明太祖颁布的《圣训六言》、清代康熙帝撰写的《圣谕十六条》以及清雍正帝所撰的《圣谕广训》均属进行官方训谕所用的规诫劝谕文。通过训谕，执行者全面系统地宣扬孝德，要求百姓在家孝顺父母，在国忠顺君主，借此向百姓进行孝德的社会教育。官方训谕有时亦表现为各级官员在重要场合对臣民或百姓进行孝德规劝。如汉代刘宽任南阳太守时，"见父老慰以农里之言，少年勉以孝悌之训。人感德兴行，日有所化"①。作为一方政治权力的拥有者，官员的言谈行为和价值取向直接影响着地方民风，具有一定的教育作用。

二是民间乡约教化。在古代社会中，乡约既指一种基层民间组织，也指该种组织内所有成员认同并遵行的契约。作为基层民间组织，乡约的核心是士绅阶层，参加者往往是一乡之人。每个乡约组织设"约正"一至二人，约正由同约人推选产生，其主要职责是立功道、决是非、息讼争、定赏罚。作为乡约成员认同并遵行的契约，乡约由组织中往往比较有学问的人根据具体情况制定，其内容规定了乡人修身、立业、齐家、交游应遵循的行为规范以及婚丧嫁娶等日常活动的礼仪俗规，其目的便是"乡人相约，勉为小善"，宣传"以和为贵""以孝为本"的道德观念。古代乡约中比较有影响力的有北宋吕大钧的《吕氏相约》、明代王阳明的《南赣乡约》、清代陆世仪的《治乡三约》等。为了保证乡约契约的执行，乡约组织中往往建立了严密的执行程序。如《南赣乡约》便规定："会期以月之望，若有疾病事故不及赴者，许先期遣人告知约。无故不赴者，以过恶书，仍罚银一两公用。"②乡约组织的重要功能便是以儒学礼教作为指导思想，以劝善惩恶、广教化而厚风俗为目的，是民间孝德教育的重要形式。

三是以传统的礼仪形式进行孝德教育。这里所说的传统礼仪形式主要是指乡饮酒礼、圣贤祭祀等。在历朝历代的实际操作中，这些礼仪有时由统治者大力倡导，有时由地方官员自发进行。由于仪式过程中会严格区分尊卑长幼，因而在弘扬与宣传为亲尽孝、长幼有序等道德伦理规范方面具有重要功能，是传统社会孝德教育中常用的形式。

在上述三种教育形式中，官方训谕与普通百姓距离较远，传统礼仪形式举办次数及参加人员均有限，因此以乡约教化最为普遍。尤其是明清时期，随着官方权力对乡约的渗透逐渐增强，乡约由纯粹的民间教化组织演

---

① 《后汉书·刘宽传》，转引自李国钧、王炳照主编《中国教育制度通史》（第1卷），山东教育出版社2000年版，第408页。

② （明）王守仁著，谢廷杰辑：《王阳明全集》，中央编译出版社2014年版，第552页。

变为官方统治地方基层社会的辅助工具，其教化功能进一步加强。正如费孝通所指出的：中国传统社会是一个由"长老统治"的礼治社会①，礼的推行主要依靠"教化权力"，而乡约正是这种"教化权力"的重要实行者。在传统中国社会，其教育对象之广泛、教育影响之深远大大超过学校教育。其严密的组织形式和执行措施、执行程序，更是将民间孝德教化组织化、责任化、制度化，从而最大程度地保证了孝德教化的可操作性。尤其是当官方教化权力逐渐成为乡约中的领导力量之后，其教化功能得到了进一步强化。

然而在当代社会，传统中国的乡土社会已经发生变革，乡约组织不复存在。政府的职能主要是管理而非教育，传统的礼仪形式亦产生断裂。因而，上述三种社会孝德教育的形式均已不再适用于当代社会。

当代社会孝德教育的形式包括三个方面：一是为学校孝德教育实践活动提供某些辅助，如在敬老院开展志愿者活动等；二是社会上零星出现了一些所谓国学班，授课内容涉及孝德；三是广播电视等媒体中出现了一些专题讲座和专栏节目，这些讲座和节目在大众孝德教育中起到了一定作用。

显然，与传统社会孝德教育相比，当代社会孝德教育尚比较薄弱，亟需探索和发展新的形式。对此，我们可以适当借鉴国外的某些做法。例如，韩国设有专门教授儒家礼节的乡校。每逢假期，乡校为7岁到14岁的少年开设忠孝礼仪体验课程，学生必须穿着传统韩服上课，学习传统的生活礼节；也为成年人举行传统成年礼仪和传统婚礼，还举办耆老宴并表彰孝行者和善行者。② 乡校为受教育者系统完整地体验孝德礼仪创造了一个良好的情境，具有较强实践性的同时，亦不乏理论的传授，是一种非常值得借鉴的社会孝德教育形式。再如，日本社会中普遍开设了父亲班、母亲班，以提高父母及未来父母的教育水平，使他们能够更好地承担教育子女的任务。③ 父母作为子女孝德教育的重要外在主体，其教育水平如何直接影响着子女孝德水平，对父母进行教育可以成为有效提高孝德教育实效的重要途径。此外，当代社会发达的网络、媒体甚至电子游戏等，均有着

---

① 费孝通：《乡土中国·生育制度》，北京大学出版社1998年版，第50—51页。
② 陈卫平：《"国学热"与当代学校传统文化教育的缺失》，《学术界》2007年第6期。
③ 苏寄宛：《日本道德教育探究》，《首都师范大学学报》（社会科学版）1995年第1期。

进行社会孝德教育的巨大潜力，值得我们努力挖掘。

与其他途径相比，社会孝德教育具有以下特点：

第一，开放性。一般不受时间和空间的限制，也没有统一的组织安排。第二，动态性。它没有大纲和教材，没有固定的时间和形式，更没有固定的教育管理者和周密的计划安排，不受人为控制，可以随着教育需要的变化而变化。

四 家庭孝德教育和学校孝德教育的良性互动

苏霍姆林斯基曾说过："两个教育者——学校和家庭不仅要一致行动，向儿童提出同样的要求，而且要志同道合，抱着一致的信念，始终从同样的原则出发，无论在教育的目的上、过程上还是手段上，都不要发生分歧。"① 在孝德教育中，儿童主要是在家庭和学校中接受各种教育信息与影响的。"当家校的教育方向、要求和水准一致时，教育效果会倍增，反之则会大幅削弱。"② 因此，保持教育影响的一致性和连贯性至关重要。

与此同时，作为儿童孝德教育的两种重要途径，家庭孝德教育侧重于动之以情和导之以行，学校孝德教育则侧重于晓之以理，而二者都需要以活动为中心，在活动中认知，在活动中体验，在活动中养成行为习惯，这就要求家庭孝德教育和学校孝德教育必须在发挥各自优势的同时，在彼此的良性互动中增强合力，以收相辅相成之效。因此，当代孝德教育必须建立家庭孝德教育和学校孝德教育之间的良性互动机制。

如前所述，学校孝德教育具有专业性、稳定性和主导性特点，家庭孝德教育则由于亲子间独有的亲情关系及亲密的空间距离而具有情感性、生活性、渗透性、针对性和持续性特点，在儿童孝德教育中发挥着基础作用。因此，在家校互动机制中，一般应以学校为龙头，以家庭为基础。

学校孝德教育在互动中，应至少做到以下两个方面：一是及时与家长互通信息，取得家长的理解和信任，获得其配合与协作。实践中常发生这样的情况：当学校为培养儿童的孝亲体验而发起"今日我做家长""为父

---

① ［俄］苏霍姆林斯基：《给教师的建议》下册，杜殿坤编译，教育科学出版社1981年版，第244页。

② 陈延斌、史经伟：《德育良性互动：未成年人道德建设的新路径》，《道德与文明》2005年第6期。

母做一顿饭"等实践活动时，家长却因舍不得孩子或者怕耽误孩子学习而一手包办，甚至帮孩子向老师撒谎说已经完成活动任务。这种做法不仅剥夺了孩子体验孝德的机会和权利，也会导致学校孝德教育落空，显然不利于孩子孝德的养成。二是向家长传播孝德教育的方式方法，提供家庭孝德教育的资料。实践当中，不少家长要么不重视孝德教育，要么因教育不得法而难以取得良好效果。因此，学校应通过举办家长培训班、印刷相关教育资料、推荐家教读物等方式，多向家长传播家庭孝德教育的方式方法。

家庭孝德教育在互动中，则应至少做到以下两个方面：一是积极了解学校的孝德教育计划和教育要求，做到心中有数，主动支持和配合学校完成孝德教育的任务；二是积极学习家庭孝德教育的方式方法，根据自己孩子的性格和生活环境施以个性化的孝德教育。尤其是在基本孝亲习惯培养、以温暖的家庭之爱影响孩子、以实际行动感化孩子等诸多方面，发挥学校孝德教育所没有的优势，以补充学校孝德教育的不足。家长不能过度依赖学校或者将孝德教育的责任完全推给学校。事实上，在孝德教育方面，家长应起到比学校更基础、更主要的作用。

具体来说，家校互动可以通过微信群、家长培训班、家长座谈会等多种形式来建立。微信群可由家长按班级自愿组织建立，学校教师自愿参加，随时随地交流共享教育信息；家长培训班则可由学校组织，对家长开展有针对性的培训，帮助家长更新教育观念，提高家长教育子女的水平和技能；家长座谈会则可实现家长之间的沟通交流，彼此分享教育心得，取长补短。

综上，当代孝德教育与传统孝德教育的途径均可概括为学校、家庭和社会三个方面，但三种途径的地位和作用已然发生变革，并且每一种途径中的具体形式亦发生了转化。传统家庭孝德教育主要是"授之以理"和"导之以行"，而当代家庭孝德教育则主要是"导之以行"和"动之以情"；传统学校孝德教育主要是以诵读经典和解读经典的形式"授之以理"，而当代学校孝德教育则通过思想品德类课程教学、其他课程渗透以及多样化的实践活动"晓之以理"；传统社会孝德教育包括官方训谕、民间乡约教化以及传统礼仪形式培养等，而当代社会孝德教育则包括为学校孝德教育实践活动提供辅助、举办国学班以及开设专题讲座和专栏节目等形式，同时可发展专门培训学校或父亲班、母亲班等新的形式。

第五节　孝德教育方法的继承与创新

　　这里所说的孝德教育方法，既包括教育者的施教方法，也包括受教育者形成品德的方法。孝德教育方法是孝德教育传统继承与创新的要素之一。方法是否科学，是当代孝德教育能否取得成效的关键。

　　在我国孝德教育的历史进程中，形成并积累了一系列孝德教育方法。其中，包括启发引导、改过迁善、知行合一、身体力行、慎独自修等在内的很多方法，对今天的孝德教育仍然具有借鉴意义。但是，传统的孝德教育方法以"整体"与"服从"为绝对价值取向，如果完全照搬沿用，则有可能形成奴性的孝德。因此，当代孝德教育方法在继承传统孝德教育方法时，必须注意剔除其中强制的、压迫的因素，重视自主人格的培养，重视受教育者独立思维、自由、自觉特征的发展。当代孝德教育是教育者和受教育者共同参与教育活动的过程，必须改变以往"教"的单向运动，关注"学"的地位，关注受教育者的主体性。按照上述原则，结合当代孝德教育的目标和内容，综合考虑当代的社会环境和当代人思想特点，我们总结了十大方法：情感互动法、说理法、习惯养成法、榜样示范法、文艺作品感染法、心理疏导法、奖惩激励法、启发引导法、内省法、实践体验法。

一　情感互动法

　　情感互动法是指父母及其他长辈等孝的对象，以情感的付出激发个体孝德情感，或者通过接受、确认和反馈个体的孝德表现来强化其孝德情感的教育方法。

　　与其他德目相比，孝德的一个突出特点就是其情感性。因而，情感互动法是孝德教育中特别重要的一个方法。尤其是对于父母及其他长辈而言，他们具有教育者和孝的对象这两个双重身份。身份角色的特殊性，决定了他们可以使用情感互动法这种特殊的教育方法，而其他教育主体则不适用这一方法。

　　情感互动法的要义有三：

（一）以慈养孝

世上没有无缘无故的爱。尽管孝德之爱在一定程度上缘于天性，却同样离不开后天的孕育与激发。如果一个人从出生后即与父母分离，便很难对父母有很深的感情。身为父母者要得到子女的孝爱，首先便需要付出慈爱。慈祥的眼神，温暖的微笑，往往在一瞬间就能点燃子女孝爱的火花，这是长篇大论的说理绝难实现的。慈爱既是为人父母者的本分，亦是为人父母者进行孝德教育的独有利器。相对来说，在个体孝德情感的培养中，情感互动法对爱、敬、亲等孝德情感成分的激发作用更突出一些——爱之情感主要以父母的慈爱激发；敬之情感主要以父母的自尊自爱激发；亲之情感则主要以父母的亲昵亲近激发。

（二）对子女付出的孝之情感予以及时、积极的接受、确认和反馈

"关心意味着一种关系，它最基本的表现形式是两个人之间的一种连接或接触。"① 孝德作为一种调节亲子关系的品德，不仅仅意味着子方单方面的义务与付出，而是与亲方的互动密不可分。因而，将孝德置于亲子关系中来观察是非常重要的。在亲子双方中，一方付出孝之情感，另一方接受孝之情感。要使孝之情感的付出与接受真正有意义，则亲子双方的表现都必须满足某些条件。无论是付出孝之情感的一方，还是接受孝之情感的一方，任何一方出了问题，都会导致亲子之情受到损害。比如，子方没有丝毫孝之情感的付出或者付出很少；子方心中虽然有孝之情感却不懂表达；子方有所表达，亲方却并不需要或并不认同……上述这些状况当中，人们往往只是关注第一种状况所引起的孝德缺失，却很少关注其他状况。由此便将孝德缺失或不足的责任通通推给子方，却没有关注到作为孝德对象的亲方同样负有义不容辞的责任。

当着眼于关系时，孝德本质上是子方对亲方的一种接触，一种交流，这种交流以双方的情感互动为重要特征。如果只有子方努力地付出孝之情感，亲方却完全感受不到或者不愿意去感受，那么即使子方再努力，孝也难以真正实现（没有被亲方需要或者认可的孝怎能算是孝呢）。因此，在尽孝的过程中，亲方并非只是完全被动地承受，而是有必要主动做出诸如

---

① ［美］诺丁斯（Noddings, N.）：《学会关心：教育的另一种模式》，于天龙译，教育科学出版社2014年版，第30页。

接受、确认和反馈等各种反应。譬如当女儿对母亲说"我爱你"的时候，母亲会感动、会害羞、会微笑、会忸怩、会兴奋、会拥抱……这些反应都可能让女儿感到愉快和振奋。这些反应是对那些付出了孝之情感的儿女的最好奖励和回馈，绝对是尽孝过程中不可或缺的。可以想象一下，如果母亲不是作出上述积极反应，而是冷漠、模棱两可甚至是不屑一顾，那么女儿一定会灰心丧气——因为她的热烈的孝之情感在源源流出，却得不到丝毫回报或认可。如果所付出的感情长期得不到反馈，她可能不再有勇气对母亲表达感情。她会怀疑母亲对自己的感情而与母亲日渐疏离，甚至为避免拒绝所带来的伤害而刻意冰冻自己的感情。生活中这种情况并不少见。很多时候，子女的孝德情感未能养成更多是出于亲方的原因，比如太麻木、太冷淡、太孤僻、难以接受亲近等。尽管行孝是对子方的要求，子方主动付出孝之情感最为重要，但亲方的作用以及他们之间的相互作用同样至关重要。

根据美国学者诺丁斯的关心理论，在被关心者的心理状态中，接受、确认和反馈是最重要的。① 道德是交往中自我实现的一种形式，是一种主体间性。它一方面追求个人的自我发展和卓越化，另一方面又追求人际关系的圆满。每一个付出孝之情感的子女，都希望他所付出的能被对方接受，至少希望对方能表现出是否接受，以便自己及时确认，并根据对方的反馈及时调整自己的情感及情感表达方式。对子女来说，如何行孝尽管有一定的规范或原则，却并没有一套放之四海而皆准的具体程式或步骤。到底如何做是正确的、恰当的，到底爱、敬、亲等诸多情感中哪种是父母想要的，这些往往取决于父母的喜好和需要。而父母的喜好和需要则需要通过亲子互动时父母的反应来加以体察和确认。性格严肃、思想正统的父母，通常喜欢子女对他表现出更多的尊重和敬意；性格开朗随和、观念开放的父母，则更喜欢微笑、亲近和拥抱。不同的父母对于子女的孝之情感和表达方式有不同的需要和喜好，而这些都需要通过反馈传递给子女。一般来说，亲方的反馈包括两方面内容：一是对自己需要的情感或自己喜欢的表达方式，予以积极肯定；二是对自己不需要的情感或自己不喜欢的表

---

① ［美］诺丁斯（Noddings, N.）：《学会关心：教育的另一种模式》，于天龙译，教育科学出版社2014年版，第32页。

达方式，予以委婉否定。

（三）在情感互动过程中有意识地提升个体爱的能力

在情感互动过程中，身为父母者不仅需要付出慈爱，主动接受孝爱，还应关注子女是否具备爱的能力，并有意识地帮助他们提升爱的能力。正如诺丁斯所说："所有有认知能力的人都在关心着人或者事物。这是人之所以成为人的一种标志。但是事实是，并非所有人都具备了关心别人的能力。"① 如果说爱是非理性的，那么给予爱则是理性的。如何判断爱、接受爱或付出爱，这些都包含着认知因素，离不开主动、自觉的学习或者培养。在爱的过程中，往往离不开各种细节上的近乎微妙的感受、体会、理解和确认，以及综合判断后，选择恰当的方式将爱传递出去。这些能力往往是个体在从小与父母、家人的接触和交往过程中逐渐习得的。人们往往有这样的体会：父母感情好的家庭中，子女往往更懂得关心别人，更懂得如何去爱。其原因便是因为在这样的家庭中，子女有更多的机会和场景感受爱、学习爱，因而具有较高的爱的能力。

总之，情感互动法是家庭孝德教育中最为重要的方法，这也是家庭孝德教育的优势所在。父母及其他长辈等教育者，如果能够充分认识到孝德中亲子双方情感的互动性，自觉运用情感互动法来激发和强化子女孝之情感，则可以获得非常好的教育效果。

二 说理法

说理法是指通过讲授、谈话、讨论、辩论、演讲等形式，将有关孝德的知识、经验、观念、规范与实践方法等传授给个体，使之明白何为孝、为何孝以及怎样孝等孝德道理。

说理法是传统孝德教育所使用的主要方法，在孝德规范教育中具有特殊优势。古人指出：

> 孝弟为百行之原，立身之本。为师者宜时为子弟细细讲说，备论父母胎养之劳，抚育之苦，疾病痘症之忧愁，成立显扬之期望，于以

---

① ［美］诺丁斯（Noddings, N.）：《学会关心：教育的另一种模式》，于天龙译，教育科学出版社 2014 年版，第 33 页。

发其亲爱之良心，俾无忘身之所由来……要使子弟自幼即知伦纪为重，外物为轻，不悌即不孝，不孝不悌，不可为人。①

通过说理，让子弟明白孝之"义理"，知其可为与不可为，这是培养个体孝德的关键所在。除了在特定场合（如课堂、庭训等）进行系统讲授之外，古人还强调在平时生活中，应随时随地宣讲孝理，将说理与讲论运用于具体情境。

从当代孝德教育内容来看，在"激发个体感恩、责任感等孝德情感"和"明确善事父母之行为的基本内容""提升践行善事父母之行为能力"等方面，比较适合采用说理法。从孝德教育途径来看，由于"理"本身所具有的理论性和专业性，说理法尤为适用于学校孝德教育。其中，讲授和谈话的形式虽古今同用，但在具体实践时却有所不同。传统孝德教育所用的讲授和谈话具有很强的训诫意味，是一种上对下的灌输与强制；而当代孝德教育在使用讲授和谈话时则应更重视讲述、规劝与交流，是教育者与受教育者之间教育信息的平等流动，而不是"命令式""填鸭式"的训导。

除了讲授和谈话之外，当代学校孝德教育还可通过讨论、辩论、演讲等多种形式使用说理法。其中，讲授形式适用于由后喻主体实施的孝德教育，这种形式具体、明确、指导性强；谈话既适用于后喻主体，也适用于同喻主体，这种形式通常针对某一个体，能够更加贴近个体实际并且让个体印象深刻；讨论、辩论、演讲则适用于同喻主体之间的互相影响，同时离不开后喻主体在总方向上的把握与控制。上述形式或者通过个体之间不同观点的碰撞引发个体各自的深入思考，或者通过个体间观点上的共鸣而强化孝德认知，有利于个体在交流和思考的过程中明白道理，并且使学生记忆深刻、持久、牢固，从而克服了单纯说理使学生反感的弊端。当然，上述区分只是相对而言，并非完全绝对，需要教育者根据不同情况加以灵活使用。

三　习惯养成法

习惯养成法是指以孝德规范为标准，训练儿童的态度和行为，在持久

---

① 李新庵等：《重订训学良规》，转引自李国钧、王炳照主编《中国教育制度通史》（第五卷），山东教育出版社 2000 年版，第 323 页。

的（开始是强制性的）言语、行为规范的训练中，使儿童不知不觉地养成符合孝德要求的日常态度和行为习惯。

古人云："少成若天性，习惯成自然"，"没有规矩，不成方圆"，这些俗语道出了习惯培养的重要性。朱熹曾提出，15 岁以前的儿童，主要应就其日常生活接触到的"知之浅而行之小者"和"眼前事"进行教育训导。所教之事，"如事君，事父，事兄，处友等事，只是教他依此规矩做去"①。

为了使儿童的行为成为习惯，古人编写了很多规范式、条例式的蒙学读物作为参照。如朱熹曾亲自制定《童蒙须知》，从儿童的日常生活中的穿衣、勤洗、饮食、行走到读书、写字、背诵，都做了极为详细的规定。其中很多规定体现着孝敬父母长辈的要求，如：在长辈面前要"语言详缓，不可高言喧哄，浮言戏笑"；若是长辈的责备有误，做晚辈的也不能马上辩解，而要待长辈说完后再慢慢做解释；若长辈呼唤，晚辈当立刻应答上前，不可怠慢……另外，晚辈不能随意称呼长辈，要有一定的规矩；晚辈在长辈面前饮食，要轻嚼缓咽，不可闻饮食之声；对长者的提问要诚实以对，不可妄言；等等。② 这些孝德行为习惯规定得具体详尽，具有极强的可操作性。在学童刚刚开蒙识字时，就以生活起居、侍奉长辈、言谈举止、待人接物这些最为基本的道德行为准则要求他们，从人人皆知、人人可行的日常习惯养成做起，逐渐凝成品质，达到"习与智长，化与心成"、收到积土成山、积善成德之效。

传统孝德教育中的习惯养成法寓孝德教育于养成教育中，在日常生活中使儿童积久成熟地养成孝德习惯，所培养的孝德符合当时的教育目的。但是，传统孝德教育中所培养的孝行习惯却存在成人化、烦琐化的弊病——很多习惯儿童难以做到，同时也非常不利于儿童的身心发展，这是当代孝德教育中尤其需要注意避免的。

当代孝德教育中，习惯养成法在教育内容上比较适用于个体孝亲态度（包括敬亲、关心体贴、思慕亲情、容让、和颜悦色、耐心细心）和部分孝亲行为（如娱亲陪伴、礼貌事亲、物质分享与身体照护等）的培养。

① （宋）黎靖德编，王星贤点校：《朱子语类》（第一册），中华书局 1986 年版，第125 页。
② 魏英敏主编：《孝与家庭伦理》，大象出版社 1997 年版，第 80—81 页。

其中，孝亲态度的形成，并非一朝一夕能够完成，而是在个体与父母的长期交往与相处的过程中逐渐形成的。良好的孝亲态度必须从小养成，否则便会积久成疾、难以改变。娱亲陪伴、礼貌事亲、物质分享与身体照护等孝亲行为的践行，亦非某时某地做过一次或几次就算孝了，而是融于生活当中，需要个体随时随地或者适时适度践行。上述孝亲态度和行为只有养成习惯之后，个体方能做到持之以恒，非常适合通过习惯养成法予以培养。

以礼貌事亲为例，当代的"礼貌事亲"，虽然在具体形式上不如传统的"以礼事亲"那么烦琐与刻板，但基本的礼节礼貌却需要贯穿个体与父母相处的每一个细节当中。比如"父召，无'诺'；先生召，无'诺'；'唯'而起"①，父母呼唤时应立即应答，并随之起身而应，一个很简单的礼节便充分表现出对父母的尊敬。再如对父母用尊称、主动问候父母、见到父母主动打招呼而不是漠然无视等，这些实际上都要通过习惯加以养成。

在教育对象上，习惯养成法比较适用于针对未成年人的孝德教育。在教育途径上，习惯养成法比较适用于家庭孝德教育，即在家庭生活当中引导个体把孝德习惯落实到行动上，落实到一点一滴的生活中去，具有较强的生活化特点。

四　榜样示范法

榜样示范法是指通过树立孝行榜样，让个体在观察和模仿中逐渐认识孝德并养成孝德。由于未成年人尤其是低年龄段的儿童往往具有较强的观察模仿能力，该方法尤其适用于以未成年人为对象的孝德教育。

榜样的力量是无穷的，榜样示范法是孝德教育传统中的常用方法。在传统孝德教育中，所树立的榜样主要包括以下几类：

（1）家庭或家族中的年长者

在古人看来，父兄的言行举止必然会影响到子弟，因此父兄的表率作用相当重要。以孝著称的曾国藩，便十分重视自己作为兄长的表率作用。他带头孝顺父母、友爱兄弟，不仅出于至诚，而且处处以身作则，以身垂

---

① 陈戍国点校：《四书五经》，岳麓书社2014年版，第432页。

范。在他的表率下，曾家"孝友传家"，团结和睦，出了很多各方面的人才。

父母对祖父母的行孝程度，直接影响到子女对父母的行孝程度。所谓"孝亲生孝子，报答十分奇"，便强调了父母的言传身教之重要。古代有一则《上行下效》的故事：当中年妇女用只又脏又破的碗给婆婆盛饭时，她的儿媳要求她保存好碗以备将来给她用，使得她幡然悔悟。如果父母在孝敬方面做得很好，在长期的耳濡目染中，子女自然懂得如何孝敬父母。故而，清代吕坤的《续小儿语》中云："要知亲恩，看你儿郎；要求子顺，先孝爷娘。"①

（2）历史事例或者孝行故事中的榜样

家训类读物中以孝著称的先辈，儒学经典和蒙学读物中大量以孝著称的历史人物和孝行故事中的孝子，这些都是传统孝德教育中常用的榜样。《三字经》曰："香九龄，能温席"；《幼学琼林》曰："戏彩娱亲，老莱子之孝"、"跃鲤杀鸡，姜生与茂生并孝"、"蒸梨出妻，曾子善全孝道"、"缇萦上书而救父，卢氏冒刃而卫姑"。② 很多孝行故事中的孝子典型，非常形象、生动、感人，非常便于人们仿效。

（3）皇帝、官员以及同时代的孝行榜样

《孝经·广至德章》说："君子之教以孝也，非家至而日见之也。教以孝，所以敬天下之为人父者也。教以悌，所以敬天下之为人兄者也。"③ 君子教民行孝，并不是亲自到每家每户去说教，也不是天天去做考核，而是以修德感人，爱民以施教。因此，在孝德教育中，统治者往往成为人们的楷模。所谓"一人有庆，兆民赖之"④。天子有敬爱父母的好品德，百姓自然照此遵行。

古代许多统治者赞同这一观点，甚至还有少数统治者身体力行，以言传身教的形式达到孝德教化的目的。如汉文帝亲自为母亲尝药；唐玄宗不

① （清）吕坤：《续小儿语》，转引自宁业龙、宁业高、宁业泉《中国孝文化漫谈》，中央民族大学出版社1995年版，第266页。
② 转引自宁业龙、宁业高、宁业泉《中国孝文化漫谈》，中央民族大学出版社1995年版，第261—266页。
③ 汪受宽：《孝经译注》，上海古籍出版社2004年版，第65页。
④ 同上书，第9页。

仅亲注《孝经》，阐释"天子之孝"的基本内涵，并且身体力行，德治天下。但是，由于拥有至高无上的政治权力，统治者往往懒于行孝或者只是做做表面功夫，其所谓的言传身教对于孝德的社会教化并无多少实际功效。于是，更多的统治者通过树立民间的孝行榜样来实现这种示范作用。如"三老""孝悌"、受到朝廷旌表以及载入史册的孝子们，都是统治者们有意树立的孝行榜样。

根据当代社会生活的状况和特点，当代孝德教育中所应选择的孝行榜样，主要是以下三类：

一是个体现实生活圈中的榜样，包括父母、同学、朋友、同事、兄弟姐妹、网友等。由于家庭的小型化、独立化，人们与亲戚之间日渐疏远，亲戚的示范作用日益弱化；由于独生子女政策的实施，兄弟姐妹人数越来越少，来自兄弟姐妹的影响亦不断减少。但是由于通信设施的发达，当今人们的生活圈子远远大于古人。孝行榜样不应当局限于家庭或熟人，有时素未谋面的网友亦能起到示范作用。当代孝德教育应当放宽视野，个体生活圈中的人只要某一方面孝行突出，都可以作为孝行榜样。

二是受人关注的公众人物中的孝行榜样。由于电视及网络媒体的发达，公众人物的生活亦越来越多地进入人们的视线，无形中影响着人们的生活。尤其是对于未成年人而言，对歌星、影星的偶像崇拜情节，使他们关注偶像的一切，甚至无条件认同偶像的价值观念和行为方式。在这种情况下，偶像的孝德示范作用甚至超过父母或朋友，对他们产生更多积极、深刻的影响。例如，由中国伦理学会和多家媒体联合主办的"中国演艺界十大孝子推选活动"，因其推选出的孝行榜样都是明星，便受到了人们的广泛关注，起到了较好的教育效果。

三是文艺作品中的孝行榜样。这里所说的文艺作品包括文学、音乐、影视、游戏等。在上述文艺作品中，包含了很多古今中外的孝子事迹，能够对孝德教育对象中的文艺爱好者产生更深刻的积极影响。

榜样示范法中所树立的榜样是多方面的——有近的、有远的、有平实的、有高远的。在上述各类榜样当中，尤以父母、亲密好友和同学同事最为重要。他们都是个体最为亲近的人，也是最容易使个体受到影响和感染的人。父母具有更多的生活经验和人生经历；亲密好友和同学同事往往和受教育者年龄、能力差不多，且看得见，摸得着，易于学习模仿。

在使用榜样示范法的过程中，应注意以下三点：一是注意榜样及其孝行的正面性。正所谓"近朱者赤、近墨者黑"，正面榜样和负面榜样会对儿童产生同样重要的影响。而正面榜样由于其表率作用，可使儿童产生向慕之意，进而实现教者不劳、学者有益。负面榜样却可能使儿童之前所接受的正面教育大打折扣，甚至前功尽弃。明代沈鲤曾指出："苏秦刺股，毁伤其父母遗体，何贵勤学？郭巨埋儿，忍绝宗祀，以养亲一时之口体，何足言孝？"①尽管沈鲤区分孝行好坏的原则犹有可商，但他对孝行榜样及其孝行进行区分的想法值得借鉴。当代孝德教育在选择榜样或者确立榜样时，必须有所区分，尤其注意其正面性。二是生活中的榜样及其孝行必须真实持续。个体现实生活中能直接接触到的孝行榜样，其最大的优势就是位于个体身边，形象具体真实，行孝情境及具体行为都能直接被个体感知。不过，正因为如此，生活中的榜样及其孝行必须真实持续，而不是虚假的、伪装的，也不是一时的行为。否则，一旦被个体发现，便容易对孝德产生怀疑。三是书面和故事中的榜样及其孝行必须具体形象。个体现实生活中不能实际接触到的榜样，其孝行一般通过语言或文字的描述被个体认识、感知和模仿。这就要求在描述时，必须辅以具体生动的情节和形象逼真的事例，让儿童能够容易判别和选择其孝行，并用于调整自己的行为。《二十四孝》中描述的每一个故事，其孝行都非常具体，非常便于模仿和践行。这也许是《二十四孝》之所以广为流传的非常重要的一个原因。

五　文艺作品感染法

文艺作品感染法是指通过文学、音乐、舞蹈、美术、影视、游戏等文艺作品的寓理于情，使受教育者在对文艺作品持有积极接受的态度与思想观念开放的状态下，触发孝亲情感并潜移默化地接受文艺作品内容中所承载的孝德观念和行为规范。

以音乐作品为例，其教化作用自古便备受重视。《孝经·广要道章》

---

① （明）沈鲤：《义学约》，引自李国钧、王炳照主编《中国教育制度通史》（第四卷），山东教育出版社 2000 年版，第 309 页。

中称"移风易俗，莫善于乐"①。明代王阳明曾说："今要民俗反朴还淳，取今之戏子，将妖淫词调俱去了，只取忠臣孝子故事，使愚俗百姓人人易晓，无意中感激他良知起来，却于风化有益。"② 传统社会中蕴含孝德教育意义的诗歌、戏曲、鼓词等音乐作品不胜枚举。当代社会中亦有很多广为传唱的佳作，如《常回家看看》《时间都去哪儿了》《听妈妈的话》，等等。动人的旋律、真挚的歌词传递着孝亲情感中那些细小的难以言表的微妙情愫，一句歌词，一段音符，便会不经意间触动心灵，使人心中最柔软的部分得以激发并放大。以周杰伦的《听妈妈的话》为例，这首歌以青少年喜欢的 R&B 曲调吟唱着温暖真切的歌词——"妈妈的辛苦不让你看见，温暖的食谱在她心里面，有空就多多握握她的手，把手牵着一起梦游……"字里行间表达了作者对妈妈的深厚感情，无形中感染了很多听歌的人。因其歌词有潜移默化的教育意义，2006 年还入选了台北的小学教材。

除了音乐作品之外，其他文艺形式当中也有很多包含孝德的作品。例如在民间影响最为深巨的《二十四孝》题材，古代有故事、诗歌、戏曲、鼓词、壁画、石刻砖雕、雕塑等各种艺术形式来加以表现。仅以绘画而论，棺材画、墓穴画、祠堂壁画、祖案画屏以及一些箱柜上都有这种题材。

选择好的文艺作品，尤其是富含孝德情感的作品，能够大大增强孝德教育的吸引力和感染力，提升孝德教育的效果。在具体使用上，文艺作品感染法既可以由自我主体自觉地多看多听，也可能是受教育者偶然接触而有所触动，还可以由外在主体通过特定作品有目的地加以感染。当外在主体使用该方法时，一般应包括选择、推荐、共同体验和讨论等环节。这种方法适用对象广泛，尤其是对已有丰富认知基础的成年人来说，往往能够带来意想不到的效果。

六　心理疏导法

心理疏导法是指借助语言、文字等媒介，帮助与父母产生隔阂或矛盾

---

① 汪受宽：《孝经译注》，上海古籍出版社 2004 年版，第 61 页。

② （明）王守仁著，谢廷杰辑：《王阳明全集》，中央编译出版社 2014 年版，第 107 页。

的受教育者以及存在心结的受教育者，面对自己内心的真实感受并作出积极的自我调整，以改变其与父母之间的消极认知、情感和态度。

电影《我家买了动物园》中，有一个十四岁的叛逆少年，在母亲因病早逝之后，从小到大的情感依托瞬间消失，而倾向于理性和规则教育的父亲却没能及时给予他足够的情感上的关怀与认可，于是陷入深深的伤痛与孤独当中，与父亲常常争吵。直到有一天，父子俩面对面地敞开心扉，少年方明白父亲其实深爱着自己，从此解除心结，改变了对父亲的抗拒态度，并与父亲日渐亲密。

电影《第一次》当中的男青年吕夏，对母亲车祸去世后终日酗酒的父亲心怀恨意，不愿意面对父亲。直到忍无可忍后的情绪爆发、痛诉之后，加上女朋友的疏导劝慰，最终直面内心的痛苦，走出阴霾，与父亲言归于好。

艺术来源于生活。生活当中，上述状况时有发生。处于叛逆期的青少年、突发事件后有待心理重建的为人子女者、因性格或观念不合而与父母产生隔阂矛盾者，尤其需要通过心理疏导法对他们予以帮助、启发和暗示，使他们重新建立孝亲之情。

七 奖惩激励法

奖罚激励法是指利用奖励或惩罚的方法，对受教育者符合孝德规范的行为予以肯定而对其违背孝德规范的行为予以否定，以激发人们行孝动力的教育方法。

对孝子孝女予以表彰奖励，对不孝行为予以严惩，在传统孝德教育中不仅常用，而且发展出丰富多样的宏观与微观不同层次的相关措施。宏观层次的措施主要由官方和社会所施行。其中，表彰奖励方面既包括减免徭役赋税、赏赐财物等物质奖励措施，也包括"为孝立传"、广立忠孝牌坊、赐予忠孝匾额或予以旌表、大建忠孝词堂等精神奖励措施，还包括举孝廉、赐爵位等物质精神双重奖励措施。惩罚方面则制定了各种惩罚不孝的法律和制度，依程度轻重，对违背孝行规范者施以鞭笞、杖刑、流放、斩首、凌迟等刑罚处罚。微观层次的奖惩激励措施一般由家长、族长或者其他直接教育者施行。表彰奖励手段主要包括表扬、赏银、送匾额、记入族谱、死后牌位列于家庙等，惩罚手段则包括训斥、责骂、责打、逐出家门（对妇女还有休妻）甚至处死等。在传统孝德教育中，往往惩罚多于奖励，所谓"棍棒主义"的做法，受到人们的普遍认同和实行。所谓"笞怒废于家，则竖子之过立见""棍头出孝子"皆是此义。

"棍棒主义"的教育方法是与宗法专制相适应的。为了培养没有个人思想的"顺民"，传统孝德教育实践中使用惩罚的频率远远大于奖励。在今天看来，传统孝德教育中那些反对个人价值，践踏子女人身权利的惩罚方法显然是不足取的，甚至是违法的。在当代孝德教育中，惩罚的方法仍然有存在的必要，但不应随意使用，使用时只是作为一种价值导向，目的是为了使受教育者知道何者不可为，了解自己行为的最低底线。使用惩罚方法时，惩罚的手段不允许使用辱骂、责打、冷暴力等一切侵犯个体人身权利的做法，而应采取批评、表现出严肃或者不快的表情态度等人性化的手段，目的是让受教育者认识到自身的错误，而非使其遭受肉体与精神上的折磨。

与惩罚相比，奖励的适用状况要广泛一些。奖励应以精神奖励为主、以物质奖励为辅。宏观层面的奖励包括孝子评选、表彰等。当前影响广泛的"感动中国人物评选"、各地"十大孝子"评选以及"寻找最美孝心少年"等活动均属此类。微观层面的奖励则包括表扬、赞许、实现其良好愿望、树立为孝行榜样等。

值得注意的是，无论奖励还是惩罚，都只是一种外在的教育手段。根据唯物辩证法，内因是事物发展的根本原因和根本动力，外因则对事物的变化发展起着加速或延缓的作用。个体孝德的养成，从根本上来说是由个体内心对孝德的积极追求所决定的，而外在的激励作为外因只是对孝德的形成起到影响作用，而并非决定因素。

奖惩激励法只适用于那些孝德内在动机不足者，而且不可过多过滥地使用。美国著名心理学家德西经过长期观察和实验发现：有些人看中的是"内在的成功"而不是"外在附加奖励"。他们从事有内在兴趣的工作而取得成绩时，会体验到由衷的满足感和成功感。因此，当受教育者自身已经认同孝德并且能够感受到践行孝德所带来的快乐与价值，这时再给其奖励不仅多此一举，还有可能适得其反。只有当受教育者还没有形成对孝德的认同，或者虽然认同但是践行动力不足而难以持续孝行时，奖励才是必要和有效的。并且，一旦受教育者对孝德的内在追求动机被激发，那么便不应再继续滥用奖励。否则，受教育者的追求目标便可能会从追求孝德本身变成追求外在奖励，而一旦外在奖励消失或者不足，受教育者便不会再继续行孝。

奖惩激励法如果使用不当，会造成受教育者为行孝而行孝、自觉性和主动性不高的现象，甚至有可能为了获取奖励或者避免惩罚而伪装孝行。因此，在当代孝德教育中，教师和家长在使用奖惩激励法时，必须运用"奖励内部动机为主"原理，使学生关注自己内在孝德水平的提升。

八 启发引导法

启发引导法是一种适用面广且极为常用的教育方法，其核心是启发二字。在孝德教育中，使用这一方法的前提是教育对象具有一定的生活经验和思维能力。

孔子在孝德教育的实践中，非常重视启发引导法的使用。《论语》中记载，子夏问孝，子曰："色难。有事弟子服其劳，有酒食先生馔，曾是以为孝乎？"① 孔子回答说，对父母有好的脸色是最难的。在表明这一观点之后，孔子并没有深入说明为什么给父母好脸色最难，也没有强调这一点如何重要。只是反问子夏，如果不给父母好脸色看，只是有事时效劳服务，有酒饭让年长的先吃，这难道就是孝吗？提出问题后，孔子不再多说，让学生自己去思考。当宰我提出三年之丧太久的观点时，孔子同样没有对他讲太多的道理，只是问：吃好粮食，穿好衣服，你安心吗？如果你安心，那你就去做好了。这里同样没有强制性的规范和长篇大论的说理，只是启发性的引导，让学生在反思和体验中自己寻找答案。

启发引导法与传统孝德教育中常用的规训法形成了强烈对比。规训法的核心是强制和服从，教育对象虽然表面上服从孝德规范，内心却未必真心认同。规训法最大的弊端在于，轻视甚至践踏教育对象的自主性。教育者以高高在上的姿态，监视教育对象的一言一行，以一种奖惩的技术培养着虚伪的道德。通过标准化孝德规范的机械灌输，训练不加怀疑而接受的蒙昧头脑；通过道德规范行为的养成，塑造不加判断的盲从心灵。要求教

---

① 金良年：《论语译注》，上海古籍出版社 2004 年版，第 12 页。

育对象绝对服从，不容许教育对象有任何的违规、越矩和错误，不能容忍任何人对这种教育意志产生怀疑和抵抗。在这种教育下，一个人只能努力迎合教育者所承诺的"好处"，否则就会被彻底抛弃。显然，规训法是一种专制的教育方法，包含着教育暴力。

亲情孝道的提出与强调，是人们对人类生存、发展过程长期观察得出来的。幼儿在父母的爱抚中成长，得到父母出自天性的关爱，所以自然如孟子所说："人少则慕父母。"成人之后人人要"亲其亲、长其长"，是发自本性、不假外烁的。这种符合人类生存与发展需要的本性是人类生而有之的天性，是最基本的本能之一。这种孝道亲情，显然不是由外部强加给人的。而在规训法的使用过程中，父母往往更重视训练子女如何扮演好为人子女的社会角色，于是忽略了亲子感情的培育，无疑是舍本逐末。

当代的孝德教育，必须减少规训法的使用，倡导使用启发引导法。孝德教育的对象是人，人是有一定的选择性和自主性的，都有发展自己的优秀品质和美德的自主能力。只有尊重个体的自由，相信他们的自主选择能力，才能保证个体发展的空间，提高他们实践孝德的理性能力，赋予他们承担责任的勇气，引导他们形成合理的孝德观念。这样的孝德是属于个体自己的，不必靠外在权威和规范来监督，即能自动自发地做出自己认为适当的孝行。这种孝德是自律性的，而不是他律性的。只有把爱的培养、责任的孕育建立在真爱为土壤、亲情为阳光雨露的环境里，以爱育爱，以真情感化心灵，用责任培育责任，才是符合人的心理发展特点的教育。

更为重要的是，在当代社会，随着后喻文化色彩的不断弱化，长者不再有那种"什么都知道"的知识权威，年轻人对他们的话再不如从前那般信服。在这种情况下，教育者再以长者自居，居高临下地对年幼者进行规训，不但起不到教育效果，反而会自讨没趣。换句话说，当代人独立自主的倾向很强，他律的孝德训练方法难以被接受。因此，在当代孝德教育过程中，应当以理喻的方式教导子女理解善待父母的重要意义，侧重于引导他们自己做出正确的价值判断。总之，当代应以"启发引导法"取代"规训法"，由教会顺从，转为教会选择，引导学生在开放的道德生活情境中自主选择和养成孝德；由灌输说教，转为重视启发学生主动分析、判断和选择；由包办代替，转为指导学生自主实践，养成个性化的习惯。

九　内省法

所谓内省法，就是用孝德规范来检查与对照自己的观念、态度和言行，考察其是否符合孝德要求，并根据反思结果予以调整的方法。使用内省法的前提是教育对象具有一定生活经验和思维能力。

内省法既可以独立使用，也可以与启发引导法配合使用。一般来说，启发引导法由外而内，是外在的教育者对教育对象所使用；而内省法则由内而发，是个体进行自我教育的主要方法。如果没有个体的内省，那么启发引导法便无法真正发挥作用；同时，外在的启发引导能够在很大程度上促进个体内省。

在古代孝德教育中，内省法是一种极为重要的修身方法。这一方法包含着两个层次：一是自我省察。孔子曰："见贤思齐焉，见不贤而内自省也。"[1] 曾子亦提出："吾日三省吾身。"[2] 孟子提出君子须经常"反求诸己"，如"爱人不亲，反其仁；治人不治，反其智；礼人不答，反其敬"。[3] 如果自己爱别人，却得不到所爱之人的亲近，就应当反思自己待人的仁心是否足够。二是迁善改过。经过自我省察之后，如果确定自己真心诚意且言行得当，那么便可问心无愧、心安理得，不必感到忧愁和畏惧；如果发现自己做得很好，那么可以和别人分享自己的做法；如果发现自己做得不好，甚至存在不足和过失，那么应当及时改正。在这两个层次当中，自我省察是基础，而迁善改过则是自我省察的结果。如果只进行自我省察，却没有迁善改过，那么所谓的自我省察便失去意义。通过自我省察，从正反两方面来调整自己的行为，好的做法继续保持，不好的做法及时调整，最终找到亲子之间和谐相处的最佳方式。

内省法的核心是要求个体严格自律，遇事多反躬自省，这种方法对于当代孝德教育具有重要价值。在当代社会，一些子女在与父母相处时，往

---

① 金良年：《论语译注》，上海古籍出版社 2004 年版，第 36 页。

② 同上书，第 3 页。

③ 同上书，第 150 页。

往只是看到父母身上的所谓缺点或者不足（例如"不讲理""脾气大""性格古怪""没有出钱给自己买房""没帮自己带过孩子、做过家务""在自己困难时没能及时伸出援手""对自己没有对兄弟姐妹好"，等等），并以此作为自己不尽孝的借口，却很少去反思自己为父母做了什么、做了多少。如果这些子女能够多多自我省察，多从自己身上寻找原因，必然有助于认识到问题所在，进而改善亲子之间的不良关系。

当代孝德教育中所提倡的内省法，在立足点上与传统孝德教育中的内省法有着根本的不同。传统孝德教育中所提倡的内省，本质上是要求教育对象通过内省，无条件地接受既有规则，具有一定强制性；而当代孝德教育中的内省，则是支持教育对象通过内省，在现有规则的基础上进行自主选择，具有更大的自由空间。

十 实践体验法

体验一词，《现代汉语词典》解释为：通过实践来认识周围的事物；亲身经历。只有亲身体验过的东西，才能内在于生命之中，融化为生命的一部分。没有体验就没有教育，就没有生命的成长。真正的道德教育不是单纯传授知识的教育，而是触及学生心灵的教育。实践体验法通过给学生创造实验机会、增强其内心体验来培养孝德，是一种非常重要的孝德教育方法。

当前，不少学校设有"孝敬日"。每到这一天，学校会要求学生尽己所能帮父母做家务，用自己的零用钱买礼物或自制礼物送给父母，向父母表达感激之情。在准备过程中，学生可以想象着父母的喜悦、感动等反应，体会着为父母付出的快乐。当父母看到礼物时，各种渗透着欣慰、感动、幸福等复杂情绪的表情、语气、言语、动作等，会在亲子之间形成一种特殊的情感场域。在这种微妙的情感场域中，亲与子似乎融为一体、心有灵犀，这种感受无论是对亲方而言，还是对子方而言，都是一种难以言喻的特殊体验。尤其是对子方而言，那种看到父母快乐而产生的兴奋、激动和满足感，是一种令人愉悦并且难以忘怀的情感体验。这种感受和体验只有亲身经历过，才能有所体会和感悟，才能印象深刻。对于受教育者而言，自身的体会往往比任何教育语言更有影响力，这种体验对于加强孝德认同感无疑大有裨益。

以实践体验法为核心的教育活动还有很多，如给父母写一封感恩信、为父母洗一次脚等。这些活动将孝敬父母的"大道理"化为"小道理"，并与现实生活相结合，从日常小事入手，在不断的指导中逐渐反复强化，有利于激发学生的孝德情感，促使学生养成孝德。

实践体验法以个体为中心，重视个体养成孝德的自主性，并且能够产生较好的教育效果，是一种值得提倡的孝德教育方法。但是，这种方法在使用时需要注意两点：

一是不宜过多过滥地使用。经济学上有一个规律，叫"边际效益递减率"（亦称边际效应）——当人们向往某事物时，情绪投入越多，第一次接触到此事物时情感体验也越为强烈；但是，第二次接触时，会淡一些；第三次，会更淡……以此发展，人们接触该事物的次数越多，其情感体验也越为淡漠，一步步趋向乏味。这种效应在社会学中同样适用。对于某种孝亲活动，学生第一次通过实践所得到的情绪体验最为强烈，但之后的每一次都会逐渐递减。长此以往，便容易将类似活动看成形式，不以为然。

二是必须发端于个体现实生活，贴近实际、融于自然，而不能刻意为之。据媒体报道，在上海某学校举办的"孝敬文化节"上，800多名学生齐刷刷在父母面前下跪磕头，在父母的头上拔下一根白头发，以作永远留念。这种做法看起来十分刻意，有明显的作秀成分，这样的所谓"体验"对多数人来说，不但不是一种愉快的体验，反而会起到相反的效果。加上下跪谢恩的理念与现代家庭伦理严重不符，亦令人十分反感。

综上，当代孝德教育方法至少可以总结为情感互动法、说理法、习惯养成法、榜样示范法、文艺作品感染法、心理疏导法、奖惩激励法、启发引导法、内省法、实践体验法等十大方法。这些方法并无优先次序及重要程度之分。正如马卡连柯所说："任何的教育方法，甚至象暗示、解释、谈话和公众影响等我们通常认为最通行的方法，也不能说是永远绝对有益的。最好的方法，在若干情况下，必然成为最坏的方法。"[①] 要取得预期

---

① ［苏］马卡连柯：《论共产主义教育》，刘长松等译，人民教育出版社1962年版，第237页。

的孝德教育效果，最重要的不是通过某一种特定方法的选择，而是通过多种方法的优化组合，形成合乎教育逻辑的组合体系。在应用孝德教育方法时应秉持"法无定法"的原则，针对不同的目标、内容、条件、教育者、受教育者等要素，选择不同的教育方法，因人制宜，因人施教，灵活多样。如此，才能真正激发受教育者的孝德意识，促进其孝德水平的提升。

参考文献

典籍类：

[1] 方勇译注：《墨子》，中华书局 2015 年版。

[2] 陈戍国点校：《四书五经》，岳麓书社 2014 年版。

[3] 周晓露译注：《商君书译注》，上海三联书店 2014 年版。

[4] 孙以楷编：《〈老子〉今读》，安徽大学出版社 2013 年版。

[5] 刘建生编译：《韩非子精解》，海潮出版社 2012 年版。

[6] 刘建生编译：《墨子精解》（精装版），海潮出版社 2012 年版。

[7] 钟基、李先银、王身钢译注：《古文观止》，中华书局 2012 年版。

[8] 汪受宽：《孝经译注》，上海古籍出版社 2004 年版。

[9] 金良年：《论语译注》，上海古籍出版社 2004 年版。

[10] 金良年：《孟子译注》，上海古籍出版社 2004 年版。

[11] 杨天宇：《周礼译注》，上海古籍出版社 2004 年版。

[12] 程俊英：《诗经译注》，上海古籍出版社 2004 年版。

[13] 李民、王健：《尚书译注》，上海古籍出版社 2004 年版。

[14] （魏）王弼注：《老子道德经注》，中华书局 2010 年版。

[15] （宋）黎靖德编，杨绳其、周娴君点校：《朱子语类》，岳麓书社 1997 年版。

[16] （宋）黎靖德编，王星贤点校：《朱子语类》，中华书局 1986 年版。

[17] （明）王守仁著，谢廷杰辑：《王阳明全集》，中央编译出版社 2014 年版。

[18] （清）曾国藩：《曾文正公家书》，中国书店 2015 年版。

[19]（清）王先慎撰，钟哲点校：《韩非子集解》，中华书局 2013 年版。

[20]（清）张英、张廷玉著，江小角、陈玉莲点注：《聪训斋语 澄怀园语——父子宰相家训》，安徽大学出版社 2013 年版。

[21]（清）李毓秀著，张兴东主编：《弟子规》，宁波出版社 2013 年版。

[22]（清）曾国藩：《曾国藩全集》，岳麓书社 2011 年版。

[23]（清）曾国藩著，（清）李瀚章编：《曾国藩书信》，中国致公出版社 2011 年版。

[24]（清）曾唯辑：《东欧诗存》，上海社会科学院出版社 2006 年版。

[25]（清）纪晓岚总撰，林之满主编：《四库全书精华》（经部），中国工人出版社 2002 年版。

[26]（清）陈梦雷编纂：《古今图书集成·明伦汇编·家范典》，中华书局影印版。

[27]（清）张应昌编：《清诗铎》，中华书局 1960 年版。

[28]郭齐、尹波点校：《朱熹集》，四川教育出版社 1996 年版。

[29]郭超主编：《四库全书精华·子部》（第二卷），中国文史出版社 1998 年版。

[30]田晓娜主编：《四库全书精编·子部》，国际文化出版公司 1996 年版。

[31]郭齐勇等撰：《中华文化通志·学术典（6－052）诸子学志》，上海人民出版社 1998 年版。

[32]王宏治等撰：《中华文化通志·学术典（6－058）法学志》，上海人民出版社 1998 年版。

[33]陈谷嘉等撰：《中华文化通志·教化与礼仪典（5－041）社会理想志》，上海人民出版社 1998 年版。

[34]李鹏年、刘子扬、陈锵仪编著：《清代六部成语词典》，天津人民出版社 1990 年版。

著作类：

[1]骆承烈主编：《天经地义论孝道》，光明日报出版社 2013 年版。

［2］骆明、王淑臣主编：《历代孝亲敬老诏令律例》，光明日报出版社 2013 年版。

［3］尤元文主编：《老龄问题与养老工作资料选编》，中国经济出版社 2013 年版。

［4］孙薇薇：《孝与折衷主义：中国城市养老的实证研究》，经济科学出版社 2013 年版。

［5］李国珍：《新农保体制下农村老年人养老研究》，世界图书出版广东有限公司 2013 年版。

［6］王德文、谢良地：《社区老年人口养老照护现状与发展对策》，厦门大学出版社 2013 年版。

［7］李昺伟：《中国城市老人社区照顾综合服务模式的探索》，社会科学文献出版社 2011 年版。

［8］王扉：《大爱：〈孝经〉的密码》，广西师范大学出版社 2011 年版。

［9］吴潜涛等：《当代中国公民道德状况调查》，人民出版社 2010 年版。

［10］陈功：《社会变迁中的养老和孝观念研究》，中国社会出版社 2009 年版。

［11］肖群忠：《孝与中国文化》，人民出版社 2001 年版。

［12］万本根、陈德述主编：《中华孝道文化》，巴蜀书社 2001 年版。

［13］韩德民：《孝亲的情怀》，北京语言文化大学出版社 2001 年版。

［14］谢宝耿编著：《中国孝道精华》，上海社会科学院出版社 2000 年版。

［15］费孝通：《乡土中国·生育制度》，北京大学出版社 1998 年版。

［16］王玉德：《孝——中国家政理念之平议》，广西人民出版社 1997 年版。

［17］魏英敏主编：《孝与家庭伦理》，大象出版社 1997 年版。

［18］向燕南、张越编注：《劝孝——仁者的回报 俗约——教化的基础》，中央民族大学出版社 1996 年版。

［19］鲁迅：《鲁迅全集》，同心出版社 2014 年版。

［20］胡适：《胡适文存》，首都经济贸易大学出版社 2013 年版。

［21］陈独秀、李大钊等编撰：《新青年精粹》1，中国画报出版社

2013 年版。

　　[22] 田苗苗整理：《吴虞集》，中华书局 2013 年版。

　　[23] 乔继堂选编：《陈独秀散文》，上海科学技术文献出版社 2013 年版。

　　[24] 田晓青主编：《民国思潮读本》，作家出版社 2013 年版。

　　[25] 钱玄同：《关于反抗帝国主义》，陕西人民出版社 2013 年版。

　　[26] 白天鹅、金成镐编：《民国思想文丛·无政府主义派》，长春出版社 2013 年版。

　　[27] 中国社会科学院近代史研究所编：《纪念五四运动九十周年国际学术研讨会论文集》（上册），社会科学文献出版社 2012 年版。

　　[28] 蔡元培著，王洪刚等译：《中学修身教科书》，中央广播电视大学出版社 2012 年版。

　　[29] 孙中山：《孙中山文选》，九州出版社 2012 年版。

　　[30] 中国社科院近代史所等编：《孙中山全集》第 10 卷，中华书局 2011 年版。

　　[31] 高平叔编：《蔡元培教育论著选》，人民教育出版社 2011 年版。

　　[32] 丁文江：《丁文江集》，花城出版社 2010 年版。

　　[33] 郭齐家、李茂旭主编：《中华传世家训经典》，人民日报出版社 2009 年版。

　　[34] 丁子予、汪楠编著：《中国历代诗词名句鉴赏大词典》，中国华侨出版社 2009 年版。

　　[35] 黄今言：《秦汉史丛考》，经济日报出版社 2008 年版。

　　[36] 陈山榜编：《张之洞教育文存》，人民教育出版社 2008 年版。

　　[37] 刘琅主编：《精读严复》，鹭江出版社 2007 年版。

　　[38] 杨韶刚：《道德教育心理学》，上海教育出版社 2007 年版。

　　[39] 张世英：《境界与文化——成人之道》，人民出版社 2007 年版。

　　[40] 焦作市地方史志办公室、焦作市中站区人民政府编：《许衡与许衡文化》，中州古籍出版社 2007 年版。

　　[41] 皮后锋：《严复评传》，南京大学出版社 2006 年版。

　　[42] 沈善洪、王凤贤：《中国伦理思想史》，人民出版社 2005 年版。

　　[43] 黄书光：《中国社会教化的传统与变革》，山东教育出版社

2005 年版。

［44］高德胜：《生活德育论》，人民出版社 2005 年版。

［45］郑自修总编纂：《郑氏族系大典》，中州古籍出版社 2004 年版。

［46］周世辅：《中国哲学史》，三民书局股份有限公司 2004 年版。

［47］费成康主编：《中国的家法族规》，上海社会科学院出版社 2002 年版。

［48］冯建军：《现代教育原理》，南京师范大学出版社 2001 年版。

［49］李国钧、王炳照主编：《中国教育制度通史》，山东教育出版社 2000 年版。

［50］张培峰：《人之子》，南开大学出版社 2000 年版。

［51］任爽：《唐代礼制研究》，东北师范大学出版社 1999 年版。

［52］中国李大钊研究会编注：《李大钊文集》，人民出版社 1999 年版。

［53］张鸣、李东亮主编：《文白菜根谭大系》，北京燕山出版社 1998 年版。

［54］欧阳哲生编：《胡适文集》，北京大学出版社 1998 年版。

［55］顾明远编著：《中国教育大系——历代教育论著选评》，湖北教育出版社 1997 年版。

［56］乔力主编：《中国文化经典要义全书》，光明日报出版社 1996 年版。

［57］宁业龙、宁业高、宁业泉：《中国孝文化漫谈》，中央民族大学出版社 1995 年版。

［58］袁桂林：《当代西方道德教育理论》，福建教育出版社 1995 年版。

［59］戚万学：《冲突与整合——20 世纪西方道德教育理论》，山东教育出版社 1995 年版。

［60］朱汉民：《忠孝道德与臣民精神——中国传统臣民文化论析》，河南人民出版社 1994 年版。

［61］江万秀、李春秋：《中国德育思想史》，湖南教育出版社 1992 年版。

［62］允生、包伟民、许建平、舒仁辉选编：《中国传统家教宝典》，中国广播电视出版社 1992 年版。

［63］姚鹏、范桥编：《胡适散文》，中国广播电视出版社 1992 年版。

［64］陈泽河、戚万学主编：《中学德育概论》，山东教育出版社 1991 年版。

［65］朱凤瀚：《商周家族形态研究》，天津古籍出版社 1990 年版。

［66］钱理群编：《父父子子》，人民文学出版社 1990 年版。

［67］梁漱溟：《中国文化要义》，学林出版社 1987 年版。

［68］孟宪承编：《中国古代教育文选》，人民教育出版社 1979 年版。

［69］舒新城编：《中国近代教育史资料》，人民教育出版社 1961 年版。

［70］朱寿朋：《光绪朝东华录》，中华书局 1958 年版。

［71］黄仕忠：《〈琵琶记〉研究》，广东高等教育出版社 2011 年版。

［72］（明）施耐庵、（明）罗贯中：《水浒传》，中州古籍出版社 2007 年版。

译著类：

［1］［美］诺丁斯：《学会关心：教育的另一种模式》，于天龙译，教育科学出版社 2014 年版。

［2］［法］卢梭：《卢梭全集》（第 6 卷），李平沤译，商务印书馆 2012 年版。

［3］［奥］阿尔弗雷德·许茨：《社会实在问题》，霍桂桓、索昕译，浙江大学出版社 2011 年版。

［4］［美］罗思文、安乐哲：《生民之本》，何金俐译，北京大学出版社 2010 年版。

［5］［美］多尔：《后现代课程观》，工红宇译，教育科学出版社 2000 年版。

［6］［美］阿拉斯代尔·麦金太尔：《三种对立的道德探究观》，万俊人等译，中国社会科学出版社 1999 年版。

［7］［法］勒维纳斯：《上帝·死亡和时间》，余中先译，生活·读书·新知三联书店 1997 年版。

［8］［美］玛格丽特·米德：《代沟》，曾胡译，光明日报出版社 1988 年版。

〔9〕〔俄〕苏霍姆林斯基:《给教师的建议》下册,杜殿坤编译,教育科学出版社1981年版。

论文类:

〔1〕绕品良:《当代大学生对中国传统文化的认知现状分析》,《教育探索》2014年第6期。

〔2〕石美萍:《文化全球化境遇下道德教育的困境与出路》,《继续教育研究》2014年第5期。

〔3〕范启标:《高校孝道教育的研究与实践——以海南大学为例》,《教育探索》2012年第11期。

〔4〕王淼:《老龄化步伐加快,考验社会养老建设》,《中国改革报》2012年5月5日。

〔5〕骆郁廷、史姗姗:《"三喻文化"视域下思想政治教育主体的多维透视》,《武汉大学学报》(哲学社会科学版)2012年第3期。

〔7〕向康文、吕耀怀:《感恩的道德价值与当代大学的感恩教育》,《现代大学教育》2010年第1期。

〔8〕陈喜林:《诺丁斯关怀伦理对我国道德教育的启示》,《湖北社会科学》2009年第8期。

〔9〕夏家春:《新加坡公民道德教育特色及对我们的启示》,《学术交流》2009年第3期。

〔10〕张松德:《激发道德情感与投身道德实践辩证统一》,《道德与文明》2008年第4期。

〔11〕郭凤志、胡海波:《从政治型到文化型:中国当代德育型态的嬗变路向》,《东北师大学报》(哲学社会科学版)2008年第4期。

〔12〕石文玉:《从个人德行到政治伦理——以贞、孝、忠为中心的考察》,《东北师大学报》(哲学社会科学版)2008年第5期。

〔13〕车茂娟:《中国家庭养育关系中的"逆反哺模式"》,《人口研究》2008年第4期。

〔14〕李建新:《老年人口生活质量与社会支持的关系研究》,《人口研究》2007年第3期。

〔15〕陈卫平:《"国学热"与当代学校传统文化教育的缺失》,《学

术界》2007 年第 6 期。

［16］张志伟：《"断裂"与"兼容"：儒学复兴面临的困境》，《中国人民大学学报》2007 年第 1 期。

［17］完颜华：《中国公民家庭道德观现状调查报告》，《中州学刊》2006 年第 6 期。

［18］张锡勤：《论宋元明清时代的愚忠、愚孝、愚贞、愚节》，《道德与文明》2006 年第 2 期。

［19］穆光宗：《中国老龄政策反思》，《市场与人口分析》2005 年增刊。

［20］尤文：《中学语文教材中人伦篇目选材研究》，《贵州教育学院学报》（社会科学版）2005 年第 3 期。

［21］陈延斌、史经伟：《德育良性互动：未成年人道德建设的新路径》，《道德与文明》2005 年第 6 期。

［22］邓凌：《大学生孝道观的调查研究》，《青年研究》2004 年第 11 期。

［23］《教育部发布新中小学生〈守则〉〈规范〉》，《人民教育》2004 年第 8 期。

［24］邓希泉、风笑天：《城市居民孝道态度与行为的代际比较》，《中国青年研究》2003 年第 3 期。

［25］穆光宗：《中国老龄政策思考》，《人口研究》2002 年第 1 期。

［26］冯建军：《人的道德主体性与主体道德教育》，《南京师大学报》（社会科学版）2002 年第 2 期。

［27］杨适：《中国传统文化当代研究的一个方法论问题》，《北京社会科学》1998 年第 2 期。

［28］费孝通：《反思·对话·文化自觉》，《北京大学学报》（哲学社会科学版）1997 年第 3 期。

［29］苏寄宛：《日本道德教育探究》，《首都师范大学学报》（社会科学版）1995 年第 1 期。

［30］金坚：《前喻文化·同喻文化·后喻文化》，《上海青少年研究》1986 年第 10 期。

［31］《在中学生中评选三好学生的办法》，《人民教育》1982 年第 6 期。

后　记

　　十年光阴，如白驹过隙。十年间，经历了从硕士到博士、从学生到教师、从助教到副教授的人生历程，蓦然回首，恍然如梦。十年间，有过快乐，亦有过痛苦；有过坚定，亦有过彷徨；有过收获，亦有所失去——然而，无论处在何种阶段、何种状态，对学术之路的探索却从未动摇，对孝德的研究兴趣亦丝毫未减。那些将《孝经》置于床头日夜背诵的日子，那些苦思数日后有所感悟的欣喜，恍如昨日，记忆犹新。

　　"夫孝，德之本也，教之所由生也。"孝德，宛如一颗曾在历史上大放异彩的明珠，却在百年间被砸碎且淹没在历史尘埃当中。十年来，我徜徉在历史长河中，细心捡拾那些颗粒，剥除附着其上的沙砾，试图使其重放光华。为此，数度寒暑深居浅出、凝思奋笔，无数个夜晚思绪飞扬、辗转难眠。其中艰辛，自不待言。虽一度身心俱疲，却始终甘之如饴。正是有了这颗明珠相伴，方得以在琐碎纷杂之尘世中寻得一隅安放灵魂的净土，在"天下熙熙，皆为利来；天下攘攘，皆为利往"的烦扰中存有一丝纯粹的精神追求。

　　掩卷沉思，深知此书尚有诸多不足。一是仍有许多当写之未写，二是许多已写的亦未能足墨。于此时将其出版，心中实感忐忑。然而孝德之深远广博，岂是一人数载之研究可尽之？加之本人天性驽钝，见闻多囿，虽心向往之，却苦于不能至之。唯有将多年愚思之所得，与诸君分享，期待得到批评、指正和建议，并希望由此将研究更加深入。若能由此识得更多志同道合者，实属人生一大幸事。

　　回首十载学术之路，我深深感激导师王立仁先生。先生的耳提面命、谆谆教诲，让我在这条路上不断成长、执着前行。先生学问之高蹈远博，治学之严谨求实，品格之宽容达观，为人之低调谦和，都使我深深获益。

毕业数载，先生之教诲仍历历在目、言犹在耳，唯望能用一生之体悟，以谢师恩。

对于生命中遇到的每一份善意与温暖，我都倍加珍惜与感恩。感谢学校领导和同事在本书写作和出版过程中所给予的支持、建议和帮助。感谢从事相关研究的同仁们，他们的研究成果给了我很多启发和参考，使本研究更加充实。感谢中国社会科学出版社韩国茹编辑在本书出版过程中所付出的艰辛劳动。

感谢我的父母和家人，他们总是在我最需要的时候，给予我无穷的温暖和力量；感谢我的爱人和公公婆婆，在他们的理解和支持下，我才有更多的时间和精力致力于本研究；感谢我的朋友们，他们一直给我鼓励、伴我前行。

本书得到白城师范学院学术著作出版资金的部分资助，在此一并表示感谢。

卢明霞
二零一五年八月于吉林白城